21世纪高职高专土建立体化系列规划教材

建筑工程安全管理

（第2版）

主　编　宋　健　韩志刚
参　编　郑文新　岳　琦
　　　　朱　燕
主　审　陈家颐

内容简介

本书反映了国内外建筑工程安全管理的最新动态，结合大量工程实例，并参阅国家有关部委最新颁布的相关行业标准，系统地阐述了建筑工程安全管理的主要内容，包括建筑工程安全管理目标、安全管理内容、安全检查标准、安全管理控制点及相应管理措施等。

本书采用全新体例编写，以项目为载体，除附有大量工程案例外，还设置了章节导读、特别提示等模块。此外，每个项目还附有案例思考及习题供读者练习。通过对本书的阅读，读者能够掌握建筑工程施工过程中的安全管理目标、内容、控制点及相应管理措施，科学地评价建筑施工安全生产情况，提高文明施工的管理水平，预防伤亡事故的发生，实现检查评价工作的标准化、规范化。

本书既可作为高职高专院校建筑工程类相关专业的教材和指导书，也可作为土建施工类及工程管理类等专业职业资格考试的培训教材，还可作为备考从业和执业资格考试人员的参考书。

图书在版编目(CIP)数据

建筑工程安全管理/宋健，韩志刚主编．—2版．—北京：北京大学出版社，2015．8

（21世纪高职高专土建立体化系列规划教材）

ISBN 978-7-301-25480-6

Ⅰ．①建…　Ⅱ．①宋…②韩…　Ⅲ．①建筑工程—安全管理—高等职业教育—教材

Ⅳ．①TU714

中国版本图书馆CIP数据核字（2015）第031932号

书　　名　建筑工程安全管理（第2版）
著作责任者　宋　健　韩志刚　主编
策划编辑　赖　青　杨星璐
责任编辑　刘　翯
标准书号　ISBN 978-7-301-25480-6
出版发行　北京大学出版社
地　　址　北京市海淀区成府路205号　100871
网　　址　http://www.pup.cn　新浪微博：@北京大学出版社
电子邮箱　编辑部 pup6@pup.cn　总编室 zpup@pup.cn
电　　话　邮购部 010-62752015　发行部 010-62750672　编辑部 010-62750667
印 刷 者　河北滦县鑫华书刊印刷厂
经 销 者　新华书店
787毫米×1092毫米　16开本　19印张　441千字
2011年9月第1版
2015年8月第2版　2024年1月第9次印刷
定　　价　46.00元

第 2 版前言

“建筑工程安全管理”是高等职业技术教育之建筑工程技术专业的一门重要专业课程，同时也是其他建筑工程类专业的必修课程。为了适应 21 世纪高等职业技术教育发展的需要，为培养高水平的具备建筑工程安全管理技能的专业技术应用型人才，编者依据当前建筑工程安全管理发展的趋势编写了本书。

由于中华人民共和国行业标准《建筑施工安全检查标准》(JGJ 59—2011)已于 2012 年 7 月 1 日发布并实施，根据高职高专教学的特点和要求，再结合当前建筑类专业人才培养目标，本书在第 1 版的基础上进行了修订，在内容编排上保留了第 1 版的特点。

本书内容共分为 13 章，包括绪论、建筑工程安全管理概述、文明施工、脚手架施工安全、基坑支护施工安全、模板工程安全管理、高处作业防护安全、施工用电安全、物料提升机安全管理、外用电梯安全管理、塔式起重机安全管理、起重吊装安全管理和施工机具安全管理。

本书内容可按照 50～74 学时安排，推荐学时分配：绪论为 2 学时，项目 1 为 6～8 学时，项目 2 为 4～6 学时，项目 3 为 6～8 学时，项目 4 为 4～6 学时，项目 5 为 4～6 学时，项目 6 为 4～6 学时，项目 7 为 4～6 学时，项目 8 为 4～6 学时，项目 9 为 2～4 学时，项目 10 为 4～6 学时，项目 11 为 2～4 学时，项目 12 为 4～6 学时。教师可根据不同的专业灵活安排学时，课堂上重点讲解主要知识点与技能，章节导读、特别提示、应用案例及习题等模块可安排学生课后阅读和练习。

本书突破了传统相关教材的构建框架，注重理论与实践相结合，采用全新体例编写。本书内容丰富，案例翔实，并附有案例思考及大量习题供读者练习。

在第 2 版中，本书进一步完善了全书的架构体系，使之更具有高职高专教学特色、更符合高职高专学生的认知与学习规律。在内容组织上更充分体现了“以学生为主体、以教师为主导”的“教、学、做相统一”的教学思想，注重全书案例的实用性与可操作性，努力做到理实一体化。

本书由宋健(南通职业大学)、韩志刚(江苏省苏中建设集团股份有限公司)担任主编，由宋健负责统稿。本书具体章节编写分工为：宋健编写绪论，项目 1，项目 2，项目 3，项目 8 的 8.1、8.2、8.3 节，项目 9，项目 12；韩志刚编写项目 4 的 4.1 节，项目 6，项目 7 的 7.1、7.2 节，项目 10 的 10.1、10.2 节，项目 11；郑文新(宿迁学院)编写项目 5，项目 10 的 10.3、10.4 节，项目 10 的应用案例；岳琦(江苏省苏中建设集团股份有限公司)编写项目 4 的 4.2、4.3 节，项目 4 的应用案例；朱燕(南通职业大学)编写项目 7 的 7.3 节，项目 7 的应用案列，项目 8 的应用案例。陈家颐(南通职业大学)对本书进行了精心审读，并提出了很多宝贵意见，在此表示感谢！

编者在本书的编写过程中，参考和引用了大量文献资料，在此谨向原书作者表示衷心感谢。由于编者水平有限，本书难免存在不足和疏漏之处，敬请广大读者批评指正。

编　者
2015 年 3 月

前言

“建筑工程安全管理”是高等职业技术教育之建筑工程技术专业的一门重要专业课程，同时也是其他建筑工程类专业的必修课程。为了适应21世纪高等职业技术教育发展的需要，为培养高水平的具备建筑工程安全管理技能的专业技术应用型人才，编者依据当前建筑工程安全管理发展的趋势编写了本书。

本书内容共分13章，包括绪论、建筑工程安全管理概述、文明施工、脚手架施工安全、基坑支护施工安全、模板工程安全管理、高处作业防护安全、施工用电安全、物料提升机安全管理、外用电梯安全管理、塔式起重机安全管理、起重吊装安全管理和施工机具安全管理。

本书内容可按照50～74学时安排，推荐学时分配：绪论为2学时，项目1为6～8学时，项目2为4～6学时，项目3为6～8学时，项目4为4～6学时，项目5为4～6学时，项目6为4～6学时，项目7为4～6学时，项目8为4～6学时，项目9为2～4学时，项目10为4～6学时，项目11为2～4学时，项目12为4～6学时。教师可根据不同的专业灵活安排学时，课堂上重点讲解主要知识点与技能，章节导读、知识衔接、应用案例及习题等模块可安排学生课后阅读和练习。

本书突破了传统相关教材的构建框架，注重理论与实践相结合，采用全新体例编写。本书内容丰富，案例翔实，并附有案例思考及大量习题供读者练习。

本书由宋健(南通职业大学)、韩志刚(江苏省苏中建设集团股份有限公司)担任主编，由宋健负责统稿。本书具体章节编写分工为：宋健编写绪论，项目1，项目2，项目3，项目8的8.1、8.2、8.3节，项目12；韩志刚编写项目4的4.1节，项目6，项目7的7.1、7.2节，项目10的10.1、10.2节，项目11；郑文新(宿迁学院)编写项目5，项目10的10.3节、应用案例；岳琦(江苏省苏中建设集团股份有限公司)编写项目4的4.2节、应用案例；蔡天雪(南通职业大学)编写项目9，项目7的应用案例；陆俊(南通职业大学)编写项目7的7.3节，项目8的应用案例。陈家颐(南通职业大学)对本书进行了精心审读，并提出了很多宝贵意见，在此表示感谢!

编者在本书编写的过程中，参考和引用了大量文献资料，在此谨向原书作者表示衷心感谢。由于编者水平有限，本书难免存在不足和疏漏之处，敬请广大读者批评指正。

编　者

2011年7月

CONTENTS ······

目录

绪论 ······ 1

0.1 安全生产概述 ······ 1
0.2 安全生产的方针和原则 ······ 4
0.3 建设工程安全生产的特点 ······ 6
0.4 建设工程安全管理的要素 ······ 7

项目 1 建筑工程安全管理概述 ······ 9

1.1 安全生产的概况及安全管理原则 ··· 10
1.2 建筑工程安全管理保证项目 ······ 15
1.3 建筑工程安全管理一般项目 ······ 23
小结 ······ 39
习题 ······ 39

项目 2 文明施工 ······ 40

2.1 文明施工保证项目 ······ 42
2.2 文明施工一般项目 ······ 51
小结 ······ 63
习题 ······ 64

项目 3 脚手架施工安全 ······ 65

3.1 脚手架施工安全概述 ······ 67
3.2 扣件式钢管脚手架施工安全 ······ 71
3.3 门式钢管脚手架施工安全 ······ 82
3.4 碗扣式钢管脚手架施工安全 ······ 86
3.5 承插型盘扣式钢管脚手架施工安全 ······ 89
3.6 满堂脚手架施工安全 ······ 92
3.7 悬挑式脚手架施工安全 ······ 95
3.8 附着式升降脚手架施工安全 ······ 98
3.9 高处作业吊篮施工安全 ······ 105
小结 ······ 112
习题 ······ 113

项目 4 基坑支护施工安全 ······ 114

4.1 土方工程安全技术 ······ 116
4.2 基坑支护施工安全保证项目 ······ 127
4.3 基坑支护施工安全一般项目 ······ 131
小结 ······ 140
习题 ······ 141

项目 5 模板工程安全管理 ······ 142

5.1 模板工程安全技术 ······ 145
5.2 模板工程安全管理保证项目 ······ 148
5.3 模板工程安全管理一般项目 ······ 150
小结 ······ 156
习题 ······ 156

项目 6 高处作业防护安全 ······ 157

6.1 高处作业安全技术 ······ 159
6.2 高处作业安全防护 ······ 160
小结 ······ 177
习题 ······ 177

项目 7 施工用电安全 ······ 178

7.1 施工现场临时用电安全技术知识 ······ 180
7.2 施工用电的施工方案 ······ 181
7.3 施工用电安全保证项目 ······ 183
7.4 施工用电安全一般项目 ······ 192
小结 ······ 200
习题 ······ 200

项目 8 物料提升机安全管理 ………… 202

8.1 井架提升机安全管理概述 ……… 204
8.2 物料提升机安全管理保证项目 … 208
8.3 物料提升机安全管理一般项目 … 211
小结 ………………………………… 216
习题 ………………………………… 217

项目 9 外用电梯安全管理 ………… 218

9.1 外用电梯安全技术 ……………… 220
9.2 外用电梯施工方案 ……………… 222
9.3 外用电梯安全管理保证项目 …… 223
9.4 外用电梯安全管理一般项目 …… 224
小结 ………………………………… 232
习题 ………………………………… 232

项目 10 塔式起重机安全管理 ……… 233

10.1 塔式起重机安全技术要求 ……… 235
10.2 塔式起重机施工方案 …………… 237
10.3 塔式起重机安全管理保证项目 … 239
10.4 塔式起重机安全管理一般项目 … 244
小结 ………………………………… 251
习题 ………………………………… 251

项目 11 起重吊装安全管理 ………… 252

11.1 起重机械 ………………………… 254
11.2 起重吊装安全管理保证项目 …… 255
11.3 起重吊装安全管理一般项目 …… 257
小结 ………………………………… 266
习题 ………………………………… 266

项目 12 施工机具安全管理 ………… 267

12.1 木工机械安全管理 ……………… 269
12.2 手持电动工具安全管理 ………… 271
12.3 钢筋机械安全管理 ……………… 273
12.4 电焊机安全管理 ………………… 275
12.5 搅拌机安全管理 ………………… 276
12.6 气瓶安全管理 …………………… 278
12.7 翻斗车安全管理 ………………… 281
12.8 潜水泵安全管理 ………………… 282
12.9 振捣器安全管理 ………………… 283
12.10 打桩机械安全管理 …………… 284
小结 ………………………………… 290
习题 ………………………………… 290

参考文献 ………………………………… 291

绪 论

0.1 安全生产概述

安全生产体现了“以人为本，关爱生命”的思想。随着社会化大生产的不断发展，劳动者在生产经营活动中的地位不断提高，人的生命价值也越来越受到重视。关心和维护从业人员的人身安全权利，是实现安全生产的重要条件。现阶段，在“与时俱进、持续发展”的经济建设方针指导下，安全生产已成为全面建设小康社会的根本要求之一，安全生产是直接关系到人民群众生命安全的头等大事。搞好安全生产，也是全面建设小康社会的前提和重要标志，是社会主义现代化建设和经济持续发展的必然要求，体现先进生产力的发展水平，代表先进文化的前进方向。安全生产搞不上去，伤亡事故频繁发生，劳动者和公民的生命安全得不到保障，就会严重影响和干扰全面建设小康社会的步伐，直接影响着国民经济的快速发展，损害我国的国家形象，有损于社会主义制度的优越性，给国家和社会造成巨大的损失。因此，安全生产事关人民群众生命财产安全、国民经济持续发展和社会稳定的大局。

改革开放以来，建筑业持续快速发展，在国民经济中的地位和作用日渐增强，尤其是自 1998 年以来，建筑业增加值占 GDP 的比重一直稳定在 6.6%～6.8%，在国民经济各部门中居第四位，仅次于工业、农业、批发和零售贸易餐饮业，成为我国重要的支柱产业之一。建筑业作为我国新兴的支柱产业，同时也是一个事故多发的行业，相对于其他行业来说更应该强调安全生产。

首先，建筑施工的特点决定了建筑业是高危险、事故多发的行业。施工生产的流动性、建筑产品的单件性和类型多样性、施工生产过程的复杂性都决定了施工生产过程中不确定性难以避免，施工过程、工作环境必然呈多变状态，因而容易发生安全事故。另外，建筑施工的露天、高处作业多，手工劳动及繁重体力劳动多，而劳动者素质又相对较低，这些都增加了不安全因素。从全球范围来看，建筑业的事故率远远高于其他行业的平均水

平。2003 年，全球的重大职业安全事故总数约为 355000 起，其中建筑业安全事故约为 60000 起(如图 0.1 所示)。从地域上看，亚洲和太平洋地区的建筑业安全事故占了全球总数的约 68%(如图 0.2 所示)。从经济角度看，建筑安全事故造成的直接和间接损失在英国可达项目总成本的 3%～6%，美国工程建设中安全事故造成的经济损失已占到其总成本的 7.9%，而在我国香港特别行政区，这一比例已高达 8.5%。安全问题对人类的社会生活和经济发展都有巨大的影响，已成为一个世界性的问题，一定程度上阻碍了建筑业的发展。所以，必须强调安全生产，严格管理。

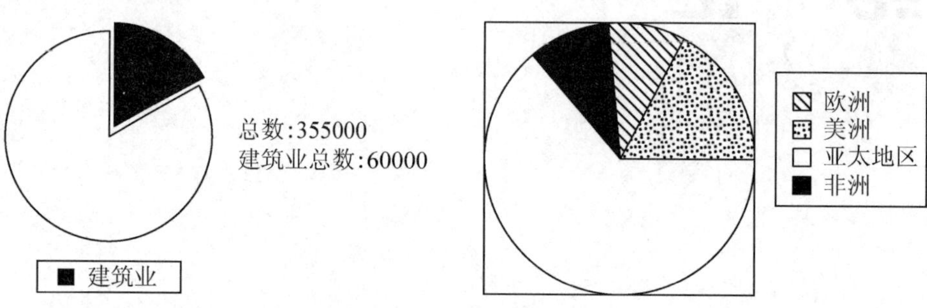

图 0.1　2001 年全球职业伤害致命事故数的统计　　图 0.2　2003 年建筑业致命事故的地理分布统计

我国建筑业近年来事故率呈逐年上升趋势。这主要是因为随着我国经济体制改革的不断深化，建设生产经营单位的经济成分日趋多样化，由国有、集体经济成分，变为国有、股份制、私营、外商投资、个体工商户并存的形式，而且私人和外商投资越来越多，房地产和市政建设投资进一步加大。随着投资主体的多元化，建设规模越来越大，建设工程市场竞争越来越激烈。同时，建筑业的发展，对安全技术、劳动力技能、安全意识、安全生产科学管理方面都提出了新的要求。尤其是新材料、新工艺在建设工程上的应用，使得工程建设速度大大加快，施工难度不断加大，引发了新的危险因素，使得事故数和死亡人数逐年增加。据统计，2000 年全国建筑职工死亡人数没有超过 1000 人，2001 年死亡人数为 1045 人，2002 年死亡人数为 1292 人，2003 年全国建筑职工死亡人数为 1512 人。

其次，建筑业在我国支柱产业的作用日益明显，因此建筑业的安全生产是关系到国家经济发展、社会稳定的大事。2003 年，建筑业产业规模不断扩大，运行状况良好，全社会固定资产投资 5.51 万亿元，比上年同期增长 26.7%；建筑业总产值 21865.49 亿元，比上年增长 23%；完成竣工产值 14988 亿元，比上年增长 9.2%；房屋施工面积 26.35 亿平方米，比上年增长 22.2%；建筑业增加值 8166 亿元，比上年增长 11.9%，占 GDP 比重为 7%；全国具有建筑业资质等级的总承包和专业承包企业实现利润 459 亿元，比上年增长 13.8%；对外工程承包完成营业额 138.4 亿美元；有 40 个国内建筑企业进入 2002 年国际承包商排名 225 强。目前我国正处于经济建设高速发展时期，2003 年全社会固定资产投资占当年国内生产总值的 47.23%。建筑业为我国能源、交通、通信、水利、城市公用等基础设施能力的不断增强，为我国冶金、建材、化工、机械等工业部门技术装备水平的不断提高，为人民群众物质文化生活条件的不断改善做出了基础性贡献。建筑业在实现工业、农业、国防和科学技术现代化进程中，在促进城乡经济统筹发展、全面建设小康社会中肩负着重要的历史使命。建筑业在国民经济中支柱产业的重要地位决定了建筑业的安全生产是关系到国家经济发展、社会稳定的大事。

工程安全是质量和效益的前提，没有安全意识或发生了安全事故，将直接影响到社会稳定的大局，影响建设事业的健康发展。人民群众生命和财产安全是人民群众的根本利益所在，直接关系到社会的稳定和改革开放的大局。在谋求经济与社会发展的全部过程中，人的生命始终是最宝贵的。因此，加强建筑工程安全生产监督管理是非常必要的。

我国近年来通过采取一系列加强建筑安全生产监督管理的措施，有效地降低了伤亡事故的发生。1998年《中华人民共和国建筑法》(以下简称《建筑法》)的颁布实施，对规范建筑市场行为作了明确的规定，使我国建筑安全生产管理走上了法制轨道。2004年开始正式实施的《建设工程安全生产管理条例》是我国真正意义上的第一部针对建设工程安全生产的法规，使建筑业安全生产做到了有法可依，并为建设安全管理人员提供了明确的指导和规范。

安全生产是我们国家的一项重大政策，也是企业管理的重要原则之一。做好安全生产工作，对于保证劳动者在生产中的安全健康，搞好企业的经营管理，促进经济发展和社会稳定具有十分重要的意义。

1. 安全生产的含义

较有权威的工具书如《辞海》《中国大百科全书》《安全科学技术辞典》等分别从不同侧面对安全生产做了如下定义。

定义之一：安全生产是指为预防生产过程中发生人身、设备事故，形成良好的劳动环境和工作秩序而采取的一系列措施和活动。

定义之二：安全生产是指在生产过程中保障劳动者安全的一项方针，也是企业管理必须遵循的一项原则，要求最大限度地减少劳动者的工伤和职业病，保障劳动者在生产过程中的生命安全和身体健康。

定义之三：安全生产是指企事业单位在劳动生产过程中的人身安全、设备安全、产品安全以及交通运输安全等的总称。

无论从哪个侧面进行定义，都突出了安全生产的本质：要在生产过程中防止各种事故的发生，确保国家财产和人民生命的安全。因此，安全生产是指人类生产经营活动中的人身安全和财产安全。

2. 安全生产的范围

安全生产的范围包括工业、商业、交通、建筑、矿山、农林等企事业单位职工的人身安全和财产安全，消防、农药、农电安全，以及工业、建筑产品的质量安全。总之，国家、企业在生产建设中围绕保护职工人身安全和设备安全，为搞好安全生产而开展的一系列活动，称为安全生产工作。

3. 安全生产的目的

安全生产的目的是使生产在保证劳动者安全健康和国家财产、人民生命财产安全的前提下顺利进行，从而实现经济的可持续发展。

4. 安全生产的意义

加强安全生产工作对保证劳动者安全与健康、维护社会稳定、促进经济发展具有重要的意义。

(1) 安全生产是我们党和国家在生产建设中一贯坚持的指导思想，是我国的一项重要政策，是社会主义精神文明建设的重要内容。

我国是中国共产党领导下的社会主义国家，国家利益和人民利益是一致的，保护劳动者在生产中的安全、健康，是关系到保护劳动人民切身利益的一个非常重要的方面。此外，安全生产还关系到社会安定和国家其他一系列重要政策的实施。

(2) 安全生产是发展社会主义经济，实现全面小康社会的重要条件。

发展社会主义经济，加速实现全面小康社会，首要条件是发展社会生产力。而发展生产力，最重要的就是保护劳动者，保护他们的安全健康，使之有健康的身体，调动他们的积极性，使之以充沛的精力从事社会主义建设。反之，如果安全生产搞不好，发生伤亡事故，劳动者的安全健康会受到危害，生产也会遭受巨大损失。

(3) 安全生产是企业现代化管理的一项基本原则。

安全生产在企业现代化管理中有着重要的地位和发挥着重要的作用。企业现代化管理的基本目标是通过管理现代化，使生产过程顺利、高效地进行。这个基本目标只有搞好安全生产才能实现。搞好安全生产，就可以调动广大劳动者的生产热情和积极性。劳动条件好，劳动者在生产中感到安全健康有保障，就会发挥出主人翁的精神，提高生产效率，使企业取得好的效益。

生产要发展，经济效益要提高，劳动条件要改善，事故要下降，这是社会主义企业的客观要求。我们一定要以对党、国家和人民高度负责的态度，加强对安全生产工作的领导和管理，坚持“安全第一，预防为主”的方针，扎扎实实地搞好安全生产工作。

0.2 安全生产的方针和原则

1. 安全生产的方针

我国的安全生产方针是“安全第一，预防为主”。

“安全第一”是指安全生产是全国一切经济部门和生产企业的头等大事。各企业及主管部门的行政领导、各级工会，都要十分重视安全生产，采取一切可能的措施保障劳动者的安全，努力防止事故的发生。对安全生产绝对不能抱有任何粗心大意、漫不经心的恶劣态度。当生产任务与安全发生矛盾时，应先解决安全问题，使生产在确保安全的前提下顺利进行。

“预防为主”是指在实现“安全第一”的许许多多工作中，做好预防工作是最主要的。它要求我们防微杜渐，防患于未然，把事故和职业危害消灭在未发生之前。伤亡事故和职业危害不同于其他，一旦发生，往往很难挽回或者根本无法挽回，那时，“安全第一”也就成了一句空话。

为了贯彻这一方针，《中华人民共和国安全生产法》规定：“生产经营单位必须遵守安全生产的法律、法规，加强安全生产管理，建立、健全安全生产责任制度，完善安全生产条件，确保安全生产；必须执行依法制定的保障安全生产的国家标准或者行业标准；应当具备本法和有关法律、行政法规和国家标准或者行业标准规定的安全生产条件；不具备安全生产条件的，不得从事生产经营活动；必须为从业人员提供符合国家标准或者行业标准的劳动防护用品；应当安排用于配备劳动防护用品、进行安全生产培训的经费；建筑施工单位的主要负责人和安全生产管理人员，应当由有关主管部门对其安全生产知识和管理能力考核合格后方可任职；生产经营单位的特种作业人员必须按照国家有关规定经专门的安全作业培训，取得特种作业操作资格证书，方可上岗作业。”

2. 安全生产的原则

安全生产原则包括以下5项原则。

(1)“管生产必须管安全”的原则。

安全生产是确保企业提高经济效益和促进生产发展的重要前提，直接关系到职工的切身利益，特别是建筑施工过程中，本身客观存在许多潜在的不安全因素，一旦发生事故，不仅给企业造成直接的经济损失，往往还会有人员伤亡，造成不良的社会影响。不难看出，生产必须安全是现代建筑施工的客观需要，“管生产必须管安全”是安全生产管理的一项基本原则。

“管生产必须管安全”原则的核心是必须牢固树立“安全第一”的思想。在一切生产活动中，必须把安全作为前提条件考虑进去，落实安全生产的各项措施，保证职工的安全与健康，保证生产长期地、安全地进行；正确处理好生产与安全的关系，把安全生产放在首位；广大职工必须严格地自觉执行安全生产的各项规章制度，确保生产的正常进行。贯彻“管生产必须管安全”的原则，就是要各级企业管理人员，特别是企业领导，要重视安全生产，把安全生产渗透到生产管理的各个环节。要求把安全生产纳入计划，在编制企业的年度计划和长远规划时，应该把安全生产作为一项重要内容，结合企业的工作实际，消除事故隐患，改善劳动条件，切实做到生产必须安全。

(2)“谁主管谁负责”的原则。

这是落实“安全生产责任制”的一项重要原则。企业的各个部门都必须按照“谁主管谁负责”的原则，制定本单位、本部门的安全生产责任制，并严格执行，发生事故同样要追究主管人员的责任。

(3)“安全生产，人人有责”的原则。

现代建筑施工安全生产是一项综合性工作，领导者的指挥、决策稍有失误，操作者在工作中稍有疏忽，都有可能酿成重大事故，所以必须强调“安全生产，人人有责”。在充分调动和发挥专职安全技术人员和安全管理人员的骨干作用的同时，应充分调动和发挥全体职工的安全生产积极性。在做思想工作和大力宣传“安全生产事关企业和职工切身利益”的基础上，通过建立、健全各级安全生产责任制、岗位安全技术操作规程等制度，把安全与生产从组织领导上统一起来，提高全员安全生产的意识，以实现“全员、全过程、全方位、全天候”的安全管理和监督。依靠全体职工重视安全生产，提高警惕，互相监督，精心操作，认真检查，发现隐患及时消除，从而实现安全生产。

(4) 坚持“四不放过”原则。

一旦发生事故，在处理时实施“四不放过”原则，即对发生的事故原因分析不清不放过；事故责任者没有严肃处理不放过；广大职工没有受到教育不放过；没有落实防范措施不放过。实施这条原则，是为了对发生的事故找出原因，惩前毖后，吸取教训，采取措施，防止事故再发生。坚持“四不放过”原则，虽然是“亡羊补牢”之举，但就防止事故再发生来说，同样体现了“预防为主”的精神。

(5)“五同时”原则。

企业领导在计划、布置、检查、总结、评比生产的同时，要计划、布置、检查、总结、评比安全生产工作。

0.3 建设工程安全生产的特点

建筑工程安全生产的特点如下。

(1) 建筑产品的多样性决定了建筑安全问题的不断变化。

建筑产品是固定的、附着在土地上的，而世界上没有完全相同的两块土地；建筑结构是多样的，有混凝土结构、钢结构、木结构等；规模是多样的，从几百平方米到数百万平方米不等；建筑功能和工艺方法也同样是多样的，应该说建筑产品没有两个是完全相同的。建造不同的建筑产品，对人员、材料、机械设备、防护用品、施工技术等有不同的要求，而且建筑现场环境也是千差万别，这些差别决定了建设过程中总会不断面临新的安全问题。

(2) 建筑工程的流水施工，使得施工班组需要经常更换工作环境。

与其他工业不同，建筑业的工作场所和工作内容是动态的、不断变化的。混凝土的浇筑、钢结构的焊接、土方的搬运、建筑垃圾的处理等每一个工序都可以使得工地现场在一夜之内变得完全不同。而随着施工的推进，工地现场则会从最初地下几十米的基坑变成耸立几百米的摩天大楼。因此，建设过程中的周边环境、作业条件、施工技术等都是在不断发生变化的，这种变化包含着较高的风险，而相应的安全防护设施往往是落后于施工过程的。

(3) 建筑施工现场存在的不安全因素复杂多变。

建筑施工的高能耗、施工作业的高强度、施工现场的噪声、热量、有害气体和尘土等，以及施工工人的露天作业，受天气、温度影响大，这些都是工人经常面对的不利的工作环境和负荷。劳动对象体积、规模大，工人围绕对象工作，劳动工具粗笨，工作环境不固定，危险源防不胜防。同时，高温和严寒使得工人体力和注意力下降，雨雪天气还会导致工作面湿滑，夜间照明不够等，都容易导致事故。

(4) 公司与项目部的分离，致使公司的安全措施并不能在项目部得到充分的落实。

一些施工单位往往同时有多个项目竞标，而且通常上级公司与项目部分离。这种分离使得现场安全管理的责任，更多的是由项目部承担。但是，由于项目的临时性和建筑市场竞争的日趋激烈，经济压力也相应增大，公司的安全措施被忽视，并不能在项目上得到充分的落实。

(5) 多个建设主体的存在及其关系的复杂性决定了建筑安全管理的难度较高。

工程建设的责任单位有建设、勘察、设计、监理及施工等诸多单位。施工现场安全由施工单位负责，实行施工总承包的由总承包单位负责；分包单位向总承包单位负责，服从总承包单位对施工现场的安全生产管理。建筑安全虽然是由施工单位负主要责任，但其他责任单位也都是影响建筑安全的重要因素。世界各地的建筑业都主要推行分包程序，包括专业分包和劳务分包，这已经成为建筑企业经济体系的一个特色，而且正在向各个行业延伸。再加上现在施工企业队伍、人员是全国流动的，使得施工现场的人员经常发生变化，而且施工人员属于不同的分包单位，有着不同的管理措施和安全文化。

(6) 目标(结果)导向对建设单位形成一定压力。

建筑施工中的管理主要是一种目标导向的管理，只要结果(产量)不求过程(安全)，而安全管理恰恰是体现在过程上的。项目具有明确的目标(质和量)和资源限制(时间、成本)，这些使得建设单位承受较大的压力。

(7) 施工作业的非标准化使得施工现场危险因素增多。

建筑业生产过程技术含量低，劳动、资本密集。建筑业生产过程的低技术含量决定了从业人员的素质相对普遍较低。而建筑业又需要大量的人力资源，属于劳动密集型行业，工人与施工单位间的短期雇佣关系，造成了施工单位对施工作业培训严重不足，使得施工人员违章操作的现象时有发生，这其中就蕴涵着不安全行为。而当前的安全管理和控制手段比较单一，很多依赖经验、监督、安全检查等方式。

0.4　建设工程安全管理的要素

建设工程安全生产管理是一个系统性、综合性的管理，其管理内容涉及建筑生产的各个环节。

建设工程安全生产管理的基本原理主要包括政策、组织、计划和实施、业绩测量、业绩总结这 5 个要素，其相互关系如图 0.3 所示。

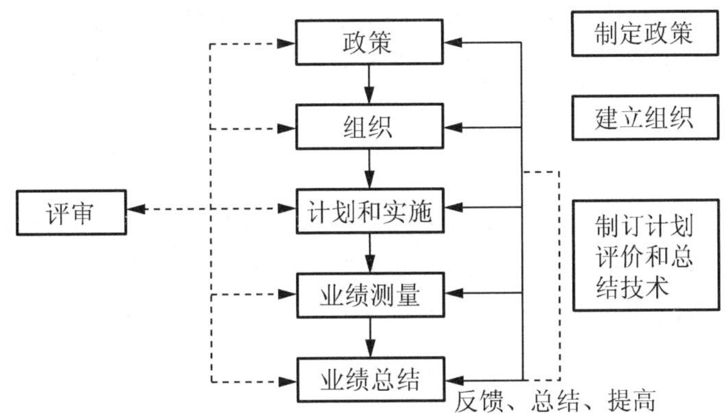

图 0.3　建筑安全生产管理的 5 个要素

1. 政策

任何一个施工单位要想成功地进行安全管理，都必须有明确的安全政策。这种政策不仅要满足法律的规定和道义上的责任，而且要最大限度地满足业主、雇员和全社会的要求。施工单位的安全政策必须有效，并有明确的目标。政策的目标应保证现有的人力、物力资源的有效利用，并且减少发生经济损失和承担责任的风险。安全政策能够影响施工单位很多决定和行为，包括资源和信息的选择、产品的设计和施工以及现场废弃物的处理等。

2. 组织

施工单位的安全管理应包括一定的组织结构和系统，以确保安全目标的顺利实现。建立积极的安全文化，将施工单位中各个阶层的人员都融入安全管理中，有助于施工单位组织系统的运转。施工单位应注意有效的沟通交流和员工能力的培养，使全体员工为施工单位安全生产管理作出贡献。施工单位的最高管理者应用实际行动营造一个安全管理的文化氛围，目标不应该仅仅是避免事故，而应该是激励和授权员工安全的工作。领导的意识、价值观和信念将影响施工单位的所有员工。

3. 计划和实施

成功的施工单位能够有计划地、系统地落实所制定的安全政策。计划和实施的目标是最大限度地减少施工过程中的事故损失。计划和实施的重点是使用风险管理的方法确定消除危险和规避风险的目标以及应该采取的步骤和先后顺序，建立有关标准以规范各种操作。对于必须采取的预防事故和规避风险的措施应该预先加以计划。要尽可能通过对设备的精心选择和设计，消除或通过使用物理控制措施来减少风险。如果上述措施仍不能满足要求，就必须使用相应的工作设备和个人保护装备来控制风险。

4. 业绩测量

施工单位的安全业绩，即施工单位对安全生产管理成功与否，应该由事先订立的评价标准进行测量，以发现何时何地需要改进哪方面的工作。施工单位应采用涉及一系列方法的自我监控技术用于控制风险的措施，包括对硬件(设备、材料)和软件(人员、程序和系统)，也包括对个人行为的检查进行评价，也可通过对事故及可能造成损失的事件的调查和分析识别安全控制失败的原因。但不管是主动的评价还是对事故的调查，其目的都不仅仅是评价各种标准中所规定的行为本身，更重要的是找出存在于安全管理系统的设计和实施过程中存在的问题，以避免事故和损失。

5. 业绩总结

施工单位应总结经验和教训，要对过去的资料和数据进行系统的分析总结，并把它们用于今后工作的参考，这是安全生产管理的重要工作环节。安全业绩良好的施工单位能通过企业内部的自我规范和约束以及与竞争对手的比较不断持续改进。

项目1 建筑工程安全管理概述

教学目标

掌握建筑施工安全管理的保证项目：安全生产责任制、施工组织设计及专项施工方案、安全技术交底、安全检查、安全教育、应急救援等方面的知识和技能，熟悉建筑施工安全管理的一般项目：分包单位安全管理、持证上岗、生产安全事故、安全标志等方面的知识和技能。通过本项目的学习，学生应具备基本的安全管理制度、范围、目标、措施等方面的知识和技能，并对安全管理过程的重要环节和实施了然于胸，能正确应对建筑工程生产过程中的安全管理。

教学步骤

目　标	内　容	权重
知识点	1. 保证项目：安全生产责任制、施工组织设计及专项施工方案、安全技术交底、安全检查、安全教育、应急救援 2. 一般项目：分包单位安全管理、持证上岗、生产安全事故、安全标志	35%
技能	针对上述知识点创设相关实训场景以培养学生思考和动手解决实际问题的能力	35%
分析案例	实际工程施工过程中由于安全管理不到位造成安全事故的分析、处理和经验教训	30%

章节导读

1. 安全管理的概念

安全管理既有微观的安全管理，又有宏观的安全管理。

宏观的安全管理主要是指，能体现安全管理的一切法律、法规、规范和一切管理措施及其活动等，人们通常称之为"大安全"。

微观的安全管理主要是指，经济和生产管理部门以及企业、事业单位所进行的安全管理活动，即管理者对安全工作进行的计划、组织、指挥、协调和控制等一系列活动，其目的是保证生产、经营活动中的人身安全与健康、财产安全，促进生产发展，保持社会稳定。

2. 安全管理的作用

发现、分析和消除生产过程中的各种危险，防止事故发生和职业病，避免各种损失，保障职工的安全和健康，从而推动企业生产的顺利发展，提高企业的经济和社会效益。

案例引入

×市×大厦"5.12"围墙倒塌事故

2001年2月20日，×房地产开发公司作为建设单位通过招投标将×大厦工程发包给乙方×建工集团四分公司具体承建，并成立×大厦项目部，×建设监理有限责任公司进行监理。

×大厦工程于3月29日开始砌筑施工现场围墙，4月12日完工。在没有办理施工许可、质量监督、施工图审查等手续的情况下，5月9日进行该工程的基础开挖。

5月12日早晨8点30分左右，倒运土石方工作正在进行中，基坑南侧沿×路的一段围墙向外侧倒塌，造成43人被压埋在墙下，其中当场死亡12人，送医院抢救无效死亡7人，受伤24人。

【案例思考】

针对上述案例，试分析该事故发生的可能原因，事故的责任划分，并提出对相关责任人的处理方案。

1.1 安全生产的概况及安全管理原则

1.1.1 我国建设工程安全生产的概况

1. 我国建设工程安全生产的历史沿革

中华人民共和国成立之初，百废待兴，恢复经济是当时的首要任务。政府在经济基础十分薄弱的情况下，仍筹措资金用于改善人民的居住条件。当时的建筑项目以旧房翻新改造居多，一般都是砖木或砖混结构的两、三层民用建筑，内部设施简陋，施工工艺简单。施工过程几乎全是手工操作，施工现场的水平、垂直运输也均为车推、人挑、肩扛。建筑业总产值1949年为4亿元，占社会总产值的0.7%；到1952年，建筑业总产值已增加到

57亿元，占社会总产值的5.6%。

1953年，随着第一个五年计划的实施，我国加快了经济建设的步伐，确立了一大批大中型工业项目。新中国成立初至“一·五”期间，建筑业的伤亡事故较少，1957年万人死亡率为1.67，每10万平方米房屋建筑面积死亡率为0.43。

“二·五”期间的头三年，建筑业呈迅猛发展态势，建筑业总产值每年都在200亿元以上，连续三年建筑业总产值占社会总产值的9%以上。但是由于“大跃进”的影响以及随之而来的自然灾害，我国经济形势逆转直下，经济开始滑坡，建筑业首当其冲。1962年建筑业总产值跌至90亿元，仅占社会总产值的4.5%。始于1958年的“大跃进”，也使得安全生产情况恶化。由于受“左”的思想影响，正常的生产秩序遭到破坏，建筑安全生产工作受到冲击。一些企业由于盲目“跃进”，生产上一味追求高指标、高速度，出现了比体力、比设备，忽视安全措施的现象，不仅伤亡事故不断发生，建筑业万人死亡率也高达5.12。

1963年起，国家进入为期三年的经济调整时期。国家经济经过“调整、巩固、充实、提高”后逐渐发展，安全生产状况也随之改善，至1965年万人死亡率降到1.65。但是随之而来的十年“文革”，不但给国民经济以巨大的冲击，也给建筑安全生产工作带来灾难性的破坏。安全管理工作陷于停顿、倒退状态，劳动纪律松弛，劳动条件恶化，生产秩序陷入极度混乱之中，恶性事故不断发生，死亡3人以上的重大事故、10人以至百人以上的特大事故不断发生，伤亡人数骤然增多，高峰时万人死亡率达到7.53。

1976年10月，“文革”宣告结束，我国基本建设和建筑业形势开始好转。十一届三中全会提出“把党的工作重点转移到经济建设上来”以后，我国建筑业以崭新的面貌，跨入历史新时期。由于恢复了“文革”前固定工、合同工、临时工同时并存的用工制度，开放建筑市场，建筑队伍迅速扩大，到“六·五”末期的1980年，建筑业从业人数突破千万，达到1044.1万人。建筑业总产值达到767亿元，建筑业万人死亡率也降为2.3，每10万平方米房屋建筑面积死亡率为0.81。

进入20世纪80年代，我国加快了改革开放的步伐，建筑业成为全国各行业改革的先行者，建筑业队伍人数和建筑规模也不断创历史新纪录，1986年，建筑业总产值达到2038亿元，占社会总产值的10.8%，达到一般先进国家建筑业(GND)的水平。我国各级建设行政主管部门也开始加大行业安全管理工作力度，至1990年，万人死亡率降至1.5，每10万平方米房屋建筑面积死亡率降为0.4。

20世纪90年代以来，国民经济高速发展，建设投资不断增长，带来了建筑行业和建筑市场的繁荣，全国各地城乡面貌发生了巨大变化。但是，建筑施工队伍的持续扩大也给建筑安全生产工作带来了很大难度，农民工成为建筑业施工一线的主力军，其安全防护意识薄弱和操作技能低下，而职业技能的培训却远远不够，重大伤亡事故一度出现来势迅猛的势头。

20世纪90年代初，国家加强了建筑安全立法工作探讨，并多次组织对发达国家建筑安全立法的考察工作。在全国人大八届一次会议上有32位代表提议国家要尽快制定《建筑施工劳动保护法》。1998年3月1日，《建筑法》开始实施，建筑安全生产管理被单独列为一章。中国的建筑安全生产管理从此走上了法制轨道。

从1986年起，原建设部相继组织编写了一系列建筑安全技术标准规范，其中包括《建筑施工安全检查评分标准》(1999 年 5 月 1 日修订更名为《建筑施工安全检查标准》)《高处作业安全技术规范》《龙门架、井字架物料提升机安全技术规范》等标准、规范。1991 年，建设部组织编写了《建筑施工安全技术手册》，它成为施工企业、工程技术人员和安全管理人员的必备工具用书。安全技术标准、规范的颁布实施，使安全管理工作从定性管理转变为定量管理。人们对安全技术的重要性有了更进一步的认识，不但促进了施工现场整体防护水平的提高，也促进了安全技术的进步。

1991 年，原建设部发出通知，在全国四级以上施工企业所属的施工工地开展安全达标活动。这是新中国成立以来第一次全面、系统地组织开展施工全过程的安全管理工作。为促进安全达标活动的开展，自 1991 年起，原建设部每两年一次组织全国建筑施工安全大检查。在安全达标活动深入开展的同时，原建设部对上海市创建文明工地的情况组织了调研，于 1996 年 8 月发出了《关于学习和推广上海市文明工地建设经验的通知》，要求在全国范围内开展创建文明工地活动。

1991 年，原建设部以第 13 号令颁发了《建筑安全生产管理规定》，要求地区和县以上城市成立建筑安全监督机构。到 2002 年，全国已有 24 个省、直辖市成立了建筑安全监督总站，24 个省会城市和省以下地市县成立了 1300 多个建筑安全监督管理站，共 8000 多人，形成了“纵向到底，横向到边”的安全监督管理网络。通过履行监督管理职责，不断扩大监督的覆盖面，使辖区的伤亡事故得以有效的控制。由于加大了监督管理力度，施工现场有专人负责，安全形势好转。在行业安全监督机构的督促和指导下，绝大部分施工企业也建立了以企业法人为第一责任人、分级负责的安全生产责任制，建立健全了企业的安全专管机构，按职工总数 3%～7%配备了专管人员，基本做到了每个施工现场都有专职安全员，每个班组都有兼职安全员，形成了自上而下、干群结合的安全管理网络。

科技进步使建筑安全管理工作逐步迈入信息化管理阶段。自 1997 年开始，原建设部开发了事故报告软件，2003 年，原建设部又组织开发了建设系统质量安全事故信息报告系统，目前，已通过远程数据通信方式与全国 30 个省、自治区和直辖市联通，建立了建设部、省、市三级计算机报送系统。任何地区发生了伤亡事故，只要利用计算机、通过网络就可以把事故发生的情况、事故后期处理的情况报送过来，它改变了传统人工填表统计的方式，减少了统计人员劳动强度，提高了工作效率，解决了由于报告不及时影响统计数据质量的问题。

2004 年，《建设工程安全生产管理条例》正式颁布实施，这是我国真正意义上第一部针对建设工程安全生产的法规。它的颁布实施，对建筑业安全生产的促进作用是巨大的，使建筑业安全生产做到了有法可依，对建设安全管理人员有了明确的指导和规范。20 世纪 90 年代末至 21 世纪初，由于我国社会主义市场经济体系的确立、形成和发展，国民经济一直呈现高速发展的势头。圈地热、投资热、房地产开发热席卷全国，有人形象地把整个中国比作一个“大工地”。日新月异的城乡变化，使建筑业成为我国经济高速发展的显著标志。

我国建筑业从业人数由 20 世纪 90 年代初的 2500 万人，到 2003 年已达 3893 万人，完成的建筑业产值突破 21865.49 亿元。实践证明改革开放以后，大量农民工涌入城市建筑队伍，建设高潮的到来并加上安全管理跟不上去，导致了一个新的事故高发期。据统计，2000 年建筑业发生事故 846 起，死亡 987 人；2001 年发生事故 1004 起，死亡 1045

人；2002 年发生事故 1278 起，死亡 1292 人；2003 年发生事故 1278 起，死亡 1512 人。伤亡事故又呈明显上升趋势。

总结建筑业各个时期的发展，可以看出：凡是社会政治稳定，安全规章制度健全，有机构、有人员，深入开展安全生产管理工作的历史阶段，伤亡事故就会下降，安全生产工作就会得到好转；反之，就会出现伤亡事故上升的严峻局面。

要做好安全生产工作，减少事故的发生，就必须做到：坚持“安全第一，预防为主”方针，树立“以人为本”思想，不断提高安全生产素质；加强安全生产法制建设，有法可依，执法必严，违法必究，落实安全生产责任制；加大安全生产投入，依靠科技进步，标本兼治，全面改善安全生产基础设施和提高管理水平，提高本质安全度；建立完善安全生产管理体制，强化执法监察力度；突出重点，专项整治，遏制重特大事故。

2. 当前建设工程安全生产存在的问题

我国现有建筑工人 3893 万人，约占全世界建筑业从业人数的 25%，是世界上最大的行业劳动群体，但是他们的劳动环境和安全状况却存在很大的问题。由于行业特点、工人素质、管理难度等原因，以及文化观念、社会发展水平等社会现实，建筑工程安全生产形势严峻，建筑业已经成为我国所有工业部门中仅次于采矿业的最危险行业。目前我国正在进行历史上也是世界上最大规模的基本建设，如 2001 年建筑企业完成单位工程施工个数近 80 万个，施工面积 18.8 亿平方米，单位工程竣工个数超过 50 万个，竣工面积 9.8 亿平方米。同时，我国建筑业每年由于安全事故死亡的从业人员超过千人，直接经济损失逾百亿元。近年来，随着各级政府对建筑安全生产工作的重视，全国的建筑工程安全生产状况有所好转，死亡人数基本呈下降趋势，但安全生产的整体形势还是比较严峻的。

虽然我国的建设工程安全管理水平比以前有大幅度的提高，建设工程安全状况得到了很大程度的改善，然而，由于政治、经济、文化等发展水平所限，目前我国建设工程安全生产管理工作还存在一些问题。如国家安全生产综合管理与有关行业、专业部门安全生产监督管理工作的交叉；在各级政府及政府有关主管部门政府职能的改革方面，还未顺应市场经济制度，还存在政企不分等问题，与安全生产监督管理的成效还未形成直接关联；管理手段单调，资源缺乏；对违规行为缺乏有效的制约措施以及没有激励社会力量投入安全管理的机制等。造成这种局面的主要原因是我国建设工程安全管理模式的发展，并没有及时跟上国家、社会、经济、政治各方面迅速变化的步伐。很多在计划经济体制下形成的观念、管理方法和政府机构体系，虽然已经明显不适应市场经济下的建设工程安全问题，但是仍然广泛存在，阻碍了建设工程安全生产工作的开展与提高。

具体说来，主要有以下一些方面的问题制约着建设工程安全生产水平的提高。

（1）法律法规方面。

建设工程相关的安全生产法律法规和技术标准体系有待进一步完善，相关标准也需要完善。据统计，自新中国成立以来我国颁布并实施的有关安全生产、劳动保护方面的主要法律法规约 280 余项，内容包括综合类、安全卫生类、伤亡事故类、职业培训考核类、特种设备类、防护用品类及检测检验类等。其中以法的形式出现、对安全生产和劳动保护具有十分重要作用的是《中华人民共和国劳动法》和《中华人民共和国矿山安全法》，这两个法律文件分别于 1994 年 7 月 5 日和 1992 年 11 月 7 日颁布实施。与此同时，国家还制订、颁布了 100 余项安全卫生方面的国家法规和标准，初步构成了我国安全生产、劳动保

护的法规体系，对提高企业安全生产水平，减少伤亡事故起到了积极作用。

1997 年实施的《中华人民共和国建筑法》、2004 年施行的《建设工程安全生产管理条例》无疑将对规范我国建筑市场，加强我国建设工程安全生产起到积极作用。

但必须承认的是随着社会的发展，这些法律法规已暴露出不少缺陷和问题。与工业发达国家相比存在的差距是：建筑法律法规的可操作性差；法律法规体系不健全，部分法律法规还存在着重复和交叉等问题。

(2) 政府监管方面。

建筑业安全生产的监督管理基本上还停留在突击性的安全生产大检查上，缺少日常的监督管理制度和措施。监管体系不够完善，资金不落实，监管力度不够，手段落后，不能适应市场经济发展的要求。

(3) 人员素质方面。

建筑行业整体素质低下。建筑业是吸纳农村劳动力的产业，目前，全国建筑业从业人员有 3893 万人，占全社会从业人员的 5%。目前建筑业吸纳农村富余劳动力 3137 万人，占全行业职工总数的 80.58%，占农村富余劳动力进城务工总数近 1/3。农民工进入建筑业不仅是完成大规模施工任务和促进建筑业发展的需要，也是增加农民收入，促进城乡统筹发展，改变城乡二元经济结构的重要途径。行业整体素质低体现在：一是在这 3000 多万从业人员中，农民工比例占到 80.58%，有的施工现场甚至 90%都是农民工，其安全防护意识和操作技能低下，而职业技能的培训却远远不够，据有关方面统计，农民工经过培训取得职业技能岗位证书的只有 74 万人；二是全行业技术、管理人员偏少，技术人员仅占 5.3%，管理人员仅占 4.9%；三是专职安全管理人员更少，素质低，远达不到工程管理的需要。

(4) 安全技术方面。

建筑业安全生产技术相对落后，近年来，科学技术含量高、施工难度大和危险性大的工程增多，给施工安全生产管理提出了新课题、新挑战。一大批高、大、精、尖工程的出现，如国家大剧院、中央电视台、奥运会场馆工程、上海卢浦大桥等，使施工难度、危险性增大，安全技术亟待提高。

(5) 企业安全管理方面。

长期以来，我国安全生产工作的重点主要放在国有企业，特别是国有大中型企业。随着改革的深入和经济的快速发展，建设生产经营单位的经济成分及投资主体日趋多元化。单位的经济成分、组织形式、承包方式，由国有、集体经济成分，变为国有、股份制、私营、外商投资、个体工商户并存的形式。另外，建设工程投资主体也发生了变化。在计划经济时期，建设工程的资金来源大部分是国家财政，政府是投资主体，随着改革的深化，投资主体日趋多元化，私人和外商投资越来越多，房地产和市政建设投资进一步加大。各类非国有生产经营单位大量增加，企业总量、就业、各类运输工具等大量增加以及农民工和非法劳工大量增加。由于大部分企业安全生产管理水平落后，在安全管理方面存在着相当大的缺陷，与发达国家有很大的差距。施工企业安全生产投入不足，基础薄弱，企业违背客观规律，一味强调施工进度，轻视安全生产，蛮干、乱干，抢工期，在侥幸中求安全的现象相当普遍。各方从业人员过分注意自身的经济利益，忽视自身的安全，致使在对企业的安全监督管理方面出现有章不循、纪律松弛、违章指挥、违章作业、管理不严、监督不力和违反劳动纪律事件处罚不严，加之当前各级机构改革使安全监督管理队伍发生较大变化，有些生产经营单位甚至取消了安全管理机构和专业安全管理人员，致使安全生产监督力量更加薄弱。

(6) 安全教育方面。

高等教育中与建筑安全有关的技术教育和安全系统工程专业学科很少。建筑业的三级安全教育执行情况较差，工人受到的安全培训非常少。

(7) 个人安全防护方面。

建筑业的个人安全防护装备落后，质量低劣，配备严重不足。几乎没有工地配备安全鞋、安全眼镜和耳塞等安全防护用品。

(8) 建筑安全危险预测和评估方面。

预防建筑工程安全生产中的事故，是实现建筑工程安全生产的基本保障。目前缺乏建筑安全危险的预测和评估机制。

(9)“诚信制度”和“意外伤害保险制度”建设方面。

按照市场经济客观规律，运用市场信誉杠杆，建立健全的保险市场，是市场经济安全生产管理的重要手段。目前我国建筑业的“诚信制度”和“意外伤害保险制度”建设与发达国家差距很大，企业安全生产信誉与市场准入清出脱节，意外伤害保险开展缓慢，已纳入保险的工程项目比率很低，不适应建立市场经济的客观要求。

1.1.2 安全管理的原则

在管理方面一项基本的原则是要致力于对事故本质的分析，而不是把注意力放在评估事故的后果、伤亡及损失方面。此外，要清醒地认识到，导致事故的直接原因并不一定是事故的最重要的特征。例如，从梯子上坠落的事故可以简单地归纳为“不小心”，但在“不小心”的背后，可能掩盖着其他重要的因素，如缺少训练、缺少维修、对作业缺少计划和监督等。

在企业的生产经营活动中，安全管理的任务十分繁重，各个企业应充分发挥安全管理部门的计划、组织、指挥、协调和控制五大功能的作用，搞好安全生产。

计划：就是对每年的安全工作做出规划和安排。针对每年的安全教育、检查、措施、安全评价及整改等安全活动做出部署方案，以确保企业生产活动的顺利进行。

组织：即按照计划方案，按级落实，以保证安全计划任务、控制目标的预期完成。

指挥：即在组织落实各项安全活动后，对横向职能部门及其工段、班组进行指导，帮助出主意、想办法，以求安全生产计划的顺利完成。

协调：为实现整体安全计划和目标，做好上级参谋，对横向部门加强协调，争取领导对安全工作的支持，同时又要争取各职能部门的密切合作。

控制：以安全计划和目标为依据，同时建立各种考核标准，对各部门、班组进行经常性的检查监督。对于出色完成任务的，给予精神和物质鼓励；对未完成目标任务的，给予惩处，以达到有效管理的目的。

1.2 建筑工程安全管理保证项目

为做好建筑工程的安全管理工作，施工企业必须在安全生产责任制、施工组织设计及专项施工方案、安全技术交底、安全检查、安全教育、应急救援等保证项目上加强管理。

1.2.1 安全生产责任制

安全生产责任制就是对各级领导干部、各个部门、各类人员所规定的，在他们各自职责范围内对安全生产应负担责任的制度，是各级政府、各职能部门、工程技术人员、岗位操作人员在工作过程中对安全生产层层负责的制度。

安全生产责任制是岗位责任制的一个组成部分，是最基本的一项安全制度，也是安全生产管理制度的核心，是我国现行安全管理的主要内容。它反映了生产过程的自然规律，是长期生产实践经验和事故教训的总结，是贯彻执行“安全第一、预防为主”安全方针的基本保证。

1.2.2 施工组织设计及专项施工方案

《建筑法》第三十八条规定：“建筑施工企业在编制施工组织设计时，应根据建筑工程的特点制定相应的安全技术措施。对专业性较强的工程项目，应当编制专项安全施工组织设计，并采取安全技术措施。”

特别提示

施工单位必须编制建设工程施工组织设计。所有施工项目在编制施工组织设计时，应当根据工程特点制订相应的安全技术措施。

安全技术措施要针对工程特点、施工工艺、作业条件以及队伍素质等，按施工部位列出施工的危险源，对照各危险源，制订具体的防护措施和安全注意事项，并将各种防护设施的费用计划一并纳入施工组织设计，施工组织设计安全技术措施必须经公司技术负责人审批，并经生产、技术、机械、材料、安全等部门会签。

对专业性强、危险性大的工程项目，如脚手架、模板工程、基坑支护、施工用电、起重吊装作业、塔式起重机、物料提升机，及其他垂直运输设备的安装拆除、基础和附墙的设计、孔洞、临边防护，以及爆破施工、水下施工、人工挖孔桩施工等项目，应当编制专业安全施工组织设计，并采用相应的安全技术措施，保证施工安全。超过一定规模、危险性较大的分部分项工程，施工单位应组织专家对专项施工方案进行论证，并按照专家论证报告进行修改，经施工单位技术负责人、项目总监理工程师、建设单位项目负责人签字后，方可组织实施。专项方案经论证后需做重大修改的，应重新组织专家进行论证。

安全技术措施的制订必须结合工程特点和现场实际，当施工方案有变化时，安全技术措施也应重新修订并经审批。方案和措施不能与工程实际脱节，不能流于形式。

1. 编制安全技术措施的要求

经审核批准的单位工程施工组织设计或方案中的安全技术措施，应根据工程的特点、施工的环境、施工、工程结构及作业条件等，全面、有针对性地编制，其中，脚手架、施工用电、基坑支护、模板工程、起重吊装作业、塔式起重机、物料提升机、外用电梯、构筑物、高处作业平台、转料平台、打桩、隧道等专业性较强的项目，应单独编制专项施工组织设计(方案)。

2. 编制安全技术措施的主要内容

1）安全技术措施

(1) 土方开挖。根据开挖深度和土的种类，选择开挖方法、确定边坡坡度和护坡支撑，护壁桩等，以防土方坍塌。

(2) 脚手架的选用、搭设方案和安全防护设施。

(3) 高处作业及独立悬空作业的安全防护。

(4) 安全网(立网、平网)的架设要求、范围、架设层次、段落。

(5) 垂直运输机具、塔式起重机、井架(龙门架)等垂直运输设备的位置及搭设、稳定性、安全装置等要求和措施。

(6) 施工洞口及临边的防护方法，立体交叉施工作业区的隔离措施。

(7) 场内运输道路及人行通道的布置。

(8) 施工临边用电的组织设计和绘制临时用电图。

(9) 施工机具的使用安全。

(10) 模板工程的安装和拆除安全。

(11) 防火、防毒、防爆、防腐等安全措施。

(12) 正在建设的工程与周围人行通道及民房的防护隔离设置。

(13) 其他。

2）季节性施工安全措施

(1) 夏季安全技术措施。主要是预防中暑措施。

(2) 雨季安全技术措施。主要是防触电措施，防雷击措施，防脚手架、井字架(龙门架)倒塌，及槽、坑、沟边坡坍塌的措施。

(3) 冬期施工安全技术措施。主要是施工及现场取暖锅炉安全运行措施、煤炉防煤气中毒措施，脚手架、井架(龙门架)、大模板、临建、塔式起重机等的防风倒塌措施，斜道、通行道、爬梯、作业面的防滑措施，现场防火措施，防误食亚硝酸钠等防冻剂中毒的措施。

3. 安全技术措施计划审批

公司下属单位在编制年度生产、技术、财务计划的同时必须编制安全技术措施计划。凡申报的安全技术措施项目，应由技术部门提出申请，经有关部门审批，并报公司核准后方可执行。安全技术措施的计划范围，包括以改善劳动条件(主要指影响安全和健康的)、防止伤亡事故、预防职业病和职业中毒为目的的各项措施。安全技术措施项目所需的材料、设备应列入计划，并对每项措施确定实现的期限和负责人。企业领导人应对项目的计划、编制和贯彻执行负责。安全技术措施经费按照规定不得挪作他用。安全技术措施计划，必须切合实际，并组织定期检查，以保证计划的实现。

1.2.3 安全技术交底

施工现场各分部(分项)工程在施工作业前必须进行安全技术交底。

施工员在安排分部(分项)工程生产任务的同时，必须向作业人员进行有针对性的安全技术交底。各专业分包单位由施工管理人员向其作业人员进行作业前的安全技术交底。

分部(分项)工程安全技术交底必须与工程同步进行，要编号。

分部(分项)工程安全技术交底必须贯穿于施工全过程并且要全方位。交底一定要细，要具体化，必要时要画大样图。

1. 主要的分部(分项)工程安全技术交底

主要的分部(分项)工程安全技术交底包括以下内容。

(1) 拆除工程、临时建筑、临时用电、水等工程安全技术交底，所需施工工种安全技术交底。

(2) 地基与基础工程。

① 地基处理各分项工程安全技术交底。

② 基坑开挖与回填的安全技术交底。

③ 基础各分项、钢筋、砌筑、模板、地下防水等工程安全技术交底。

④ 所需工种安全技术交底。

(3) 主体结构工程。

① 模板支设与拆除、钢筋、混凝土、砌体、预制构件安装等工程安全技术交底。

② 各类脚手架(落地式脚手架、悬挑架、挂架、门架、满堂架、附着式升降架等)、卸料平台、安全网、临边、洞、防护棚等防护设施的安全技术交底。

③ 所需施工机械、机具设备安全使用的安全技术交底。

④ 所需工种安全技术交底。

(4) 屋面防水工程。

① 防水材料使用的安全技术交底。

② 防止高处坠落的安全技术交底。

③ 所需工种安全技术交底。

(5) 楼地面、室内外装饰及门面、水、暖、电气、通风空调安装工程。

① 照明及使用手持电动工具和小型施工机械防触电的安全技术交底。

② 使用高凳、梯子、防护设施的安全技术交底。

③ 外窗与外檐油漆、安装玻璃等安全技术交底。

④ 易燃物防火及有毒涂料、油漆使用的安全技术交底。

⑤ 使用吊篮、脚手架的安全技术交底。

⑥ 主体交叉作业防护措施的安全技术交底。

2. 安全技术交底的要求

安全技术交底使用范本时，应在补充交底栏内填写有针对性的内容，按分部(分项)工程的特点进行交底，不准留有空白。安全技术交底应按工程结构层次的变化反复进行，要针对每层结构的实际状况，逐层进行有针对性的安全技术交底。安全技术交底必须履行交底签字手续，由交底人签字，由被交底班组的集体签字认可，不准代签和漏签。安全技术交底必须准确填写交底作业部位和交底日期。

安全技术交底的签字记录，施工员必须及时提交给安全资料管理员。安全资料管理员要及时收集、整理和归档。施工现场安全员必须认真履行检查、监督职责。切实保证安全技术交底工作不流于形式，提高全体作业人员安全生产的自我保护意识。

安全技术交底应按分部(分项)工程并针对作业条件的变化具体进行。项目开工前，该项目的各级管理人员及施工人员必须接受安全生产责任制的交底工作。项目经理接受公司总经理的交底，项目其他人员接受项目经理的交底。

分包队伍进场后，总包方项目经理必须向分包方进行安全技术总交底。职工上岗前，项目施工负责人和安全管理人员必须做好该职工的岗位安全操作规程交底工作，做好分部(分项)的安全技术交底工作，并做好危险源交底及监控工作。安全技术交底指导生产安全的全过程，为使安全技术交底在施工中真正起到防止伤亡事故发生的作用，要求交底内容必须符合现场实际，并具有针对性。

分部(分项)工程安全技术交底必须根据工程的特点，考虑施工工艺要求、施工环境、施工人员素质等因素进行。安全设施的安全技术交底必须根据各设施、设备的工作环境、作业流程、操作规程等因素。不同的工作环境和施工工艺存在着不同的隐患和安全要求，制订时具有针对性和可操作性。

安全技术交底必须实行逐级交底制度，开工前应将工程概况、施工方法、安全技术措施向全体职工详细交底，项目经理定期向参加施工人员进行交底，班组长每天要对工人提出施工要求，并进行作业环境的安全交底。为引起高度重视，真正起到预防事故发生的作用，交底必须有书面记录并履行签字手续。

项目安全管理人员必须做好工种变换人员的安全技术交底工作。各项安全技术交底内容必须要完整，并有针对性。安全技术交底主要工作在正式作业前进行，不但要口头讲解，同时应有书面文字材料。

安全技术交底主要包括两方面的内容：一是在施工方案的基础上进行的，按照施工方案的要求，对施工方案进行细化和补充；二是要将操作者的安全注意事项讲明，保证操作者的人身安全。交底内容不能过于简单、千篇一律，流于口号化。

各项安全技术交底内容必须记录在统一印制的表式上，写清交底的工程部位、工种及交底时间，交底人和被交底人的姓名，并履行签字手续，一式三份，施工负责人、生产班组、现场安全员三方各留一份。

1.2.4 安全检查

施工现场应建立定期的安全检查制度，并建立安全检查小组。

安全检查应按照有关规范、标准进行，并对照安全技术措施提出的具体要求检查。凡不符合规定和存在隐患要及时整改，必须组织定期和不定期的安全检查，把事故隐患消灭在萌芽之中，坚持边检查、边整改和及时消除隐患的原则，对不能立即整改的隐患，必须采取应急措施并限期整改。

公司由分管安全经理每月组织有关人员，根据《建筑施工安全检查标准》(JGJ 59—2011)进行检查评分，对施工现场存在的安全隐患发出《隐患整改书》，并限期整改，项目负责人对《隐患整改书》必须定人、定时间、定措施，认真组织整改，并填写与之相对应的整改措施或办法的书面反馈单。上级主管部门或安全监督部门发出的《停工、复工、隐患整改书》附在本部分内的资料中。

施工现场必须坚持在每周相对的固定时间，由项目经理、施工负责人组织有关专业人员共同进行安全检查，应做好记录。施工生产指挥人员每天在工地指挥生产的同时检查和解决安全问题，不能替代正式的安全检查工作。

安全检查应按照有关规范、标准进行，并对照安全技术措施提出的具体要求检查。凡不符合规定和存在隐患的问题，均应进行登记，定人、定时间、定措施解决，并对实际整改情况进行登记。

对上级主管部门来工地检查中下达的重大事故隐患通知书所列项目，整改情况及时整改回复情况等应一并登记。安全检查网络如图 1.1 所示。

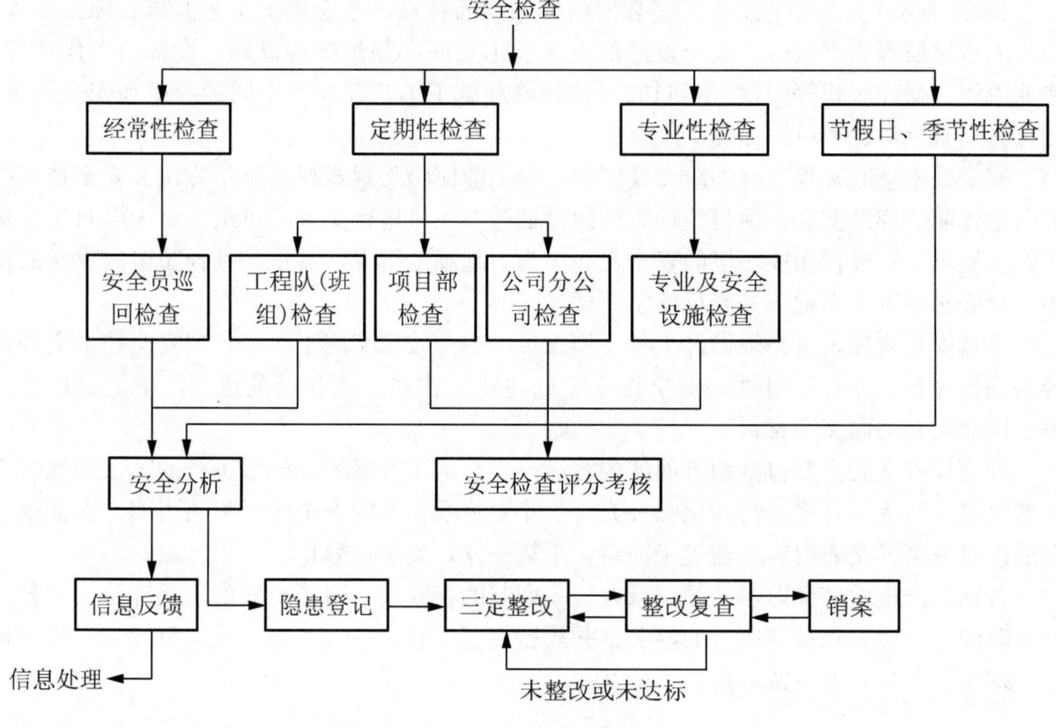

图 1.1　安全检查网络

1. 安全生产检查形式

1）定期性安全生产检查

（1）公司月度安全生产检查。

（2）项目部每周组织一次大检查。

（3）班组每日自检。

2）经常性安全生产检查

（1）安全员及安全值班人员日常巡回安全检查。

（2）管理人员在检查生产的同时检查安全生产。

3）专业性安全检查

现场脚手架、上料平台、斜边、施工用电以及大中小型机械设备除进行验收外，还要不定期进行专业性检查。

4）季节性、节假日安全生产检查

（1）冬、雨季施工安全检查。

（2）节假日加班及节假日前后安全生产检查。

5）安全检查记录与隐患整改

（1）安全检查记录。

① 项目部定期严格按《建筑施工安全检查标准》（JGJ 59—2011）进行检查、打分、评价。

② 班组每日的自检、交接检以及经常性安全生产检查，可在相应的“工作日志”上记载、归档或使用《安全检查记录表》。

③ 专业性安全检查和季节性、节假日安全生产检查，均使用《安全检查记录表》。

（2）隐患整改。

① 隐患登记、分析。各种安全检查查出的隐患，要逐项登记，根据隐患信息，对安全生产进行动态分析，从管理上、安全防护技术措施上分析原因，为加强安全管理与防护提供依据。

② 整改。检查中查出的隐患应发《隐患整改通知书》，以督促整改单位消除隐患，《隐患整改通知书》要按定人、定时、定措施进行整改。被检查单位收到《隐患整改通知书》后，应立即进行整改，整改完成后及时通知有关部门进行复查。

③ 销案。有关部门复查被检单位整改隐患达到合格后，签署复查意见，复查人签名、即行销案。

2. 安全检查内容

安全检查的内容以“一标四规范”（《建筑施工安全检查评分标准》《施工现场临时用电安全技术规范》《建筑施工高处作业安全技术规范》《龙门架、井架物料提升机安全技术规范》《脚手架安全技术规范》）和有关安全管理的规程、标准为主要检查依据。安全检查内容如下。

（1）查思想。

以党和国家的安全生产方针、政策、法律、法规及有关规定、制度为依据，对照检查各级项目和职工是否重视安全工作，人人关心和主动搞好安全工作，使党和国家的安全生产方针、政策、法律、法规及有关规定、制度在部门和项目部得到落实。查各级领导的安全意识，是否重视安全工作，是否真正关心职工的安全和健康。

（2）查制度。

检查安全生产的规章制度是否建立、健全并被严格执行。违章指挥、违章作业的行为是否及时得到纠正、处理，特别要重点检查各级领导和职能部门是否认真执行安全生产责任制，能否达到齐抓共管的要求。

① 查各级部门安全生产责任制是否落实。查在组织施工（生产）活动中，是否认真执行“五同时”。

② 查是否认真贯彻执行党和国家的安全生产方针、政策、法规和制度。

③ 查是否有领导分管安全工作、安全组织机构是否健全，是否真正发挥作用。

④ 查安全工作的规章制度和安全管理标准、规范的贯彻执行情况，各项检查是否有

记录、记载或登记建档。

⑤ 查内部承包中有无安全生产考核指标，承包合同中有无安全规定。

(3) 查措施。

检查是否编制安全技术措施，安全技术措施是否有针对性，是否进行安全技术交底，是否根据施工组织设计的安全技术措施实施。

(4) 查隐患。

检查劳动条件、安全设施、安全装置、安全用具、机械设备、电气设备等是否符合安全生产法规、标准的要求。

① 检查施工(生产)场所作业环境安全状况，各种生产设备、施工机具以及安全防护设施是否符合安全规定要求对其进行安全管理；外脚手架、“三宝”及“四口”、施工用电、井字架、附着塔式起重机、施工机械、电梯等防护情况，是否严格按《建筑施工安全检查标准》以及有关规定进行检查。

② 检查施工作业人员安全行为，职工个人安全防护用品是否正确使用，是否存在违反安全操作规程和违反规章制度现象。

③ 严格检查要害部门和危险物品，如锅炉、变配电设施和各种易燃、易爆、剧毒品等。

④ 检查冬季施工作业的防滑、防冻、防火措施，以及夏季施工从事高温、露天作业人员的防暑降温措施。

(5) 查组织。

检查是否建立了安全领导小组，是否建立了安全生产保证体系，是否建立了安全机构，安全员是否严格按规定配备。

(6) 查教育培训。

新职工是否经过三级安全教育，特殊工种是否经过培训、考核持证上岗。

(7) 查事故处理。

检查有无隐瞒事故的行为，发生事故是否及时报告、认真调查、严肃处理，是否制定了防范措施，是否落实防范措施。检查中发现未按“四不放过”的原则要求处理事故的，要重新严肃处理，防止同类事故的再次发生。

1.2.5 安全教育

安全教育是安全管理工作的重要环节。安全教育的目的是提高全员的安全意识、安全管理水平和防止事故发生，实现安全生产。安全教育是提高全员安全素质，实现安全生产的基础。通过安全教育，提高企业各级管理人员和广大职工搞好安全工作的责任感和自觉性，增强安全意识，掌握安全生产的科学知识，不断提高安全管理水平和安全操作水平，增强自我防护能力。有些领导在布置生产时往往在结尾时才谈到安全问题，顺便喊一句“最后强调一个问题，就是大家要重视安全生产，不要出事故”，还有的是“我是逢会必讲要大家注意安全”。正确地说，这些仅仅是提醒，没有深入进行针对性的布置。究其原因，一是安全意识不强，对安全在经济效益中的作用和地位认识不足；二是缺乏安全知识，难以提出具体意见。要改变这一状况，必须使安全教育经常化、制度化。使广大职工广泛掌握安全技术知识和安全操作技能，端正对安全生产的态度，才能减少或消灭事故，实现安全生产。

安全教育的基本出发点是尽可能地给受教育者输入多种“刺激”，促使受教育者形成安全意识，促使受教育者作出有利安全生产的判断与行动，创造条件促进受教育者熟练掌握操作技能。当施工人员变换工种或采用新技术、新工艺、新设备、新材料施工时，应进行安全教育培训。

1.2.6 应急救援

工程项目部应针对工程特点，进行重大危险源的辨识。应制定防触电、防坍塌、防高处坠落、防起重及机械伤害、防火灾、防物体打击等主要内容的专项应急救援预案，并对施工现场易发生重大安全事故的部位、环节进行监控。

施工现场应建立应急救援组织，培训、配备应急救援人员，定期组织员工进行应急救援演练；对难以进行现场演练的预案，可按演练程序和内容采取室内桌牌式模拟演练。

按照工程的不同情况和应急救援预案要求，应配备应急救援器材和设备，包括：急救箱、氧气袋、担架、应急照明灯具、消防器材、通信器材、机械、设备、材料、工具、车辆、备用电源灯等。

1.3 建筑工程安全管理一般项目

为做好建筑工程的安全管理工作，施工企业在分包单位安全管理、持证上岗、生产安全事故、安全标志等一般项目的管理上也要给予重视。

1.3.1 分包单位安全管理

总包单位应对承揽分包工程的分包单位进行资质、安全生产许可证和相关人员安全生产资格的审查。

当总包单位与分包单位签订分包合同时，应签订安全生产协议书，明确双方的安全责任。

分包单位安全员的配备应按住房和城乡建设部的规定：专业分包至少 1 人，劳务分包的工程 50 人以下的至少 1 人，50～200 人至少 2 人，200 人以上的至少 3 人。

1.3.2 持证上岗

1. 特种作业范围

项目经理、安全员、特种作业人员应进行登记造册，资格证书复印留查，并按规定年限进行延期审核。

特种作业范围的工种有电工、架子工、电(气)焊工、爆破工、机械操作工(平刨、圆盘锯、钢筋机械、搅拌机、打桩机)、起重工、起重司索指挥作业人员、司炉工、塔式起重机司机、物料提升机(龙门架、井架)和外用电梯(人、货两用)司机、信号指挥、厂内车辆驾驶、压力容器锅炉工、起重机械拆装作业人员。

2. 特种作业人员应具备的条件

为了加强特种作业人员的安全技术培训、考核和管理，实现安全生产，提高经济效益，特种作业人员应具备以下的条件。

(1) 必须经当地安全行政主管部门进行安全技术培训，考核合格，取得合格证，方准上岗作业。

(2) 年满18周岁以上，但从事爆破作业人员的年龄不得低于20周岁。工作认真负责，身体健康，没有妨碍从事特种作业的疾病和生理缺陷。具备上岗要求的技术业务理论和实际操作技能，考核成绩合格。

(3) 特种作业人员的培训、考核、发证、复审必须经国家规定的有关部门进行严格的安全技术培训，考试合格，取得操作证，方准独立作业。

(4) 特种作业人员取证培训时间为80～120学时。特种作业人员经过培训、考核，领取上岗操作证后，每两年还要进行一次学习、考核、复审。特种作业人员(安全员)还要接受有针对性的培训教育，时间不得少于30学时。应及时组织每年到期的特种作业人员到公司指定部门进行培训和复审。

(5) 每年安排不少于30学时的安全培训教育计划，并按计划进行，要有学习考试情况等记录。建立特种作业人员档案，特种作业人员花名册必须有姓名、发证机关、发证时间、复审时间及从事本工作时间等，备注中还要记录该人员有无发生安全事故等内容。

(6) 特种作业人员应持省、市安监部门颁发的《特种作业人员岗位(操作)证》上岗，原件或复印件统一存放，以备检查。

3. 特种作业人员的管理

特种作业人员的管理如下。

(1) 特种作业人员应登记造册，并定期参加年检，由专人管理。

(2) 取得操作证的特种作业人员，每两年进行一次复审，未按期复审或复审不合格者，其操作证自行失效，不准上岗作业。

(3) 离开特种作业岗位一年以上的特种作业人员，须重新进行安全技术考核，合格者方可从事原岗位作业。

(4) 项目部要对进场的特种工进行入场安全教育，并经常对特种工进行本岗位的安全操作规程教育，施工前进行针对性的书面安全技术交底，特种工的劳动防护用品要按规定发放，并督促其正确使用劳动防护用品。

(5) 特种工必须持证上岗，《特种作业人员操作证》不得伪造、涂改或改借。特种工在操作过程中要严格遵守操作规程，不允许擅自离岗或让别人代替上岗。

1.3.3 生产安全事故

特别提示

建筑业是一个特定的而且很重要的行业，一般来讲，它大约占国民生产总值的10%。建筑行业又是十分危险的，与制造业比，其死亡人数是制造业的6倍，伤残人数是制造业的2倍。

建筑业面临着建筑环境、工作方法及工人组合的经常变化，这使得它们常常遇到难以预料的异常危险，为此，事故也就容易发生。事故就是人们在进行有目的的活动过程中，突然发生了违背人们意志的不幸事件。它的发生，可能迫使有目的的活动暂时或永久地停止下来，其后果可能造成人员伤害或者财产损失，也可能两种后果同时出现。任何一次事故的出现，都具有若干事件和条件共存或同时发生的特点，它是物质条件、环境、行为、管理以及意外事件的处理等众多因素的多元函数。事故发生前，必然存在不安全状态、出现不安全行为及管理缺陷。发生事故就要逐级上报、处理、资料归档，接受教训，采取措施，改进安全工作。

1. 事故类别(类型)、表现形式和判断

1）事故类别

《企业职工伤亡事故分类标准》(GB 6441—1986)按致害起因将伤亡事故分为20种(见表1-1)。

表1-1 伤亡事故类别

序 号	事故类别	序 号	事故类别
1	物体打击	11	冒顶偏帮
2	机具伤害	12	透 水
3	车辆伤害	13	放 炮
4	起重伤害	14	火药爆炸
5	触 电	15	瓦斯爆炸
6	淹 溺	16	锅炉爆炸
7	灼 烫	17	容器爆炸
8	火 灾	18	其他爆炸
9	高处坠落	19	中毒和窒息
10	坍 塌	20	其他伤害

2）事故类型

在建筑施工中发生的安全事故的类型很多，其中常见的事故类型有物体打击、高处坠落、机械伤害、坍塌等四大类。

3）事故表现形式

不安全状态的表现形式为：施工现场，土方和爆破工程施工，模板、钢筋、混凝土工程施工，脚手架和垂直运输的设置与使用，超重吊装作业，预应力作业，电焊、气焊作业，高压特种作业和特种工程施工，机加工和机械作业，工地用电和防火，季节性施工，拆除工程施工等。

4）不安全状态的判断

不安全状态的判断原则按表1-2确定。

5）不安全行为的表现形式

违反上岗人员身体条件的规定、不按规定使用安全防护用品、不安全行为的表现形式为违反上岗规定、违章指挥、违章作业、放松安全警惕不注意保护自己和保护别人的行为等。

6）伤害事故的起因物和致害物

它们为物体打击、高处坠落、机械和起重伤害、触电伤害、坍塌伤害、火灾伤害、爆炸伤害、中毒和窒息伤害、其他伤害等。

表1-2 不安全状态的判断原则

序号	不安全状态的判断原则	分析提示
1	违反现行法规和标准规定的状态	包括国家、行业、地方和企业各个级别的法规、标准和规定，将对相应方面的作业“严禁”“禁止”“不准”“不应”等规定的状态提出归纳为不安全状态
2	违反现行安全生产制度规定的状态	包括上级和企业制定的有关安全生产制度，按上栏做法从中提取和归纳
3	安全事故实例中出现的状态	从单位已出的和所尽可能收集到的安全事故实例中提取和归纳
4	安全限控措施涉及的状态	在安全机械设置中限制速度、高度、行程、角度、荷载、变形、配重、冲击等所涉及的状态
5	安全保护措施涉及的状态	需要使用安全保护用品，采取安全保护和监护措施所涉及的状态
6	安全保险措施涉及的状态	凡已采取或需要采取保险措施的状态，如断绳保护、停层保护、过载保护、漏电保护、感应保护、喷淋保护等难于绝对避免出现的危险状态
7	安全抢险措施涉及的状态	包括人为的和自然的因素造成的险情和事故所呈现的状态，如结构的不均匀沉降、倾倒坍塌前的孕育过程、机械的严重故障等
8	新材料、新结构、新技术、新工艺的措施中未作出明确安全规定的状态	由于是“四新”，在不少方面的认识和研究不够。凡措施中未提及或未细致说明的方面，都有可能存在着不安全的状态，需要根据安全和技术工作经验去进行细致的研究
9	职工安全生产意识和自我保护素质不够所引起的状态	体现于上岗状态，执行安全规定和措施的状态，使本无问题的也有了问题或疑问的各种情况

2. 工伤事故报告、调查、处理和统计

为了避免和减少伤亡事故的发生，依照建筑法和国家及行业有关规定，制定施工现场伤亡事故报告、调查、处理和统计制度，以便按有关规定及时报告、调查、处理和统计上报事故。工伤事故报告、调查、处理的依据有：国务院(1991)第75号令《企业职工伤亡事故报告处理规定》、原建设部(1993)第3号令《工程建设重大事故报告和调查程序规定》、原建设部(1994)第96号令《建设职工伤亡事故统计办法》、原建设部(1994)第4号令《建设部职工伤亡事故统计问题解答》《中华人民共和国安全生产法》《中华人民共和国建筑法》。

伤亡事故发生后，负伤者或项目部有关人员必须立即直接或逐级报告公司经理，并认真填写《职工伤亡事故报告登记表》。

轻伤事故由项目经理组织生产、技术、安全等有关人员以及工会成员参加的事故调查组进行调查，分析、查明其原因。

重伤事故由公司负责人或指定人员组织生产、技术、安全等有关人员以及工会成员参加的事故调查组进行调查，项目部所有职工积极配合调查组的工作。

死亡及以上事故是项目部所有职工都必须正确配合由政府有关部门组成的调查组的工作。事故处理要遵循“四不放过”的原则。

1）事故报告

凡职工在劳动过程中发生人身伤害、急性中毒事故后，施工现场负责人及有关人员应立即组织抢救伤员、排除险情，并迅速采取必要应急救援措施，防止事故扩大蔓延，并立即停工，保护好现场。

(1) 项目负责人必须在事故发生2小时内将事故情况用多种方法报公司经理及企业主管部门，项目经理部在12小时内将事故报表和事故报告书上报公司，并按国家有关规定立即逐级上报有关部门。

(2) 发生安全事故后，必须及时上报，不得隐瞒不报、迟报，应当严格保护事故现场，采取有效措施抢救人员和财产，防止事故扩大。因抢救人员、疏导交通等原因，需要移动现场物件时，应当做出标志，绘制现场简图并做出书面记录，妥善保存现场重要痕迹、物证，拍照或录像。隐瞒篡改事实、破坏现场的，将会受到法律的制裁。项目部职权范围内处理的事故应遵循“四不放过”原则。项目部无权处理的事故，必须认真配合上级有关部门调查处理。

2）事故调查

伤亡事故调查组的职责如下。

(1) 查明事故发生原因、过程和人员伤亡、经济损失情况。

(2) 确定事故责任者。

(3) 提出事故处理意见和防范措施的建议。

(4) 写出书面调查报告书。

构成犯罪的由司法机关依法追究刑事责任。死亡事故则由公司主管部门会同事故发生地的区(县)安全监察局、公安、检察院、工会组成事故调查组进行调查。

任何单位和个人不得阻碍、干涉事故调查组的正常工作，并迅速组织调查工作。事故发生后隐瞒不报、谎报、故意拖延报告期限的、故意破坏现场的、阻碍调查工作正常进行的、无正当理由拒绝调查组查询或者拒绝提供与事故有关情况、资料的，以及提供伪证的，由其所在单位或上级主管部门按有关规定给予行政处分，构成犯罪的，由司法机关依法追究刑事责任。

凡因忽视安全生产、违章指挥、违章作业、玩忽职守或发现事故隐患、危害情况而不采取有效措施以致造成伤亡事故的，由公司主管部门按照国家有关规定，对直接责任者和单位负责人给予行政处分，构成犯罪的，由司法机关依法追究刑事责任。发生的各类事故均应组织调查和配合上级调查组进行工作，调查组有权向事故发生单位、各有关单位和个人了解事故的有关情况，索取有关资料，任何单位和个人不得拒绝和隐瞒。任何单位和个人不得以任何方式阻碍、干扰调查组的正常工作。

事故单位应协助调查事故发生原因、过程、人员伤亡、财产损失情况。提出事故处理意见及防止类似事故再次发生应采取的措施和建议，并接受调查组对事故单位负责人的处

理建议。凡发生重大事故，按建设部《工程建设重大事故报告和调查程序规定》执行。

3）事故处理

事故单位应积极配合调查组赶赴现场帮助组织抢救，在处理事故时应按照“四不放过”的原则进行。

（1）事故原因调查不清不放过。

（2）事故责任者、群众没有受到教育不放过。

（3）整改防范措施没有到位、落实不放过。

（4）事故责任者没有受到处理不放过。

事故发生后，应对伤者或死亡家属做好慰问抚恤工作，发生轻伤和未遂事故时，应把工地自己组织调查、吸取教训及处理结果进行登记。重伤以上事故，按上级有关调查处理规定程序进行。

4）伤亡事故统计

伤亡事故统计是国家对伤亡事故的发生进行控制的一项措施。它及时反映国家行业及企业安全生产状态和形势，便于掌握事故发生的规律，拟订改进措施，减少和预防伤亡事故的发生。通过统计数字可以比较各单位、各地区的安全工作情况，分析安全工作形势，为制订安全管理法规提供依据。事故积累的资料不仅是安全教育的宝贵材料，也为生产、设计、科研、施工清除隐患、保证安全生产、促进技术进步提供基础资料。

按规定建立符合要求的工伤事故档案，没有发生工伤事故时，也应如实填写事故月报表，按月向上级主管部门上报。工伤事故可划分为轻伤、重伤、死亡事故，发生工伤事故应根据有关程序向有关部门报告，并填报工伤事故登记表和事故月报表，月报表内容应包括发生事故的时间、地点、原因、分析、处理过程及结果。工伤事故登记表、事故月报表和事故报告书上报公司，各种施工伤亡事故统计表根据当地建设主管部门要求进行上报。

伤亡事故处理工作应在90日内结案，特殊情况不得超过180日，伤亡事故处理结案后，应当公开宣布处理结果。伤亡事故统计资料如下。

（1）未遂重大事故有关资料。

不论有无发生死亡或重伤事故，均应建立工伤事故档案，施工现场发生了未遂重大事故，虽然没有发生人员伤亡，但仍按重大事故进行调查、分析、处理、整改及对员工进行安全教育，并将此资料存入工伤事故档案。

（2）发生的各种轻伤情况及有关资料。

发生轻伤的作业人员姓名、工种、受伤部位、误工时间、发生医疗费收据和诊断书复印件等。

（3）重大事故工伤事故档案。

工伤事故档案中主要资料如下。

① 建设系统企业职工伤亡事故调查报告书。

② 职工伤亡事故登记表。

③ 现场调查记录、图片、照片。

④ 技术鉴定和试验报告。

⑤ 物证、人证材料。

⑥ 直接和间接经济损失材料。

⑦ 事故责任者的自述材料。

⑧ 医疗部门对伤亡人数、人员的诊断书。

⑨ 发生事故时的工艺条件、操作情况和设计资料。

⑩ 处分决定和受处分人员的检查材料。

⑪ 有关事故的通告、简报及文件。

⑫ 参加调查的查组人员姓名、职务、职称、单位。

⑬ 对职工进行安全教育的记录。

⑭ 事故现场整改措施及整改结果报告。

⑮ 停工(复工)通知。

⑯ 伤葬补助和抚恤金协议或原始签字存单。

3. 工伤事故的认定与意外伤害保险

(1) 职工有下列情形之一的，应当认定为工伤。

① 在工作时间和工作场所内，因工作原因受到事故伤害的。

② 工作时间前后，在工作场所内，从事与工作有关的预备性或者收尾性工作受到事故伤害的。

③ 在工作时间和工作场所内，因履行工作职责受到暴力等意外伤害的。

④ 患职业病的。

⑤ 因工外出期间，由于工作原因受到伤害或者发生事故、下落不明的。

⑥ 在上下班途中，受到机动车事故伤害的。

⑦ 法律、行政法规规定应当认定为工伤的其他情形。

(2) 职工有下列情形之一的，视同工伤。

① 在工作时间和工作岗位，突发疾病死亡或者在48小时之内经抢救无效死亡的。

② 在抢险救灾等维护国家利益、公共利益活动中受到伤害的。

③ 职工原在军队服役，因战、因公负伤致残，已取得革命伤残军人证，到用人单位后旧伤复发的。

(3) 职工有下列情形之一的，不得认定为工伤或者视同工伤。

① 因犯罪或者违反治安管理伤亡的。

② 醉酒导致伤亡的。

③ 自残或者自杀的。

(4) 职工意外伤害保险。

为保障广大职工的安全，坚持以人为本和维护其合法权益，一方面要按照“安全第一，预防为主”的方针，尽可能地减少事故发生；另一方面，在发生事故后应当采取必要的措施，使伤亡职工及其家属得到应有的救济和补偿。《建筑法》的出台，为我国建立建筑业企业职工意外伤害保险提供了法律依据。

① 意外伤害保险是强制性的，不管企业是否自愿或经营状况好坏，都必须依法为职工办理意外伤害保险。

② 投保人是施工企业，不是职工个人。

③ 被保险人是从事危险作业的职工，主要指施工现场上的作业人员，不包括非施工

现场的企业行政后勤人员。

④ 保险费由企业支付，不是个人支付。

1.3.4 安全标志

特别提示

施工现场安全标志用来表达特定的安全信息，对提醒人们注意不安全的因素、防止事故的发生起到保障安全的作用。

特别提示

施工现场在有必要提醒人们注意安全的场所的醒目处，必须设置安全标志牌。

项目部选购和制作的安全标志牌，必须符合《安全色》(GB 2893—2008)、《安全标志及其使用导则》(GB 2894—2008)的规定。标志牌设置的高度，应尽量与人眼的视线高度一致。标志牌的平面与视线夹角应接近90°，观察者位于最大距离时，最大夹角不低于75°。标志牌不应放在门、窗、架等可移动的物体上，以免这些物体位置移动后，看不见安全标志。标志牌前不得放置妨碍认读的障碍物。

现场安全标志的布置要先设计，后布置。项目技术负责人要根据现场的实际设计好具有针对性、合理的安全标志平面布置图，现场依此进行布置。施工现场安全标志，不得随意挪动，确需挪动时，须经原设计人员批准并备案。标志牌每月至少检查一次，如发现有破损、变形、褪色等不符合要求时，应及时修整或更换。项目部要派专人管理现场的标志牌，对损坏和偷窃标志牌者要严肃查处。工程竣工后，项目部要统一收集、保管标志牌，以备后续工程施工使用。

1. 安全色与安全标志

1）安全色

安全色是表达安全信息含义的颜色，表示禁止、警告、指令、提示等。目的是使人们能够发现或分辨安全标志和提醒人们注意，以防发生事故。各安全色用途如下。

(1) 红色。表示禁止、停止。用于禁止标志、停止信号、禁止人们触动的部位。

(2) 黄色。表示警告、注意。用于警告标志、警戒标志、机械传动部位等。

(3) 蓝色。表示指令、必须遵守的规定。用于指令标志等。

(4) 绿色。表示标示、安全状态、通行。用于标示标志、安全通道、通行标志、消防设备和其他安全防护设备的位置。

(5) 红白间隔条纹。禁止越过。用于现场防护栏杆。

(6) 安全网支撑杆黄黑间隔条纹。表示警告危险。用于洞口防护、安全门防护、吊车吊钩的滑轮架等。

2）安全标志

安全标志是由安全色、几何图形和图形符号构成，用以表达特定的安全信息。安全标志分为禁止标志、警告标志、指令标志、提示标志四类。

(1) 禁止标志是禁止人们不安全行为的图形标志，基本形式是带斜杠的圆边框。

（2）警告标志是提醒人们对周围环境引起注意，以避免可能发生危险的图形标志。基本形式为正三角形边框。

（3）指令标志是强制人们必须做出某种动作或采用防范措施的图形标志。基本形式为圆形边框。

（4）提示标志是向人们提供某种信息(如标明安全设施或场所等)的图形标志。基本形式为正方形边框。

3）安全生产标志牌

安全生产标志牌分为以下6种。

（1）施工现场安全生产标志牌。

施工现场安全生产标志牌主要用于悬挂在施工现场出入口、主要通道等醒目处，起到提示和警示施工人员遵守安全施工规定的作用。

（2）施工机械操作规程牌。

施工机械操作规程牌主要悬挂在施工机械旁，机械操作工必须按机械操作规程操作，以确保安全。

（3）建筑施工各工种操作规程牌。

建筑施工各工种操作规程牌主要悬挂在工作场所，各施工人员必须按照相应工种操作规程操作，以确保安全。

（4）各级安全生产责任牌。

各级安全生产责任牌主要悬挂在工作场所，以提示对安全生产的责任，同时也起到职责分明、公开接受群众监督的作用。

（5）安全生产管理规定牌。

安全生产管理规定牌主要悬挂在安全生产管理部门，起到提示安全生产管理职能的作用。

（6）安全用电管理规定牌。

安全用电管理规定牌主要悬挂在相应用电部门，提示各用电部门，必须按规定配备用电设备和按规定架设用电线路和遵守安全用电规定。

2. 安全标志管理

施工现场应针对作业条件悬挂符合《安全标志及其使用导则》(GB 2894—2008)的安全标志，并应绘制施工现场安全标志布置图，安全标志布置图应由绘制人绘制，并经项目经理审批。

安全标志应有专人管理，当作业条件变化或安全标志遭到损坏时，应及时更换。安全标志应针对危险作业部位悬挂，不可以完全排列悬挂。

凡公司所用的安全标志的图形、颜色及材质都必须符合《安全标志及其使用导则》(GB 2894—2008)的要求。

各施工阶段的安全标志应根据工程施工的具体情况进行增补或删减，其变动情况可在《安全标志登记表》中注标。工程安全标志牌应有专人负责保管、挂设。

人人珍惜安全标志牌，故意损坏者应加倍赔偿。工程所用的安全标志牌应在工程开工前准备就绪，按工程的实际进度及安全标志总平面布置图在相关位置及规定地方整齐挂设。

施工现场安全色标数量及位置，由项目经理部根据现场的实际需要决定，但须确保安全。

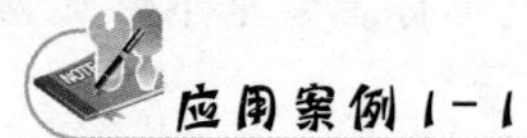
应用案例1-1

×市×大厦“5.12”围墙倒塌事故

1. 事故概况

事故概况详见“案例引入”。

2. 事故原因

1）直接原因

围墙倒塌的直接原因是紧靠墙体的土石方堆积量不断增加，土石方对围墙的侧压力矩超过围墙的抗倾覆力矩，造成了围墙的倒塌。

2）间接原因

(1) 盲目指挥，违章作业。×建四分公司经理王某在未制定任何施工方案的情况下，盲目指挥将土石方倒运至基坑南围墙内侧自然地坪处。施工队伍从5月10日开始，违章将土石方倒至基坑南围墙内侧，特别是5月11日晚，×大厦项目部模板工长侯某继续安排施工队伍向基坑南围墙内侧自然地坪处倒运土石方，造成土石方总量持续增加，最后导致事故的发生。

(2) 职责不明，责任不清，工作交底不到位，现场施工管理失控。从倒运土石方工作任务下达，到倒运土石方施工过程中，对土石方倒运工作，无人交代安全事宜和进行检查。5月11晚只有侯某夜间值班，侯某于12日凌晨回宿舍睡觉，造成当夜施工管理失控。

(3) 现场安全管理制度不健全，没有施工组织设计、具体施工方案和安全技术交底。

(4) 人员调配不合理，用人不当。项目部安全员陈某既没有经过专业培训，也不具备建筑施工安全专业知识，被安排在安全员的岗位上，使得安全员这个重要岗位形同虚设。陈某5月11日晚在工地饮酒后睡觉，没有履行安全员的工作职责。

(5) ×建工集团对下属单位的施工现场安全生产责任制不落实、制度不健全、各项安全技术措施不到位等情况的检查督导不力，致使隐患得不到及时整改。

(6) 监理单位及其有关负责人员没有履行职责。×监理公司所派的不具备相应监理资格的苏某和石某对土石方倒运施工过程中的违章作业没有提出停工指令和有关要求。

3. 事故责任划分

(1) ×建四分公司经理王某，安全意识淡薄，思想麻痹，在没有进行充分调查和采取有效防范措施的情况下，盲目决定将大量土石方转移、堆放在狭窄的围墙内侧，造成多人死亡，对事故负有直接责任。

(2) ×大厦项目部模板工长侯某负责现场的土石方施工工作，5月11日晚作为项目驻工地的临时负责人，没有履行管理职责，在执行土石方倒运工作中，明知存在隐患，没有采取防范措施，不监督、不检查、擅离职守，致使隐患不断发展，最后导致事故发生，对事故负有直接责任。

(3) ×大厦项目部工程师翟某，作为项目的技术负责人，在项目经理不在的情况下，不能履行自己的职责，责任心不强，在倒运土石方工作中，明知存在重大事故隐患，没有制订有效的安全技术和监督检查措施，反而在管理人员不足的情况下擅离岗位，对事故负有直接责任。

(4) ×大厦项目部钢筋工长周某，作为项目指定的临时负责人，安全意识淡薄，思想麻痹，不能忠于职守，对事故负有责任。

(5) ×大厦项目安全员陈某，值班期间饮酒睡觉，没有履行安全员的工作职责，对施工现场的安全检查不力，对事故负有责任。

(6) ×建四分公司副经理、×大厦项目经理赵某，身为项目经理，虽然请假在家，不在施工现场，但是，知道工地土石方倒运工作，没有引起重视，并且收到临时负责人周某给其打传呼后没有回电话，有失职行为，对事故负有直接领导责任。

(7) ×建副总经理刘某，在安排生产任务过程中，没有贯彻“安全第一”的方针，只注重工程进度，忽视安全工作，在下达土石方倒运指令时没有提出具体的安全要求，对事故发生负有直接领导责任。

(8) ×建总经理冯某，作为法人代表，安全生产第一责任人，对下属单位由于安全生产责任制不落实、制度不健全、施工管理混乱而导致事故发生，负有领导责任。

(9) ×建监察处处长房某，作为公司安全生产主管部门的负责人，对施工单位安全管理、施工环节存在的问题监督检查不力，导致事故发生，有失职行为。

(10) ×建副总经理阿某，作为总公司安全生产的主管领导，没有很好地履行职责，对下属单位发生事故负有领导责任；事故发生后，不及时赶到现场组织抢救，有失职行为。

(11) ×建市场开发部部长伍某，作为总公司主管部门的负责人，对下属单位安全管理不严，措施不力，监督检查不到位，有失职行为。

(12) ×监理公司苏某和石某，对项目现场施工监理不到位，对施工单位在无施工方案和具体措施的情况下违规进行倒运土石方工作，没有及时制止，负有责任。×监理公司委托无资格人员从事该工程监理，负有责任。

4. 事故处理情况

(1) ×建四分公司经理王某对事故负有直接责任，建议由司法机关追究其刑事责任。

(2) ×大厦项目部模板工长侯某没有履行管理职责，最后导致事故发生，对事故负有直接责任，建议由司法机关追究其刑事责任。

(3) ×大厦项目部工程师翟某是项目的技术负责人，在项目经理不在的情况下，不能履行自己的职责，责任心不强，建议给予翟某开除处分。

(4) ×大厦项目部钢筋工长周某作为项目指定的临时负责人，安全意识淡薄，思想麻痹，不能忠于职守，对事故负有责任；大厦项目安全员陈某值班期间饮酒睡觉，没有履行安全员的工作职责，对施工现场的安全检查不力，对事故负有责任。建议给予周某开除处分，给予陈某留用察看处分。

(5) ×建四分公司副经理、×大厦项目经理赵某，虽然请假在家，但周某给其打传呼后没有回电话，有失职行为，对事故发生负有领导责任，建议给予行政撤职处分。

(6) ×建副总经理刘某对事故发生负有领导责任，建议给予党内警告处分。

(7) ×建总经理冯某，作为法人代表，安全生产第一责任人，对事故发生负有领导责任，建议给予行政记大过处分。

(8) ×建监察处处长房某，对下属施工单位安全管理、施工环节存在的问题，监督检查不力，导致事故发生，建议给予行政记大过处分。

(9) ×建副总经理阿某，对下属单位发生事故负有领导责任；事故发生后，不及时赶到现场组织抢救，有失职行为，建议给予行政记过处分。

(10) ×建市场开发部部长伍某，对下属单位安全管理不严，措施不力，监督检查不到位，负有责任，建议给予警告处分。

(11) ×大厦工程监理员苏某、石某，对项目现场施工监理不到位，对施工单位在无施工方案和具体措施的情况下违规进行倒运土石方工作，没有及时制止，属失职行为，建议给予解聘处理。

(12) ×大厦工程总监理工程师史某没有很好地履行职责，对监理工作不到位，负有责任，建议给予停止监理资格一年的处分。

(13) ×监理公司委托无资格人员从事该工程的监理工作，没有起到应有的作用，建议对该监理公司进行资质降一级、停业整顿三个月处理。

(14) ×大厦工程项目在未办理施工许可、质量监督、施工图设计审查等手续的情况，擅自开工，建议建设行政主管部门对有关责任单位和责任人按有关规定给予处罚。

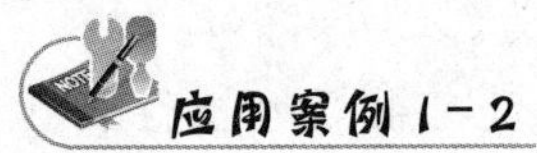
应用案例1-2

×市×工程“7.30”高坠事故

1. 事故概况

2001年7月30日晚21时左右，×市×区×广场×工程施工现场，发生一起物料提升机钢丝绳断裂，造成三人死亡，一人重伤的重大伤亡事故。这是一起由违章指挥、违章作业而造成人员伤亡的重大责任事故。擅自违规安排非特种作业人员进行高处作业和起重作业，利用严禁载人的提升机吊篮作为工作平台，进行落水管安装施工，是该事故的主要原因。

1) 工程概况

×市×区×广场×A栋(北楼)，规划设计19层(地下1层，地上18层)，建筑面积23000m²，框架剪力墙结构，该项目由×建筑设计院设计，×房地产开发公司建设，经×区管委会审查同意，定向发包，由×局×公司承建。工程由×区质量安全监督站和×区管委会联合质监，开发公司委托×市建业工程监理处负责监理，该项目前期手续齐全。

该工程于1999年11月开工建设，工程原计划于2001年6月竣工，因多种原因延期到2001年8月底竣工。

2) 事故经过

7月30日，砌筑工班长王某通知徐某、杨某、陈某、李某等4名工人加班安装落水管，当晚21时左右4人开始作业，让无特种作业上岗证的人员朱某开卷扬机。施工现场无照明设备，徐某取来碘钨灯，4人从楼道走到17层进入提升机吊篮开始安装落水管。作业中未固定吊篮、施工人员未佩戴安全带，当安装到12层、距地面高度为32m时，徐某在吊篮里举灯照明，李某站在吊篮与采光井装饰梁之间的架板上安装落水管，另两人站在吊篮里往墙体上钻眼，打楔木。这时在吊篮上的徐某喊卷扬机司机朱某将吊篮升一点，卷扬机司机朱某提升了一点，徐某又喊再升一点，在卷扬机司机再次起动电机提升吊篮的过程中，提升机钢丝绳突然发生断裂，徐某等四名工人随吊篮坠落，3人死亡，1人重伤。

事故发生后，该项目副经理孙某安排工人连夜清理事故现场并拆除提升机。7月31日凌晨，该项目经理向×局×公司×分公司经理周某报告了事故情况，当天周某听完事故过程汇报并看望医院伤员。事故发生后，该分公司有关人员未向×市有关部门报告事故。

2. 事故原因分析

1）直接原因

(1) 管理人员不遵循工艺要求和施工计划，擅自违规安排不能进行高处作业的人员和起重作业人员，利用严禁载人的提升机吊篮作为工作平台，进行落水管安装施工，是发生事故的主要原因。

(2) ×局×公司该项目部在主体工程完成后，现场安全管理松弛，项目经理未能认真履行安全生产第一责任人的职责，未按规定配备项目管理人员，使工地安全责任得不到落实，安全隐患得不到整改，违章指挥、违章作业等违章现象得不到制止，是事故发生的另一主要原因。

(3) 发生事故的物料提升机未按规定设计、安装和使用管理，存有多处缺陷，事故发生时，底部导向滑轮和钢丝绳均已达到报废标准。物料提升机的缺陷是事故发生的重要原因。

(4) 作业工人安全意识淡薄，盲目蛮干，违反严禁吊篮载人和特种作业持证上岗的规定，夜间高处作业照明不足，卷扬机操作者与吊篮上作业工人联系信号不清，不采取任何自我保护措施，是事故发生的直接原因。

2）间接原因

(1) ×局×公司总部安全管理工作不严不细，在项目主要负责人和管理人员工作变动后，未及时对相应人员的安全职责作出明确规定和要求，以致安全生产责任制落实不到位，对基层管理人员的安全教育培训不够，对施工工地的安全生产管理工作检查、指导不够，对违章行为制止不力，是事故发生的间接原因。

(2) ×市建业工程监理处未严格履行监理职责，对不符合规范的提升设备、无证上岗等多处违章问题检查不认真，制止不及时，是事故发生次要原因。

(3) ×市建设工程行政主管部门在该项目后期对现场的监督管理有所放松，对该工程缺少安全管理人员、设备存在安全隐患等问题检查、督促整改不到位，对违章指挥、违章作业纠正不及时，是事故发生的次要原因。

3. 事故责任划分

1）直接责任

(1) ×局×公司对工地现场管理失控，造成现场安全管理混乱，事故隐患得不到及时治理，对工人违章行为未及时制止，发生事故后没有保护现场，对这起重大安全事故的发生应负主要责任。

(2) 该项目副经理孙某负责施工现场土建管理，是这起重大安全事故的直接责任人，违反《龙门架及井架物料提升机安全技术规范》(JGJ 88—2010)的要求，安排瓦工班利用提升机吊篮作为工作平台从事高处作业，违反《中华人民共和国建筑法》第七十一条，《建筑安全生产监督管理规定》第十一条，《×省劳动安全条例》第三十六条、第三十八条及《劳动法》第九十二条、九十条的规定，安排无证人员从事特种作业，违章指挥，冒险作业，事故发生后，又安排工人拆除事故设备，清理破坏现场。

(3) 该项目经理周某，后期担任×局×公司×分公司经理，是这起安全事故的直接领导责任人，也是隐瞒事故的主要责任人，违反《中华人民共和国建筑法》第四十五条，《建筑安全生产监督管理规定》第十一条，《×省劳动安全条例》第十四条、第十八条、第二十七条、第三十六条的规定，作为项目执行经理，对安排无资质人员上岗作业、现场安全隐患长期得不到整改、专职安全管理人员不落实、项目副经理违章指挥等负领导责任；事故发生后，未向有关部门上报，负隐瞒事故主要责任。

2) 间接责任

(1) 项目调度、现场施工员徐某在负责工程后期工作中疏于管理，造成现场安全管理混乱，事故隐患得不到及时治理，对工人违章行为未及时制止，发生事故后没有保护现场，对这起事故负现场管理失职的责任。

(2) 项目部安全员李某不认真履行安全员责任制，对提升机不符合技术规范、缺乏日常维护、卷扬机操作人员无证上岗等长期存在的隐患均未督促整改，对违章指挥和违章作业行为不制止，在这起事故中负安全管理检查不到位的责任。

(3) ×局×公司法人代表马某，是公司安全生产第一责任人，违反《中华人民共和国建筑法》第四十三条的规定，对这起事故负领导责任。

(4) ×市建业工程监理处未能认真履行《建设工程监理规范》(GB 50319－2000)第6.1.2条的规定，对提升机的安全隐患等问题检查不严不细，未做记录，未督促整改，对这起事故应负一定的监管责任。

(5) ×区管委会规划部，×区质量安全监督站具体负责该项目监督管理工作，在该项目的施工监管中，督促整改安全隐患和制止违章行为不及时，对这起事故应负一定监管责任。

4. 事故处理

1) 直接责任人处理

(1) 项目副经理孙某是这起重大安全事故的直接责任人，建议由司法机关依法追究刑事责任。

(2) 项目经理周某，后期担任×局×公司×分公司经理，是这起安全事故的直接领导责任人，也是隐瞒事故的主要责任人，建议吊销项目经理资格，给予行政开除处分，并给予经济处罚。

2) 其他有关责任人的处理

(1) 项目调度、现场施工员徐某对这起事故负现场管理失职的责任，建议给予行政记过处分。

(2) 项目部安全员李某在这起事故中负安全管理检查不到位的责任，建议给予行政警告处分。

(3) ×局×公司法人代表马某，是公司安全生产第一责任人，对这起事故负领导责任，建议给予行政警告处分。

3) 对主要责任单位的处理

×局×公司对工地现场管理失控，是发生这起重大安全事故的主要责任单位。停止其在×市备案登记和参与承包工程，将其工业与民用建筑工程施工资质等级由一级降为二级。

4）相关单位的处理

(1) ×市建业工程监理处对提升机的安全隐患等问题检查不严不细，未作记录，未督促整改，对这起事故应负一定责任，责成×建业监理处写出书面检查，在全市范围内通报批评。

(2) ×区管委会规划部，×区质量安全监督站具体负责该项目监督管理工作，对这起事故应负一定监管责任，要求×区管委会规划部、×区质量安全监督站写出书面检查，在全市范围内通报批评。

特别提示

建筑工程安全管理方面的检查，应以《建筑施工安全检查标准》(JGJ 59—2011)中“表B.1安全管理检查评分表”为依据(见表1-3)。

表1-3 安全管理检查评分表

序号	检查项目		扣分标准	应得分数	扣减分数	实得分数
1	保证项目	安全生产责任制	未建立安全生产责任制，扣10分 安全生产责任制未经责任人签字确认，扣3分 未备有各工种安全技术操作规程，扣2～10分 未按规定配备专职安全员，扣2～10分 工程项目部承包合同中未明确安全生产考核指标，扣5分 未制定安全生产资金保障制度，扣5分 未编制安全资金使用计划或未按计划实施，扣2～5分 未制定伤亡控制、安全达标、文明施工等管理目标，扣5分 未进行安全责任目标分解，扣5分 未建立对安全生产责任制和责任目标的考核制度，扣5分 未按考核制度对管理人员定期考核，扣2～5分	10		
2		施工组织设计及专项施工方案	施工组织设计中未制定安全技术措施，扣10分 危险性较大的分部(分项)工程未编制安全专项施工方案，扣10分 未按规定对超过一定规模危险性较大的分部(分项)工程专项施工方案进行专家论证，扣10分 施工组织设计、专项施工方案未经审批，扣10分 安全技术措施、专项施工方案无针对性或缺少设计计算，扣2～8分 未按施工组织设计、专项施工方案组织实施，扣2～10分	10		

续表

序号	检查项目		扣分标准	应得分数	扣减分数	实得分数
3	保证项目	安全技术交底	未进行书面安全技术交底，扣10分 未按分部分项进行交底，扣5分 交底内容不全面或针对性不强，扣2～5分 交底未履行签字手续，扣4分	10		
4		安全检查	未建立安全检查制度，扣10分 未做安全检查记录，扣5分 事故隐患的整改未做到定人、定时间、定措施，扣2～6分 对重大事故隐患整改通知书所列项目未按期整改和复查，扣5～10分	10		
5		安全教育	未建立安全教育培训制度，扣10分 施工人员入场未进行三级安全教育培训和考核，扣5分 未明确具体安全教育培训内容，扣2～8分 变换工种或采用新技术、新工艺、新设备、新材料施工时未进行安全教育，扣5分 施工管理人员、专职安全员未按规定进行年度教育培训和考核，每人扣2分	10		
6		应急救援	未制定安全生产应急救援预案，扣10分 未建立应急救援组织或未按规定配备救援人员，扣2～6分 未定期进行应急救援演练，扣5分 未配置应急救援器材和设备，扣5分	10		
	小计			60		
7	一般项目	分包单位安全管理	分包单位资质、资格、分包手续不全或失效，扣10分 未签订安全生产协议书，扣5分 分包合同、安全生产协议书，签字盖章手续不全，扣2～6分 分包单位未按规定建立安全机构或未配备专职安全员，扣2～6分	10		
8		持证上岗	未经培训从事施工、安全管理和特种作业，每人扣5分 项目经理、专职安全员和特种作业人员未持证上岗，每人扣2分	10		
9		生产安全事故	生产安全事故未按规定报告，扣10分 生产安全事故未按规定进行调查分析、制定防范措施，扣10分 未依法为施工作业人员办理保险，扣5分	10		

续表

序号	检查项目		扣分标准	应得分数	扣减分数	实得分数
10	一般项目	安全标志	主要施工区域、危险部位未按规定悬挂安全标志，扣 2～6 分 未绘制现场安全标志布置图，扣 3 分 未按部位和现场设施的变化调整安全标志设置，扣 2～6 分 未设置重大危险源公示牌，扣 5 分	10		
小计				40		
检查项目合计				100		

小结

本项目重点讲授了以下 3 个模块。

（1）安全管理概述。

（2）安全管理的保证项目，包括安全生产责任制、施工组织设计及专项施工方案、安全技术交底、安全检查、安全教育、应急救援等项目。

（3）安全管理的一般项目，包括分包单位安全管理、持证上岗、生产安全事故处理、安全标志等项目。

通过本项目的学习，学生应学会什么是建筑工程安全管理，建筑工程安全管理的相关对象、内容、步骤和侧重点，及安全管理要达到的目标和效果等，为成为一个合格的建筑工程安全管理人员奠定基础。

习题

1. 什么是安全管理？建筑工程安全管理的作用有哪些？
2. 安全管理的保证项目有哪些？一般项目有哪些？
3. 施工组织设计中安全技术措施包括哪些内容？
4. 安全生产的检查形式有哪些？
5. 什么是三级安全教育？
6. 特种作业范围的工种有哪些？
7. 什么是安全标志？安全标志分为哪些类型？

项目2 文明施工

教学目标

掌握建筑工程文明施工的保证项目：现场围挡、封闭管理、施工现场、材料管理、现场办公与住宿、现场防火等方面的知识和技能，熟悉建筑工程文明施工的一般项目：综合治理、公示标牌、生活设施、社区服务等方面的知识和技能。通过本项目的学习，学生应具备基本文明施工的范围、目标、措施等方面的知识和技能并对文明施工管理过程的重要环节和实施了然于胸，能正确应对建筑工程生产过程中的文明施工管理。

教学步骤

目　　标	内　　容	权重
知识点	1. 保证项目：现场围挡、封闭管理、施工现场、材料管理、现场办公与住宿、现场防火 2. 一般项目：综合治理、公示标牌、生活设施、社区服务	35%
技能	针对上述知识点创设相关实训场景以培养学生思考和动手解决实际问题的能力	35%
分析案例	实际工程施工过程中由于不重视文明施工造成安全事故的分析、处理和经验教训	30%

章节导读

1. 文明施工的概念

文明施工是指保持施工场地整洁、卫生，施工组织科学，施工程序合理的一种施工活动。工程项目达到了文明施工的要求，也就成为文明工地。

2. 文明施工的意义

工程项目文明施工建设对企业改变经营管理状况，树立企业良好的形象，求得企业长远发展具有十分重要的意义和巨大的推动作用。

3. 文明工地一览

文明工地如图 2.1 和图 2.2 所示。

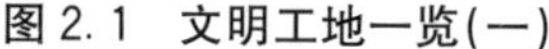
图 2.1　文明工地一览(一)

图 2.2　文明工地一览(二)

案例引入

×市×大学“8.2”火灾中毒事故

2001 年 8 月 2 日 22 时左右，×建工(集团)(以下简称×建)，在×市×大学 11 号学生公寓楼施工中，劳务工在住处违章操作，引起火灾，造成 5 人死亡，1 人轻伤。

×大学 11 号学生公寓楼建筑面积 12468.51m^2，混合结构，地下一层，地上 5 层，地下室净空高 2.2m，一层层高为 3.3m，其余层层高均为 3.1m，楼长度 98.2m，最宽处 45.1m，檐高 19.8m，建筑物平面布置呈“T”形，三处设有楼梯。该工程由×设计研究所设计，工程由×建总承包，由其所属的×分公司具体施工，于 2001 年 3 月 10 日开工，合同规定 2001 年 8 月 20 日竣工验收。

2001 年 8 月 2 日晚，工长徐某让劳务工岳某、陈某调配聚氨酯底层涂料，在地下室的一房间内，岳某将塑料壶里的 90 号汽油往盛有聚氨酯防水涂料的铁桶里倒，陈某用一根长度 1m 的木棍在铁桶里搅拌，大约搅了 5min，铁桶里的搅拌物突然起火，陈某把着火的铁桶提到地下室的过道里，梁某把被引燃的汽油壶提起来扔到起火房间门外，这时外面的易燃物品也被引燃，火已蹿出门外，人已无法进出，另一劳务工侯某将着火的铁桶又拎到地下室走道西南角，便跑到楼上工地办公室取灭火器，然后通知报警，并返回地下室用灭火器扑救，灭火器喷完后，因有毒烟雾过大，就返回地上院子里。因燃烧过程中产生有毒气体，致使徐某、陈某等 5 人中毒窒息死亡。

【案例思考】

针对上述案例，试分析该事故发生的可能原因，事故的责任划分，可采取哪些预防措施。

2.1 文明施工保证项目

为做到建筑工程的文明施工，施工企业必须在现场围挡、封闭管理、施工现场、材料管理、现场办公与住宿、现场防火等保证项目上加强管理。

2.1.1 现场围挡

工地四周应设置连续、密闭的围挡，其高度与材质应满足如下要求。

（1）市区主要路段的工地周围设置的围挡高度不低于 2.5m；一般路段的工地周围设置的围挡高度不低于 1.8m。市政工地可按工程进度分段设置围挡或按规定使用统一的、连续的安全防护设施。

（2）围挡材料应选用砌体，砌筑 60cm 高的底脚并抹光，禁止使用彩条布、竹笆、安全网等易变形的材料，做到坚固、平稳、整洁、美观。

（3）围挡的设置必须沿工地四周连续进行，不能有缺口。

（4）围挡外不得堆放建筑材料、垃圾和工程渣土、金属板材等硬质材料。

2.1.2 封闭管理

施工现场实施封闭式管理。施工现场进出口应设置大门，门头要设置企业标志，企业标志是标明集团、企业的规范简称；设有门卫室，制定值班制度。设警卫人员，制定警卫管理制度，切实起到门卫作用；为加强对出入现场人员的管理，规定进入施工现场的人员都必须佩戴工作卡，且工作卡应佩戴整齐；在场内悬挂企业标志旗。

未经有关部门批准，施工范围外不准堆放任何材料、机械，以免影响秩序，污染市容，损坏行道树和绿化设施。夜间施工要经有关部门批准，并将噪声控制到最低限度。

工地、生活区应有卫生包干平面图，根据要求落实专人负责，做到定岗、定人，做好公共场所、厕所、宿舍卫生打扫、茶水供应等生活服务工作。工地、生活区内道路平整，无积水，要有水源、水斗、灭害措施、存放生活垃圾的设施，要做到勤清运，确保场地整洁。

宣传企业材料的标语应字迹端正、内容健康、颜色规范，工地周围不随意堆放建筑材料。围挡周围整洁卫生、不非法占地，建设工程施工应当在批准的施工场地内组织进行，需要临时征用施工场地或者临时占用道路的，应当依法办理有关批准手续。

建设工程施工需要架设临时电网、移动电缆等，施工单位应当向有关主管部门报批，并事先通告受影响的单位和居民。

施工单位进行地下工程或者基础工程施工时发现文物、古化石、爆炸物、电缆等应当暂停施工，保护好现场，并及时向有关部门报告，按有关规定处理后，方可继续施工。

施工场地道路平整畅通，材料机具分类并按平面布置图堆放整齐、标志清晰。

工地四周不乱倒垃圾、淤泥，不乱扔废弃物；排水设施流畅，工地无积水；及时清理淤泥；运送建筑材料、淤泥、垃圾，沿途不漏撒；沾有泥沙及浆状物的车辆不驶出工地，工地门前无场地内带出的淤泥与垃圾；搭设的临时厕所、浴室有措施保证粪便、污水不外流。

单项工程竣工验收合格后，施工单位可以将该单项工程移交建设单位管理。全部工程验收合格后，施工单位方可解除施工现场的全部管理责任。

设门卫值班室，值班人员要佩戴执勤标志；门卫认真执行本项目门卫管理制度，并实行凭胸卡出入制度，非施工人员不得随便进入施工现场，确需进入施工现场的，警卫必须先验明证件，登记后方可进入工地；进入工地的材料，门卫必须进行登记，注明材料规格、品种、数量、车的种类和车牌号；外运材料必须有单位工程负责人签字，方可放行；加强对劳务队的管理，掌握人员底数，签订治安协议；非施工人员不得住在更衣室、财会室及职工宿舍等易发案位置，由专人管理，制定防范措施，防止发生盗窃案件；严禁赌博、酗酒、传播淫秽物品和打架斗殴，贵重、剧毒、易燃易爆等物品设专库专管，执行存放、保管、领用、回收制度，做到账物相符；职工携物出现场，要开出门证，做好成品保卫工作，制定具体措施，严防被盗、破坏和治安灾害事故的发生。工地封闭管理现场如图 2.3和图 2.4 所示。

图 2.3　工地封闭管理现场(一)

图 2.4　工地封闭管理现场(二)

2.1.3　施工场地

遵守国家有关环境保护的法律规定，应有效控制现场各种粉尘、废水、固体废弃物，以及噪声、振动对环境的污染和危害。

工地地面要做硬化处理，做到平整、不积水、无散落物。道路要畅通，并设排水系统、汽车冲洗台、三级沉淀池，有防泥浆、污水、废水措施。建筑材料、垃圾和泥土、泵车等运输车辆在驶出现场之前，必须冲洗干净。工地应严格按防汛要求，设置连续、通畅的排水设施，防止泥浆、污水、废水外流或堵塞下水道和排水河道。

工地道路要平坦、畅通、整洁、不乱堆乱放；建筑物四周浇捣散水坡施工场地应有循环干道且保持畅通，不堆放构件、材料；道路应平整坚实，施工场地应有良好的排水设施，保证畅通排水。项目部应按照施工现场平面图设置各项临时设施，并随施工不同阶段进行调整，合理布置。

现场要有安全生产宣传栏、读报栏、黑板报，主要施工部位作业点和危险区域，以及主要道路口要都设有醒目的安全宣传标语或合适的安全警告牌。主要道路两侧用钢管做扶栏，高度为 1.2m，两道横杆间距 0.6m，立杆间距不超过 2m，40cm 间隔刷黄黑漆做色标。

工程施工的废水、泥浆应经流水槽或管道流到工地集水池，统一沉淀处理，不得随意排放和污染施工区域以外的河道、路面。施工现场的管道不得有跑、冒、滴、漏或大面积积水现象。施工现场禁止吸烟，按照工程情况设置固定的吸烟室或吸烟处，吸烟室应远离危险区并设必要的灭火器材。工地应尽量做到绿化，尤其是在市区主要路段的工地更应该做到这点。

保持场容场貌的整洁，随时清理建筑垃圾。在施工作业时，应有防止尘土飞扬、泥浆洒漏、污水外流、车辆带泥土运行等措施。进出工地的运输车辆应采取措施，以防止建筑材料、垃圾和工程渣土飞扬撒落或流溢。施工中泥浆、污水、废水禁止随地排放，选合理位置设沉淀池，经沉淀后方可排入市政污水管道或河道。作业区严禁吸烟，施工现场道路要硬化畅通，并设专人定期打扫道路。施工现场如图 2.5 所示。

图 2.5　施工现场一览

2.1.4　材料管理

1. 材料堆放

施工现场场容规范化。需要在现场堆放的材料、半成品、成品、器具和设备，必须按已审批过的总平面图指定的位置进行堆放。应当贯彻文明施工的要求，推行现代管理方法，科学组织施工，做好施工现场的各项管理工作。施工应当按照施工总平面布置图规定的位置和线路设置，建设工程实行总包和分包的，分包单位确需进行改变施工总平面布置图活动的，应当先向总包单位提出申请，不得任意侵占场内道路，并应当按照施工总平面布置图设置各项临时设施现场堆放材料，如图 2.6 所示。

各种物料堆放必须整齐，高度不能超过 1.6m，砖成垛，砂、石等材料成方，钢管、钢筋、构件、钢模板应堆放整齐，用木方垫起，作业区及建筑物楼层内，应做到工完料清。除去现浇筑混凝土的施工层外，下部各楼层凡达到强度的拆模要及时清理运走，不能马上运走的必须码放整齐。各楼层内清理的垃圾不得长期堆放在楼层内，应及时运走，施工现场的垃圾应分类集中堆放。

所有建筑材料、预制构件、施工工具、构件等均应按施工平面布置图规定的地点分类堆放，并整齐稳固。必须按品种、分规格堆放，并设置明显标志牌(签)，标明产地、规格等，各类材料堆放不得超过规定高度，严禁靠近场地围护栅栏及其他建筑物墙壁堆置，且其间距应在 50cm 以上，两头空间应予封闭，防止有人入内，发生意外伤害事故。油漆及

图 2.6　现场堆放材料一览

其稀释剂和其他对职工健康有害的物质，应该存放在通风良好、严禁烟火的仓库。

库房搭设要符合要求，有防盗、防火措施，有收、发、存管理制度，有专人管理，账、物、卡三相符，各类物品堆放整齐，分类插挂标牌，安全物质必须有厂家的资质证明、安全生产许可证、产品合格证及原始发票复印件，保管员和安全员共同验收、签字。

易燃易爆物品不能混放，必须设置危险品仓库，分类存放，专人保管，班组使用的零散的各种易燃易爆物品，必须按有关规定存放。

工地水泥库搭设应符合要求，库内不进水、不渗水、有门有锁。各品种水泥按规定标号分别堆放整齐，专人管理，账、牌、物三相符，遵守先进先用、后进后用的原则。工具间整洁，各类物品堆放整齐，有专人管理，有收、发、存管理制度。

2. 库房安全管理

库房安全管理包括以下内容。

（1）严格遵守物资入库验收制度，对入库的物资要按名称、规格、数量、质量认真检查。加强对库存物资的防火、防盗、防汛、防潮、防腐烂、防变质等管理工作，使库存物资布局合理，存放整齐。

（2）严格执行物资保管制度，对库存物资做到布局合理，存放整齐，并做到标记明确、对号入座、摆设分层码跺、整洁美观，对易燃、易爆、易潮、易腐烂及剧毒危险物品应存放专用仓库或隔离存放，定期检查，做到勤检查、勤整理、勤清点、勤保养。

（3）存放爆炸物品的仓库不得同时存放性质相抵触的爆炸物品和其他物品，并不得超过规定的储存数量。存放爆炸物品的仓库必须建立严格的安全管理制度，禁止使用油灯、蜡烛和其他明火照明，不准把火种、易燃物品等容易引起爆炸的物品和铁器带入仓库，严禁在仓库内住宿、开会或加工火药，并禁止无关人员进入仓库。收存和发放爆炸物品必须建立严格的收发登记制度。

（4）在仓库内存放危险化学品应遵守以下规定：仓库与四周建筑物必须保持相应的安全距离，不准堆放任何可燃材料；仓库内严禁烟火，并禁止携带火种和引起火花的行为；明显的地点应有警告标志；加强货物入库验收和平时的检查制度，卸载、搬运易燃易爆化学物品时应轻拿轻放，防止剧烈振动、撞击和重压，确保危险化学品的储存安全。

2.1.5 现场办公与住宿

施工现场必须将施工作业区与生活区、办公区严格分开，不能混用，应有明显划分，有隔离和安全防护措施，防止发生事故。在建工程内不得兼作宿舍，因为在施工区内住宿会带来各种危险，如落物伤人、触电或洞口和临边防护不严而造成事故，又如两班作业时，施工噪声影响工人的休息现场住宿如图 2.7～图 2.11 所示。

图 2.7 现场住宿一览(一)

图 2.8 现场住宿一览(二)

图 2.9 现场住宿一览(三)

图 2.10 现场住宿一览(四)

图 2.11 现场住宿一览(五)

寒冷地区，冬季住宿应有保暖措施和防煤气中毒的措施。炉火应统一设置，有专人管理并有岗位责任。炎热季节，宿舍应有消暑和防蚊虫叮咬措施，保证施工人员有充足睡眠。宿舍内床铺及各种生活用品放置整齐，室内应限定人数，不允许男女混睡，有安全通道，宿舍门向外开，被褥叠放整齐、干净，室内无异味。宿舍外围环境卫生好，不乱泼乱倒，应设污物桶、污水池，房屋周围道路平整。室内照明灯具高度不低于 2.5m。宿舍、更衣室应明亮通风，门窗齐全、牢固，室内整洁，无违章用电、用火及违反治安条例现象。

职工宿舍要有卫生值日制度，实行室长负责，规定一周内每天卫生值日名单并张贴上墙，做到天天有人打扫，保持室内窗明地净，通风良好。宿舍内各类物品应堆放整齐，不到处乱放，应整齐美观。

宿舍内不允许私拉乱接电源，不允许烧电饭煲、电水壶、热得快等大功率电器，不允许做饭烧煤气，不允许用碘钨灯取暖、烘烤衣服。生活废水应集中排放，二楼以上也要有水源及水池，卫生区内无污水、无污物，废水不得乱倒乱流。

项目经理部根据场所许可和临设的发展变化，应尽最大努力为广大职工提供家属区域，使全体职工感受企业的温暖。为了为全员职工服务，职工家属一次性来队不得超过 10 天，逾期项目部不予安排住宿。职工家属子女来队探亲必须先到项目部登记，签订安全守则后，由项目部指定宿舍区号入室，不得任意居住，违者不予安排住宿。

来队家属及子女不得随意寄住和往返施工现场，如任意游留施工现场，发生意外，一切后果由本人自负，项目部概不负责。家属宿舍内严禁使用煤炉、电炉、电炒锅、电饭煲，加工饭菜，一律到伙房，违者按规章严加处罚。家属宿舍除本人居住外，不得任意留宿他人或转让他人使用，居住到期将钥匙交项目部，由项目部另作安排，如有违者按规定处罚。

2.1.6 现场防火

1. 防火安全理论与技术

1）火灾的定义及分类

（1）火灾是指在时间和空间上失去控制的燃烧所造成的灾害。

（2）火灾分为 A、B、C、D、E 五类。

A 类火灾——固体物质火灾。如木材、棉、毛、麻、纸等燃烧引起的火灾。

B 类火灾——液体火灾和可熔化的固体物质火灾。液体和可熔化的固体物质，如汽油、煤油、原油、甲醇、乙醇、沥青、石蜡等。

C 类火灾——气体火灾。如煤气、天然气、甲烷、乙烷、丙烷、氢等引起的火灾。

D 类火灾——金属火灾。如钾、钠、镁、钛、锆、锂、铝、镁合金等引起的火灾。

E 类火灾——带电燃烧而导致的火灾。

2）燃烧中的几个常用概念

（1）闪燃：在液体(固体)表面上能产生足够的可燃蒸气，遇火产生一闪即灭的火焰的燃烧现象称为闪燃。

（2）阴燃：没有火焰的缓慢燃烧现象称为阴燃。

（3）爆燃：以亚音速传播的爆炸称为爆燃。

（4）自燃：可燃物质在没有外部明火等火源的作用下，因受热或自身发热并蓄热所产生的自行燃烧现象称为自燃。亦即物质在无外界引火源条件下，由于其本身内部所进行的生物、物理、化学过程而产生热量，使温度上升，最后自行燃烧起来的现象。

（5）燃烧的必要条件：可燃物、氧化剂和温度(引火源)。只有这三个条件同时具备，才可能发生燃烧现象，无论缺少哪一个条件，燃烧都不能发生。但是，并不是上述三个条件同时存在，就一定会发生燃烧现象，还必须这三个因素相互作用才能发生燃烧。

（6）燃烧的充分条件：一定的可燃物浓度，一定的氧气含量，一定的点火能量。

3）灭火器的选择

根据不同类别的火灾有不同的选择。

（1）A类火灾可选用清水灭火器、泡沫灭火器、磷酸铵盐干粉灭火器(ABC干粉灭火器)。

（2）B类火灾可选用干粉灭火器(ABC干粉灭火器)、二氧化碳灭火器、泡沫灭火器(且泡沫灭火器只适用于油类火灾，而不适用于极性溶剂火灾)。

（3）C类火灾可选用干粉灭火器(ABC干粉灭火器)、二氧化碳灭火器。

易发生上述三类火灾的部位一般配备ABC干粉灭火器，配备数量可根据部位面积而定。一般危险性场所按每75m^2一具计算，每具重量为4kg。四具为一组，并配有一个器材架。危险性地区或轻危险性地区可适量增减。

（4）D类火灾目前尚无有效灭火器，一般可用沙土。

（5）E类火灾可选用干粉灭火器(ABC干粉灭火器)、二氧化碳灭火器。

4）灭火的基本原理

通过窒息、冷却、隔离和化学抑制的灭火原理分别如下。

（1）窒息灭火法——使燃烧物质断绝氧气的助燃而熄灭。

（2）冷却灭火法——使可燃烧物质的温度降低到燃点以下而终止燃烧。

（3）隔离灭火法——将燃烧物体附近的可燃烧物质隔离或疏散，使燃烧停止。

（4）抑制灭火法——使灭火剂参与到燃烧反应过程中，使燃烧中产生的游离基消失。

5）火灾火源的分类

火灾火源可分为直接火源和间接火源两大类。

（1）直接火源主要有明火、电火花和雷电火三种。

① 明火。如生产和生活用的炉火、灯火、焊接火、火柴、打火机的火焰，香烟头火，烟囱火星，撞击、摩擦产生的火星，烧红的电热丝、铁块，以及各种家用电热器、燃气的取暖器等产生的火。

② 电火花。如电器开关、电动机、变压器等电器设备产生的电火花，还有静电火花，这些火花能使易燃气体和质地疏松、纤细的可燃物起火。

③ 雷电火。瞬时间的高压放电，能引起任何可燃物质的燃烧。

（2）间接火源主要有加热自燃起火和本身自燃起火两种。

6）火灾报警

（1）一般情况下，发生火灾后应一边组织灭火一边及时报警。

（2）当现场只有一个人时，应一边呼救，一边处理，必须尽快报警，边跑边呼叫，以便取得他人的帮助。

（3）报警时应注意的问题如下。

发现火灾迅速拨打火警电话 119。报警时沉着冷静，要讲清详细地址、起火部位、着火物质、火势大小、报警人姓名及电话号码，并派人到路口迎候消防车。

（4）灭火时应注意的问题如下。

① 首先要弄清起火的物质，再决定采用何种灭火器材。

② 运用一切能灭火的工具，就地取材灭火。

③ 灭火器应对着火焰的根部喷射。

④ 人员应站在上风口。

⑤ 应注意周围的环境，防止塌陷和爆炸。

7）火灾救人

发生火灾时有以下 7 种救人的方法。

（1）缓和救人法。在被火围困的人员较多时，可先将人员疏散到本楼相对较安全的地方，再设法转移到地面。

（2）转移救人法。引导被困人员从屋顶到另一单元的楼梯，再转移到地面。

（3）架梯救人法。利用各种架梯和登高工具抢救被困人员。

（4）绳管救人法。利用建筑物室外的各种管道或室内可利用的绳索实施滑降。

（5）控制救人法。用消防水枪控制防火楼梯的火势，将人员从防火楼梯疏散下来。

（6）缓降救人法。利用专用的缓降器将被困人员抢救至地面。

（7）拉网救人法。发生有人欲纵身跳楼时，可用大衣、被褥、帆布等拉成一个“救生网”抢救人员。

8）火灾逃生

（1）当你处于烟火中，首先要想办法逃走。如烟不浓可俯身行走；如烟太浓，须俯地爬行，并用湿毛巾蒙着口鼻，以减少烟毒危害。

（2）不要朝下风方向跑，最好是迂回绕过燃烧区，并向上风方向跑。

（3）当楼房发生火灾时，如火势不大，可用湿棉被、毯子等披在身上，从火中冲过去；如楼梯已被火封堵，应立即通过屋顶由另一单元的楼梯脱险；如其他方法无效，可将绳子或撕开的被单连接起来，顺着往下滑；如时间来不及应先往地上抛一些棉被、沙发垫等物，以增加缓冲(适用于低层建筑)。

9）火警时人员疏散

（1）开启火灾应急广播，说明起火部位、疏散路线。

（2）组织处于着火层等受火灾威胁的楼层人员，沿火灾蔓延的相反方向，向疏散走道、安全出口部位有序疏散。

（3）疏散过程中，应开启自然排烟窗，启动防排烟设施，保护疏散人员的安全；若没有排烟设施，则要提醒被疏散人员用湿毛巾捂住口鼻，靠近地面有秩序地往安全出口前行。

（4）情况危急时，可利用逃生器材疏散人员。

10）火场防爆

（1）应首先查明燃烧区内有无发生爆炸的可能性。

（2）扑救密闭室内火灾时，应先用手摸门的金属把手，如把手很热，绝不能贸然开门或站在门的正面灭火，以防爆炸。

(3) 扑救储存有易燃易爆物质的容器时，应及时关闭阀门或用水冷却容器。

(4) 装有油品的油桶如膨胀至椭圆形时，可能很快就会爆燃，救火人员不能站在油桶接口处和正面，且应加强对油桶的冷却保护。

(5) 竖立的液化气石油气瓶发生泄漏燃烧时，如火焰从橘红变成银白，声音从“吼”声变为“呲”声，那就会很快爆炸，应及时采取有力的应急措施并撤离在场人员。

11) 几种常见初起火灾的扑救方法

(1) 油锅起火。这时千万不能用水浇，因为水遇到热油会形成“炸锅”，使油火到处飞溅。扑救的一种方法是迅速将切好的冷菜沿边倒入锅内，火就会自动熄灭。另一种方法是用锅盖或能遮住油锅的大块湿布遮盖到起火的油锅上，使燃烧的油火接触不到空气，从而缺氧窒息。

(2) 电器起火。电器发生火灾时，首先要切断电源。在无法断电的情况下千万不能用水和泡沫灭火器扑救，因为水和泡沫都能导电，应选用二氧化碳灭火器、1211 灭火器、干粉灭火器或者干沙土进行扑救，而且要与电器设备和电线保持 2m 以上的距离，高压设备还应防止跨步电压伤人。

(3) 燃气罐着火。这时要用浸湿的被褥、衣物等捂盖火，并迅速关闭阀门。

12) 干粉灭火器的适用火灾和使用方法

磷酸铵盐(ABC)干粉灭火器适用于固体类物质，易燃、可燃液体和气体，以及带电设备的初起火灾，但它不能扑救金属燃烧火灾。

灭火时，手提灭火器快速奔赴火场，操作者边跑边将开启把上的保险销拔下，然后一手握住喷射软管前端喷嘴部，站在上风方向，另一只手将开启压把压下，打开灭火器对准火焰根部左右扫射进行灭火，应始终压下压把，不能放开，否则会中断喷射。

13) 电器火灾发生的原因

常见有电路老化、超负荷、潮湿、环境欠佳(主要指粉尘太大)等引起的电路短路、过载而发热起火。常见起火地方有电制开关、导线的接驳位置、保险、照明灯具、电热器具。

2. 施工现场防火

施工单位应当严格依照《中华人民共和国消防条例》的规定，在施工现场建立和执行防火管理制度，设置符合消防要求的消防设施，并保持完好的备用状态，在容易发生火灾的地区施工或者储存、使用易燃易爆器材时，施工单位应当采取特殊的消防安全措施。施工现场要有明显的防火宣传标志，每月对施工人员进行一次防火教育，定期组织防火检查，建立防火工作档案。现场设置消防车道，其宽度不得小于 3.5m，消防车道不能是环行的，应在适当地点修建车辆回转场地。

现场要配备足够的消防器材，并做到布局合理，经常维护、保养。采取足够的防冻保温措施，保证消防器材灵敏有效。现场进水干管直径不小于 100mm，消火栓处要设有明显的标志，配备足够的水龙带，消火栓周围 3m 内，不准存放任何物品。高层建筑(指 30m 以上的建筑物)要随层做消防水源管道，用 2 寸立管，设加压泵，每层留有消防水源接口。

电工、焊工从事电气设备安装和电、气焊切割作业，要有操作证和动火证。动火前要清除附近易燃物，配备看火人员和灭火用具；动火地点变换，要重新办理动火证手续。

因施工需要搭设临时建筑，应符合防火要求，不得使用易燃材料。施工材料的存放、保管，应符合防火安全要求，库房应用非燃材料支搭。库管员要熟悉库存材料的性质。易燃易爆物品，应专库储存，分类单独存放，保持通风。用电应符合防火规定，不准在建筑物内、库房内调配油漆、稀料。

建筑物内不准作为仓库使用，不准存放易燃、可燃材料。因施工需要进入工程内的可燃材料，要根据工程计划限量进入并应采取可靠的防火措施。建筑物内不准住人，施工现场严禁吸烟，现场应设有防火措施的吸烟室。施工现场和生活区，未经保卫部门批准不得使用电热器具。冬季用火炉取暖时，要办动火证，有专人负责用火安全。坚持防火安全交底制度，特别在进行电气焊、油漆粉刷或从事防火等危险作业时，要有具体的防火要求。

2.2 文明施工一般项目

为做到建筑工程的文明施工，施工企业在综合治理、公示标牌、生活设施、社区服务等一般项目的管理上也要给予重视。

2.2.1 综合治理

施工现场应在生活区内适当设置工人业余学习和娱乐的场所，以使劳动后的员工也能有合理的休息方式。施工现场应建立治安保卫制度、治安防范措施，并将责任分解落实到人，杜绝发生盗窃事件，并有专人负责检查落实情况。

为促进综合治理基础工作的规范化管理，保证综合治理各项工作措施落实到位，项目部由安全负责人挂帅，成立由管理人员、工地门卫以及工人代表参加的治安保卫工作领导小组，对工地的治安保卫工作全面负责。

及时对进场职工进行登记造册，主动到公安外来人口管理部门申请领取暂住证，门卫值班人员必须坚持日夜巡逻，积极配合公安部门做好本工地的治安联防工作。

集体宿舍做到定人定位，不得男女混居，杜绝聚众斗殴、赌博、嫖娼等违法事件发生，不准留宿身份不明的人员，来客留宿工地的，必须经工地负责人同意并登记备案，以保证集体宿舍的安全。做好防火防盗等安全保卫工作，资金、危险品、贵重物品等必须妥善保管。经常性对职工进行法律法制知识及道德教育，使广大职工知法、懂法，从而减少或消除违法案件的发生。

严肃各项纪律制度，加强社会治安、综合治理工作，健全门卫制度和各项综合管理制度，增强门卫的责任心。门卫必须坚持对外来人员进行询问登记，身份不明者不准进入工地。夜间值班人员必须流动巡查，发现可疑情况，立即报告项目部进行处理。当班门卫一定要坚守岗位，不得在班中睡觉或做其他事情。发现违法乱纪行为，应及时予以劝阻和制止，对严重违法犯罪分子，应将其扭送或报告公安部门处理。夜间值班人员要做好夜间火情防范工作，一旦发现火情，立即发出警报，火情严重的要及时报警。搞好警民联系，共同协作搞好社会治安工作。及时调解职工之间的矛盾和纠纷，防止矛盾激化，对严重违反治安管理制度的人员进行严肃处理，确保全工程无刑事案件、无群体斗殴、无集体上访事件发生，以求一方平安，保证工程施工正常进行。

公司综合治理领导小组每季度召开一次会议，特殊情况下可随时召开。各基层单位综合治理领导小组每月召开一次会议，并有会议记录。公司综合治理领导小组每季度向上级汇报公司综合治理工作情况，项目部每月向公司综合治理领导小组书面汇报本单位综合治理工作情况，特殊情况应随时向公司汇报。

1. 综合治理检查

综合治理检查包括以下几个方面。

(1) 治安、消防安全检查。公司对各生活区、施工现场、重点部位(场所)采用平时检查(不定期地下基层、工地)与集中检查(节假日、重大活动等)相结合的办法实施检查、督促。项目部对所属重点部位至少每月检查一次，对施工现场的检查，特别是消防安全检查，每月不少于两次，节假日、重大活动的治安、消防检查应有领导带队。

(2) 夜间巡逻检查。有专职夜间巡逻的单位要坚持每天进行巡逻检查，并灵活安排巡逻时间和路线；无专职夜间巡逻队的单位要教育门卫、值班人员加强巡逻和检查，保卫部门应适时组织夜间突击检查，每月不少于一次。

(3) 分包单位管理。分包单位在签订《生产合同》的同时必须签订《治安、防火安全协议》，并在一周内提供分包单位施工人员花名册和身份证复印件，按规定办理暂住证，缴纳城市建设费。分包单位治安负责人要经常对本单位宿舍、工具间、办公室的安全防范工作进行检查，并落实防范措施。分包单位治安负责人联谊会每月召开一次。治安、消防责任制的检查，参照本单位治安保卫责任制进行。

2. 法制宣传教育和岗位培训

加强职工思想道德教育和法制宣传教育，倡导“爱祖国、爱人民、爱劳动、爱科学、爱社会主义”的社会风尚，努力培养“有理想、有道德、有文化、守纪律”的社会主义劳动者。

积极宣传和表彰社会治安综合治理工作的先进典型以及为维护社会治安作出突出贡献的先进集体和先进个人，在工地范围内创造良好的社会舆论环境。

定期召开职工法制宣传教育培训班(可每月举办一次)，并组织法制知识竞赛和考试，对优胜者给予表扬和奖励。

清除工地内部各种诱发违法犯罪的文化环境，杜绝职工看黄色录像、打架斗殴等现象发生。

加强对特殊工种人员的培训，充分保证各工种人员持证上岗。

积极配合公安部门开展法制宣传教育，共同做好刑满释放、解除劳教人员和失足青年的帮助教育工作。

3. 住处管理报告

公司综合治理领导小组每月召开一次各项目部治安责任人会议，收集工地内部违法、违章事件。每月和当地派出所、街道综合治理办公室开碰头会，及时反映社会治安方面存在的问题。工地内部发生紧急情况时，应立即报告分公司综合治理领导小组，并会同公安部门进行处理、解决。

4. 社区共建

项目部综合治理领导小组每月与驻地街道综合治理部门召开一次会议，讨论、研究工地文明施工、环境卫生、门前三包等措施。各项目部严格遵守市建委颁布的不准夜间施工规定，大型混凝土浇灌等项目尽量与居民取得联系，充分取得居民的谅解，搞好邻里关系。认真做好竣工工程的回访工作，对在建工程加强质量管理。

5. 门卫制度

外来人员一律凭证件(介绍信或工作证、身份证)并有正确的理由，经登记后方可进出。外部人员不得借内部道路通行。

机动车辆进出应主动停车接受查验，因公外来车辆，应按指定部位停靠，自行车进出一律下车推行。

物资、器材出门，一律凭出门证(调拨单)并核对无误后方可出门。

外单位来料加工(包括材料、机具、模具等)必须经门卫登记。出门时有主管部门出具的证明，经查验无误注销后方可放行。物、货出门凡出门证的，门卫有权扣押并报主管部门处理。

严禁无关人员在门卫室长时间逗留、看报纸杂志、吃饭和闲聊，更不得寻衅闹事。

门卫人员应严守岗位职责，发现异常情况及时向主管部门报告。

6. 值班巡逻

值班巡逻的护卫队员、警卫人员，必须按时到岗，严守岗位，不得迟到、早退和擅离职守。

当班的管理人员应会同护、警卫人员加强警戒范围内巡逻检查，并尽职尽责。

专职值勤巡逻的护、警卫人员要勤巡逻，勤检查，每晚不少于5次，要害、重点部位要重点察看。

巡查中，发现可疑情况，要及时查明。发现报警要及时处理，查出不安全因素要及时反馈，发现罪犯要奋力擒拿、及时报告。

7. 浴室治安保卫管理

浴室专职专管人员应严格履行岗位职责，按规定时间开放、关闭浴室。

就浴人员应自觉遵守浴室管理制度，服从浴室专职人员的管理。就浴中严禁在浴池内洗衣、洗物，对患有传染病者不得安排就浴。

自觉维护浴室公共秩序。严禁撬门、爬窗，更不得起哄打架，损坏公物一律照价赔偿。

8. 集体宿舍治安保卫管理

集体宿舍应按单位指定楼层、房间和床号相应集中居住，任何人不得私自调整楼层、房间或床号。

住宿人员必须持有住宿证、工作证(身份证)、暂住证，三证齐全。凡无住宿证的依违章住宿处罚。

每个宿舍有舍长，有宿舍制度、值日制度，严禁男女混宿和脏、乱、差的现象发生。

住宿人员应严格遵守住宿制度，职工家属探亲(半月为限)，需到项目部办理登记手续，经有关部门同意后安排住宿。严禁私带外来人员住宿和闲杂人员入内。

住宿人员严格遵守宿舍管理制度，宿舍内严禁使用电炉、煤炉、煤油炉和超过60W的灯泡，严禁存放易燃、易爆、剧毒、放射性物品。

注意公共卫生，严禁随地大小便和向楼下泼剩饭、剩菜、瓜皮果壳和污水等。

住宿人员严格遵守公司现金和贵重物品管理制度，宿舍内严禁存放现金和贵重物品。

爱护宿舍内一切公物(门、窗、锁、台、凳、床等)和设施，损坏者照价赔偿。

宿舍内严禁赌博，起哄闹事，酗酒滋事，大声喧哗和打架斗殴。严禁私拉乱接电线等行为。

9. 物资仓库消防治安保卫管理

物资仓库为重点部位。要求仓库管理人员岗位责任制明确，严禁脱岗、漏岗、串岗和擅离职守，严禁无关人员入库。

各类入库材料、物资，一律凭进料入库单经核验无误后入库，发现短缺、损坏、物单不符等一律不准入库。

各类材料、物资应按品种、规格和性能堆放整齐。易燃、易爆和剧毒物品应专库存放，不得混存。

发料一律凭领料单。严禁先发料后补单，仓库料具无主管部门审批一律不准外借。退库的物资材料，必须事先分清规格，鉴定新旧程度，列出清单后再办理退库手续，报废材料亦应分门别类放置统一处理。

仓库人员严格执行各类物资、材料的收、发、领、退等核验制度，做到日清月结，账、卡、物三者相符，定期检查，发现差错应及时查明原因，分清责任，报部门处理。

仓库严禁火种、火源。禁火标志明显，消防器材完好，并熟悉和掌握其性能及使用方法。

仓库人员应提高安全防范意识，定期检查门窗和库内电器线路，发现不安全因素及时整改。离库和下班后应关锁好门窗，切断电源，确保安全。

10. 财务现金出纳室治安保卫管理

财务科属重点部位，无关人员严禁进出。

门窗有加固防范措施，技术防范报警装置完好。

严格执行财务现金管理规定，现金账目日结日清，库存过夜现金不得超过规定金额，并要存放于保险箱内。

严格支票领用审批和结算制度，空白支票与印章分人管理，过夜存放保险箱。不准向外单位提供银行账号和转借支票。

保险箱钥匙专人保管，随身携带，不得放在办公室抽屉内过夜。

财务账册应妥善保管，做到不失散、不涂改、不随意销毁，并有防霉烂、虫蛀等措施。

下班离开时，应检查保险箱是否关锁，门窗关锁是否完好，以防意外。

11. 班组治安保卫

治安承包责任落实到人，保证全年无偷窃、打架斗殴、赌博、流氓等行为。

组织职工每季度不少于一次学法，提高职工的法制意识，自觉遵守公司内部治安管理的各项规章制度和社会公德，同违法乱纪行为作斗争。

做好班组治安防范。“四防”工作逢会必讲，形成制度。工具间(更衣室)门、窗关闭牢固，实行一把锁一把钥匙，专人保管。班后关闭门窗，切断电源，责任到人。

严格遵守公司“现金和贵重物品”的管理制度。工具箱、工作台不得存放现金和贵重物品。

严格对有色金属(包括各类电导线、电动工具等)的管理，执行谁领用、谁负责保管的制度。班后或用后一律入箱入库集中保管，因不负责任丢失或失盗的，由责任人按价赔偿。

严格执行公司有关用火、防火、禁烟制度。无人在禁火区域吸烟(木工间木花必须日做日清)，无人在工棚、宿舍、工具间内违章使用电炉、煤炉和私接乱接电源，确保全年无火警、火灾事故。

12. 治安、值班

门卫保安人员负责守护工地内一切财物。值班应注意服装仪容的整洁。值班时间内保持大门及其周围环境整洁。闲杂人员、推销员一律不得进入工地。

所有人员进入工地必须戴好安全帽。外来人员到工地联系工作必须在门卫处等候，门卫联系有关管理人员确认后，由门卫登记好后，戴好安全帽方可进入工地。如外来人员未携带安全帽，则必须在门卫处借安全帽，借安全帽时可抵押适当物品并在离开时赎回。

门卫保安人员对所负责保护的财物，不得转送变卖、破坏及侵占。否则，除按照物品财务价值的双倍处罚外，情节严重的直接予以开除处理。上班时不得擅离职守，值班时严禁喝酒、赌博、睡觉或做勤务以外的事。

对进入工地的车辆，应询问清楚并登记。严格执行物品、材料、设备、工具携出的检查。夜间值班时要特别注意工地内安全，同时须注意自身安全。

门卫保安人员应将值班中所发生的人、事、物明确记载于值班日记中，列入移交，接班者必须了解前班交代的各项事宜，必须严格执行交接班手续，下一班人员未到岗前不得擅自下岗。

车辆或个人携物外出，均需在保管室开具的出门证，没有出门证一律不许外出。物品携出时，警卫人员应按照物品携出核对物品是否符合，如有数量超出或品名不符者，应予扣留查报或促其补办手续。凡运出、入工地的材料，值班人员必须写好值班记录，如有出入则取消当日出勤。

加强值班责任心，发现可疑行动，应及时采取措施。晚上按照工地实际情况及时关闭大门。非经特许，工地内禁止摄影，照相机也禁止携入。发现偷盗应视情节轻重，轻者予以教育训诫，重者报警，合理运用《治安管理处罚条例》，严禁使用私刑。

2.2.2 公示标牌

施工现场必须设置明显的公示标牌，标明工程项目名称、建设单位、设计单位、施工单位、项目经理和施工现场总代表人的姓名、开工和竣工日期、施工许可证批准文号等。施工单位负责施工现场标牌的保护工作，施工现场的主要管理人员在施工现场应当佩戴证明其身份的证卡。

施工现场的进口处应有整齐明显的“五牌一图”，即工程概况牌、工地管理人员名单牌、消防保卫牌、安全生产牌、文明施工牌、施工现场平面图。图牌应设置稳固，规格统一，位置合理，字迹端正，线条清晰，表示明确。

标牌是施工现场重要标志的一项内容，不但内容应有针对性，同时标牌制作、悬挂也应规范整齐，字体工整，为企业树立形象、创建文明工地打好基础。

为进一步对职工做好安全宣传工作，要求施工现场在明显处，应有必要的安全宣传图牌，主要施工部位、作业点和危险区域以及主要通道口都应设有合适的安全警告牌和操作规程牌。

施工现场应该设置读报栏、黑板报等宣传园地，丰富学习内容，表扬好人好事。在施工现场明显处悬挂“安全生产，文明施工”宣传标。

项目部每月出一期黑板报，全体由项目部安全员负责实施；黑板报的内容要有一定的时效性、针对性、可读性和教育意义；黑板报的取材可以有关质量、安全生产、文明施工的报刊、杂志、文件、标准，与建筑工程有关的法律法规、环境保护及职业健康方面的内容；黑板报的主要内容，必须切合实际，结合当前工作的现状及工程的需要；初稿形成必须经项目部分管负责人审批后再出刊；在黑板报出刊时，必须在落款部位注明第几期，并附有照片。施工现场标牌如图 2.12 和图 2.13 所示。

图 2.12 施工现场标牌(一)

图 2.13 施工现场标牌(二)

2.2.3 生活设施

认真贯彻执行《环境卫生保护条例》。生活设施应纳入现场管理总体规划，工地必须要有环境卫生及文明施工的各项管理制度、措施要求，并落实责任到人。有卫生专职管理人员和保洁人员，并落实卫生包干区和宿舍卫生责任制度，生活区应设置醒目的环境卫生宣传标语、宣传栏、各分片区的责任人牌，在施工区内设置饮水处，吸烟室、生活区内种花草，美化环境。

生活区应有除“四害”措施，物品摆放整齐，清洁，无积水，防止蚊、蝇滋生。生活区的生活设施(如水龙头、垃圾桶等)有专人管理，生活垃圾一日至少要早、晚清倒两次，禁止乱扔杂物，生活污水应集中排放。

生活区应设置符合卫生要求的宿舍、男女浴室或清洗设备、更衣室、男女水冲式厕所，工地有男女厕所，保持清洁。高层建筑施工时，可隔几层设置移动式的简单厕所，以切实解决施工人员的实际问题。施工现场应按作业人员的数量设置足够使用的沐浴设施，沐浴室在寒冷季节应有暖气、热水，且应有管理制度和专人管理。

食堂卫生符合《食品卫生法》的要求。炊事员必须持有健康证，着白色工作服工作。保持整齐清洁，杜绝交叉污染。食堂管理制度上墙，加强卫生教育，不食不洁食物，预防食物中毒，食堂有防蝇装置。

工地要有临时保健室或巡回医疗点，开展定期医疗保健服务，关心职工健康。高温季节施工要做好防暑降温工作。施工现场无积水，污水、废水不准乱排放。生活垃圾必须随时处理或集中加以遮挡，集中装入容器运送，不能与施工垃圾混放，并设专人管理。落实消灭蚊蝇滋生的承包措施，与各班组达成检查监督约定，以保证措施落实。保持场容整洁，做好施工人员有效防护工作，防止各种职业病的发生。生活设施如图 2.14～图 2.21 所示。

图 2.14 生活设施(一)

图 2.15 生活设施(二)

图 2.16 生活设施(三)

图 2.17 生活设施(四)

图 2.18 生活设施(五)

图 2.19 生活设施(六)

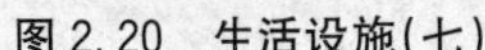

图 2.20 生活设施(七)

图 2.21 生活设施(八)

施工现场作业人员饮水应符合卫生要求，有固定的盛水容器，并有专人管理。现场应有合格的可供食用的水源(如自来水)，不准把集水井作为饮用水，也不准直接饮用河水。茶水棚(亭)的茶水桶做到加盖加锁，并配备茶具和消毒设备，保证茶水供应，严禁食用生水。夏季要确保施工现场的凉开水或清凉开水或清凉饮料供应，暑伏天可增加绿豆汤，防止中暑、脱水现象发生。积极开展除“四害”运动，消灭病毒传染体。现场落实消灭蚊蝇滋生的承包措施，与承包单位签订检查约定，确保措施落实。

2.2.4 社区服务

加强施工现场环保工作的组织领导，成立以项目经理为首，由技术、生产、物资、机械等部门组成的环保工作领导小组，设立专职环保员一名。建立环境管理体系，明确职责、权限。建立环保信息网络，加强与当地环保局的联系。不定期组织工地的业务人员学习国家、环境法律法规和本公司环境手册、程序文件、方针、目标、指标知识等内部标准，使每个人都了解 ISO 14001 环保标准要求和内容。认真做好施工现场环境保护的监督检查工作，包括每月 3 次噪声监测记录及环保管理工作自检记录等，做到数据准确，记录真实。施工现场要经常采取多种形式的环保宣传教育活动，施工队进场要集体进行环保教育，不断提高职工的环保意识和法制观念，未通过环保考核者不得上岗。在普及环保知识的同时，不定期地进行环保知识的考核检查，鼓励环保革新发明活动。要制定出防止大气污染、水污染和施工噪声污染的具体制度。

积极全面地开展环保工作，建立项目部环境管理体系，成立环保领导小组，定期或不定期进行环境监测监控。加强环保宣传工作，提高全员环保意识。现场采取图片、表扬、评优、奖励等多种形式进行环保宣传，将环保知识的普及工作落实到每位施工人员身上。对上岗的施工人员实行环保达标上岗考试制度，做到凡是上岗人员均须通过环保考试。现场建立环保义务监督岗制度，保证及时反馈信息，对环保做得不周之处及时提出整改方案，积极改进并完善环保措施。每月进行三次环保噪声检查，发现问题及时解决。严格按照施工组织设计中环保措施开展环保工作，其针对性和可操作性要强。

施工单位应当遵守国家有关环境保护的法律规定，采取措施控制施工现场的各种粉尘、废气、废水、固体废物以及噪声、振动对环境的污染和危害。

应当采取下列防止环境污染的措施。

(1) 妥善处理泥浆水，未经处理不得直接排入城市排水设施和河流。

(2) 除附设有符合规定的装置外，不得在施工现场熔融沥青或焚烧油毡、油漆及其他会产生有毒有害烟尘和恶臭气体的物质。

(3) 使用密封式的圈筒或者采取其他措施处理高空废弃物。

(4) 采取有效措施控制施工过程中的扬尘。

(5) 禁止将有毒有害废弃物用作土方回填。

(6) 对产生噪声、振动的施工机械，应采取有效控制措施，减轻噪声扰民。

施工由于受技术、经济条件限制，对环境的污染不能控制在规定范围内的，建设单位应当会同施工单位事先报请当地人民政府建设行政主管部门和环境行政主管部门批准。必须进行夜间施工时，要进行审批，批准后按批复意见施工，并注意影响，尽量做到不扰民；与当地派出所、居委会取得联系，做好治安保卫工作，严格执行门卫制度，防止工地出现偷盗、打架、职工外出惹事等意外事情发生，防止出现扰民现象(特别是高考期间)。认真学习和贯彻国家、环境法律法规和遵守本公司环境方针、目标、指标及相关文件要求。

按当地规定，在允许的施工时间之外必须施工时，应有主管部门批准手续(夜间施工许可证)，并做好周围群众工作。夜间22点至早晨6点时段，没有夜间施工许可证的，不允许施工。现场不得焚烧有毒、有害物质，有毒、有害物质应该按照有关规定进行处理。现场应制订不扰民措施，有责任人管理和检查，并与居民定期联系听取其意见，对合理意见应处理及时，工作应有记载。制订施工现场防粉尘、防噪声措施，使附近的居民不受干扰。严格按规定的早6点、晚22点时间作业。严格控制扬尘，不许从楼上往下扔建筑垃圾，堆放粉状材料要遮挡严密，运输粉状材料要用高密目网或彩条布遮挡严密，保证粉尘不飞扬。

严格控制废水、污水排放，不许将废水、污水排到居民区或街道。防止粉尘污染环境，施工现场设明排水沟及暗沟，直接接通污水道，防止施工用水、雨水、生活用水排出工地。混凝土搅拌车、货车等车辆出工地时，轮胎要进行清扫，防止轮胎污物被带出工地。施工现场设垃圾箱，禁止乱丢乱放。

施工建筑物采用密目网封闭施工，防止靠近居民区出现其他安全隐患及不可遇见性事故，确保安全可靠。采用高品混凝土，防止现场搅拌噪声扰民及水泥粉尘污染。用木屑除尘器除尘时，在每台加工机械尘源上方或侧向安装吸尘罩，通过风机作用，将粉尘吸入输送管道，送到普料仓。使用机械如电锯、砂轮、混凝土振捣器等噪声较大的设备时，应尽量避开人们休息的时间，禁止夜间使用，防止噪声扰民。

应用案例2-1

×市×大学“8.2”火灾中毒事故

1. 事故概况

事故概况详见“案例引入”。

2. 事故原因

1) 直接原因

×建×分公司装修队作业班在调配聚氨酯底层防水涂料的过程中，违反本项目施工组织设计方案、施工技术交底和施工安全技术交底，违章作业，在空间狭小、通风不良、有明火源的场所擅自使用汽油代替二甲苯作稀释剂调配防水涂料而引发爆燃，导致火灾，产生有毒气体，是造成此次事故的直接原因。

2）间接原因

(1) 施工作业班没有严格执行工程的施工组织设计方案、施工技术交底和安全技术交底中关于聚氨酯防水涂料配合比以及安全操作要求，工长没有按规定对工人进行班前安全教育和易燃防水材料性能的技术交底，违章指挥作业人员冒险作业。

(2) ×大学11号楼项目部没有严格执行安全生产责任制等有关规章制度，没有对作业班组实行有效监督检查，没有及时消除事故隐患。

(3) ×建×分公司没有认真执行国家及企业有关法律、法规和规章制度以及安全生产责任制，对项目部监督管理不到位，分公司虽然按照制度规定，每月进行两次安全检查，但检查的力度不够，没有及时发现和消除事故隐患，制止违章作业。

(4) ×监理公司×大学11号楼项目部没有认真履行监理职责，对进场的聚氨酯防水涂料未按规定把关，在未取得送检结果以前，对为抢工期进行作业的违章行为没有禁止，严重失职。

3. 事故责任划分

(1) 徐某、陈某在事故中死亡，免于责任追究。

(2) ×建×分公司装修队队长马某，作为该队安全生产第一责任人，追求经济效益，忽视安全生产的监督管理，把防水工程以包工包料的形式发包给徐某个人，没有提出具体安全技术措施，对事故负有直接管理责任。

(3) 该项目经理朱某，作为该项目安全生产第一责任人，没有履行管理职责，对施工现场管理混乱、在建工程地下室住人、起灶做饭、危险化学品违章堆放等重大事故隐患没有采取有效的治理整改措施，对事故负有直接领导责任。

(4) 该项目工程师付某，作为项目的技术负责人，未履行自己的职责，责任心不强，明知危险化学品随意堆放以及地下室住人、取火做饭等事故隐患，没有制订有效的安全防范措施，对事故发生负有直接管理责任。

(5) ×建×分公司经理李某，作为分公司安全生产第一责任人，安全意识淡薄，思想麻痹，对其下属负责人将工程发包给个人承包的情况失察，忽视安全生产，对事故负有直接管理责任。

(6) ×建×分公司主任工程师王某，作为分公司主管安全生产技术负责人，在当天的生产调度会上要求加快进度，口头上虽强调了安全生产，但监督检查不力。

(7) ×建×分公司副经理吴某，作为分公司安全生产第一负责人，安全意识淡薄，思想麻痹，对分公司安全生产工作重视不够，监督检查不力。

(8) ×建质量安全处处长毛某，作为公司安全生产主管部门的负责人，对下属施工单位安全管理、施工环节存在的问题监督检查不力。

(9) ×建副总经理薛某，作为公司安全生产主管领导，对下属施工单位安全管理、施工环节存在的问题监督检查不力；发生事故后，不及时上报。

(10) ×建总工程师李某，作为公司安全生产主管领导，对下属施工单位安全管理、施工环节存在的问题监督检查不力。

(11) ×建总经理李某作为法人代表，安全生产第一责任人，对下属单位安全生产责任制不落实，制度不健全，施工管理混乱，对事故负有领导责任。

4. 事故处理

(1) 建设部对×建工(集团)给予降低资质等级的处罚，将工业与民用建筑工程施工资质等级由一级降为二级。

(2) ×建×分公司装修队队长马某，作为该队安全生产第一责任人，追求经济效益，忽视安全生产的监督管理，对事故负有直接管理责任，建议司法部门追究其刑事责任。

(3) 该项目经理朱某，作为该项目安全生产第一责任人，没有履行管理职责，对事故负有直接领导责任，给予开除公职留用察看一年和吊销项目经理资格的处分。

(4) 该项目工程师付某，作为项目的技术负责人，未履行自己的职责，对事故发生负有直接管理责任，给予行政记大过处分。

(5) ×建×分公司经理李某，对其下属负责人将工程发包给个人承包的情况失职，忽视安全生产，给予行政撤职处分。

(6) ×建×分公司主任工程师王某，给予行政记大过处分。

(7) ×建×分公司副经理吴某，作为分公司安全生产第一负责人，对分公司安全生产工作重视不够，给予行政记大过处分。

(8) ×建质量安全处处长毛某，给予行政警告处分。

(9) ×建副总经理薛某，给予行政警告处分。

(10) 总工程师李某，给予行政警告处分。

(11) ×建总经理李某，作为法人代表、安全生产第一责任人，对下属单位安全生产责任制不落实，制度不健全，施工管理混乱，对事故负有领导责任，给予行政警告处分。

特别提示

建筑工程的文明施工检查，应以《建筑施工安全检查标准》(JGJ 59—2011)中“表B.2 文明施工检查评分表”为依据(见表2-1)。

表2-1 文明施工检查评分表

序号	检查项目		扣分标准	应得分数	扣减分数	实得分数
1	保证项目	现场围挡	市区主要路段的工地未设置封闭围挡或围挡高度小于2.5m，扣5～10分 一般路段的工地未设置封闭围挡或围挡高度小于1.8m，扣5～10分 围挡未达到坚固、稳定、整洁、美观，扣5～10分	10		
2		封闭管理	施工现场进出口未设置大门，扣10分 未设置门卫室，扣5分 未建立门卫值守管理制度或未配备门卫值守人员，扣2～6分 施工人员进入施工现场未佩戴工作卡，扣2分 施工现场出入口未标有企业名称或标识，扣2分 未设置车辆冲洗设施，扣3分	10		

续表

序号	检查项目		扣分标准	应得分数	扣减分数	实得分数
3	保证项目	施工场地	施工现场主要道路及材料加工区地面未进行硬化处理，扣5分 施工现场道路不畅通、路面不平整坚实，扣5分 施工现场未采取防尘措施，扣5分 施工现场未设置排水设施或排水不通畅、有积水，扣5分 未采取防止泥浆、污水、废水污染环境措施，扣2～10分 未设置吸烟处、随意吸烟，扣5分 温暖季节未进行绿化布置，扣3分	10		
4	保证项目	材料管理	建筑材料、构件、料具未按总平面布局码放，扣4分 材料码放不整齐、未标明名称、规格，扣2分 施工现场材料存放未采取防火、防锈蚀、防雨措施，扣3～10分 建筑物内施工垃圾的清运未使用器具或管道运输，扣5分 易燃易爆物品未分类储藏在专用库房、未采取防火措施，扣5～10分	10		
5	保证项目	现场办公与住宿	施工作业区、材料存放区与办公、生活区未采取隔离措施，扣6分 宿舍、办公用房防火等级不符合有关消防安全技术规范要求，扣10分 在施工程、伙房、库房兼做宿舍，扣10分 宿舍未设置可开启式窗户，扣4分 宿舍未设置床铺、床铺超过2层或通道宽度小于0.9m，扣2～6分 宿舍人均面积或人员数量不符合规范要求，扣5分 冬季宿舍内未采取采暖和防一氧化碳中毒措施，扣5分 夏季宿舍内未采取防暑降温和防蚊蝇措施，扣5分 生活用品摆放混乱、环境卫生不符合要求，扣3分	10		
6	保证项目	现场防火	施工现场未制定消防安全管理制度、消防措施，扣10分 施工现场的临时用房和作业场所的防火设计不符合规范要求，扣10分 施工现场消防通道、消防水源的设置不符合规范要求，扣5～10分 施工现场灭火器材布局、配置不合理或灭火器材失效，扣5分 未办理动火审批手续或未指定动火监护人员，扣5～10分	10		
	小计			60		

续表

序号	检查项目		扣分标准	应得分数	扣减分数	实得分数
7	一般项目	综合治理	生活区未设置供作业人员学习和娱乐的场所，扣 2 分 施工现场未建立治安保卫制度或责任未分解到人，扣 3～5 分 施工现场未制定治安防范措施，扣 5 分	10		
8	一般项目	公示标牌	大门口处设置的公示标牌内容不齐全，扣 2～8 分 标牌不规范、不整齐，扣 3 分 未设置安全标语，扣 3 分 未设置宣传栏、读报栏、黑板报，扣 2～4 分	10		
9	一般项目	生活设施	未建立卫生责任制度，扣 5 分 食堂与厕所、垃圾站、有毒有害场所的距离不符合规范要求，扣 2～6 分 食堂未办理卫生许可证或未办理炊事人员健康证，扣 5 分 食堂使用的燃气罐未单独设置存放间或存放间通风条件不良，扣 2～4 分 食堂未配备排风、冷藏、消毒、防鼠、防蚊蝇等设施，扣 4 分 厕所内的设施数量和布局不符合规范要求，扣 2～6 分 厕所卫生未达到规定要求，扣 4 分 不能保证现场人员卫生饮水，扣 5 分 未设置淋浴室或淋浴室不能满足现场人员需求，扣 4 分 生活垃圾未装容器或未及时清理，扣 3～5 分	10		
10	一般项目	社区服务	夜间未经许可施工，扣 8 分 施工现场焚烧各类废弃物，扣 8 分 施工现场未制定防粉尘、防噪声、防光污染等措施，扣 5 分 未制定施工不扰民措施，扣 5 分	10		
小计				40		
检查项目合计				100		

小结

本项目重点讲授了如下 2 个模块。

(1) 文明施工的保证项目，包括现场围挡、封闭管理、施工现场、材料管理、现场办公与住宿、现场防火等方面的知识和技能。

（2）文明施工的一般项目，包括综合治理、公示标牌、生活设施、社区服务等方面的知识和技能。

通过本项目的学习，学生应学会什么是建筑工程文明施工，建筑工程文明施工的意义、范围、内容及措施，文明施工要达到的目标和效果等，以使自己将来管理的工地成为文明工地。

习题

1. 什么是文明施工？建筑工程文明施工的意义有哪些？
2. 文明施工的保证项目有哪些？一般项目有哪些？
3. 工地四周设置的围挡高度与材质应满足什么要求？
4. 文明施工对施工现场材料、半成品、成品、器具和设备的堆放有什么要求？
5. 库房的安全管理有哪些要求？
6. 施工现场发生火灾时如何救人与逃生？
7. 施工现场进口处的“五牌一图”指哪些牌和图？

项目 3

脚手架施工安全

教学目标

掌握扣件式钢管脚手架、门式钢管脚手架、碗扣式钢管脚手架、承插型盘扣式钢管脚手架、满堂脚手架、悬挑式脚手架、附着式升降脚手架、高处作业吊篮等施工安全的保证项目，熟悉上述脚手架施工安全的一般项目。通过本项目的学习，学生应具备基本的确保脚手架施工安全的知识和技能，对脚手架施工及管理过程的重要环节和步骤了然于胸，正确执行脚手架施工的安全管理。

教学步骤

目　标	内　容	权重
知识点	1. 扣件式钢管脚手架：保证项目，一般项目 2. 门式钢管脚手架：保证项目，一般项目 3. 碗扣式钢管脚手架：保证项目，一般项目 4. 承插型盘扣式钢管脚手架：保证项目，一般项目 5. 满堂脚手架：保证项目，一般项目 6. 悬挑式脚手架：保证项目，一般项目 7. 附着式升降脚手架：保证项目，一般项目 8. 高处作业吊篮：保证项目，一般项目	35%
技能	针对上述知识点创设相关实训场景以培养学生思考和动手解决实际问题的能力	35%
分析案例	实际工程施工过程中由于脚手架施工不规范造成安全事故的分析、处理和经验教训	30%

章节导读

1. 脚手架的概念

脚手架指施工现场为工人操作并解决垂直和水平运输而搭设的各种支架，用在建筑工地上外墙、内部装修或层高较高无法直接施工的地方。主要为了施工人员上下干活或外围安全维护及高空安装构件等，说白了就是搭架子，脚手架制作材料通常有竹、木、钢管或合成材料等。有些工程也用脚手架当模板使用，此外在广告业、市政、交通路桥、矿山等部门脚手架也被广泛使用。

2. 脚手架的种类

目前建筑工地上较常使用的脚手架包括扣件式钢管脚手架、门式钢管脚手架、碗扣式钢管脚手架、承插型盘扣式钢管脚手架、满堂脚手架、悬挑式脚手架、附着式升降脚手架、高处作业吊篮等。

脚手架按其用途分为结构架子和装饰架子；按其部位分为外架和内架，外架又分为落地式架子、挂架、吊架、挑架；按材料分为钢架、竹架、木架等。

3. 脚手架施工现场

脚手架施工现场如图 3.1 所示。

图 3.1　脚手架施工现场

案例引入

高处作业吊篮坠地，砸死一人

2004 年 9 月 11 日 8 时 20 分左右，大连市温州城建设工地上，正在进行外墙装修的高处作业吊篮突然坠地，砸死 1 人，2 人摔伤。

大连温州城由大连 BNU 房地产开发有限公司(以下简称“开发公司”)开发建设。2004 年7 月 5 日，大连 YL 装饰工程有限公司(以下简称“外装公司”)与开发公司签订了《温州城外装修工程合同》，同年 8 月，开发公司将温州城室内 F2、F3 层等的内装修工程发包给了大连 LY 建筑设计装饰工程有限公司(以下简称“内装公司”)，同时，又与大连 FH 工程建设监理有限公司(以下简称“监理公司”)签订了工程监理合同。

2004 年 9 月 11 日早晨，外装公司大连温州城项目部施工队队长罗某安排工人焦某、陈某、李某 3 人站在高处作业吊篮(以下简称“吊篮”)内进行外墙大理石的干挂作业。8 时 20 分左右，吊篮一侧的提升钢丝绳突然从固定的钢卡内“抽签”，造成吊篮倾斜坠地(坠落高度约 7m)，吊篮内的 3 名作业人员也随吊篮一起坠地受伤；吊篮坠地的同时，在楼内进行室内装修作业的内装公司瓦工娄某从楼内出来，恰好路经吊篮下方，不慎被吊篮砸伤头部(没有戴安全帽)，随后四人立即被送到大连友谊医院抢救，娄某经抢救无效死亡。焦某、陈某轻伤留院治疗，李某经简单处置后回到单位。

【案例思考】

针对上述案例，试分析该事故发生的可能原因，事故的责任划分，可采取哪些预防措施。

3.1 脚手架施工安全概述

施工组织设计中必须有脚手架施工方案的内容。

脚手架是建筑施工中必不可少的临时设施，砖墙砌筑、混凝土浇筑、墙面抹灰、装修粉刷、设备管道安装等，都需要搭设脚手架，以便在其上进行施工作业，堆放建筑材料、用具和进行必要的短距离水平运输。

由于脚手架是为保证高处作业人员安全顺利进行施工而搭设的工作平台和作业通道，因此其搭设质量直接关系到施工人员的人身安全。如果脚手架选材不当，搭设得不牢固、不稳定，就会造成施工中的重大伤亡事故。因此，对脚手架的选型、构造、搭设质量等决不可疏忽大意。

3.1.1 脚手架的种类、构造及基本要求

1. 脚手架的种类

脚手架的种类很多。按搭设材料分，有竹、木脚手架和钢管脚手架；按构造型式分，有多立杆式、框组式、碗扣式、升降式、桥式、吊式、挂式、悬挑式以及其他工具式脚手架；按搭设用途分，有砌筑脚手架、装修脚手架和支撑脚手架；按搭设位置分，有外脚手架和里脚手架；按立杆搭设的排数分，有单排脚手架、双排脚手架和满堂脚手架。

2. 脚手架的基本构造及要求

这里以目前工程中被广泛使用的多立杆式脚手架为例来说明脚手架的基本构造。多立杆式脚手架主要由立杆、大小横杆、各类支撑、连墙杆和脚手板等构配件搭设而成。根据脚手架的高度、墙体结构的承载能力等有单排架和双排架两种搭设方式，它们的主要区别在于单排脚手架的横向水平杆一端支撑在墙体结构上，另一端支撑在立杆上；双排脚手架的横向水平杆的两端均支撑在立杆上。房屋高度在 25m 以内的可用单排脚手架，超过 25m 的则需采用双排脚手架。同时，单排脚手架不能用于轻质墙体、墙厚小于 180mm 的砖墙和窗间墙宽度小于 1m 的砖墙。

多立杆式脚手架按各构造所起的作用可分为承载结构、支撑体系、连墙拉结构件、作业面、脚手架基础和安全防护设施 6 个部分。

1）承载结构

在脚手架中，由立杆和小横杆组成横向构架，它是脚手架直接承受和传递垂直荷载的

部分，是脚手架的受力主体。各榀横向承力结构通过纵向大横杆连成一个整体，故脚手架沿纵向亦是一个构架。因此，脚手架实际上是由立杆、小横杆、大横杆共同组成的一个空间结构。脚手架的每个中心节点是由立杆、小横杆与大横杆三维相交组成。

为保证脚手架沿房屋周围形成一个连续封闭的结构，大横杆在房屋转角处要相互交圈，并确保连续。

脚手架上下两层小横杆的垂直距离称为步高，两榀横向结构间的纵向间距即为立杆的纵向间距。

2）支撑体系

为使脚手架形成一个几何稳定的空间构架，加强其整体刚度、局部刚度，增大抵抗侧向作用的能力以及避免节点受力后产生过大的位移，脚手架必须设置支撑体系。支撑体系包括纵向支撑、横向支撑和水平支撑。

3）连墙拉结构件

双排脚手架虽然可通过设置各种、各道支撑提高其整体性，但由于结构本身高跨比相差悬殊，故仅依靠结构本身难以做到保持结构的整体稳定、防止倾覆和抵抗风力。所以高度低于三步的脚手架，采取加设抛撑来防止脚手架的倾覆，而对于高度超过三步的脚手架，防止倾斜和倒塌的主要措施是将脚手架整体依附在主体结构上，依靠房屋结构的整体刚度来加强和保证整片脚手架的稳定性。具体做法是在脚手架上均匀地设置足够的连墙杆，连墙杆的位置应设置在与立杆和大横杆相交的节点处，设置了连墙杆的上述节点称为连墙点。连墙点的合理布置是保证脚手架不出现失稳破坏的一个关键因素。

4）作业面(脚手板)

作业面的横向尺寸应满足施工人员操作、临时堆料和材料运输的要求，一般单排脚手架外立杆到墙面的距离：结构架为1.45～1.80m，装修架为1.15～1.50m；双排脚手架里外立杆间的距离：结构架为1.00～1.50m，装修架为0.80～1.20m，双排架的里立杆距墙体的距离为350～500mm，以保证工人有一定的操作活动空间。这些距离决定了作业面的宽度。

结构施工时，作业面脚手板沿纵向应满铺，做到严密、牢固、铺平、铺稳，不得有超过50mm的间隙。离开墙面一般取120～150mm；装修施工时操作层的脚手板数不得少于三块。架子上不准留单块脚手板。作业层下面要留一层脚手板作为防护层。施工时，作业层每升高一层，把下面一层脚手板调到上面作为作业层的脚手板，两层交替上升。

离地面2m以上铺设脚手板的作业层都要在脚手架外立杆的内侧绑两道牢固的护身栏杆和挡脚板或挂设立网。

5）脚手架基础

落地式脚手架直接支撑在地基上，地基处理得好坏将直接影响脚手架是否发生整体或局部沉降。

竹、木脚手架一般将立杆直接埋于土中，钢管脚手架则不直接埋于土中，而是在平整夯实的地表面，垫以厚度不小于50mm的垫木或垫板，然后在垫木或垫板上加设钢管底座再立立杆。脚手架地基应有可靠的排水措施，防止积水浸泡地基。

6）安全防护设施

为防止人和物从高处坠落，除了在作业面正确铺设脚手板和安装防护栏杆及挡脚板外，还需在脚手架外侧挂设立网。对于高层建筑、高耸构造物、悬挑结构和临街房屋最好采用全封闭的立网。立网可以采用塑料编织布、竹篾、席子、篷布，还可采用小眼安全网。

避免高处坠落物品砸伤地面活动人群的主要措施是设置安全的人行或运输通道。通道的顶盖应满铺脚手板或其他能可靠承接落物的板篷材料，篷顶临街的一侧还应设高于篷顶不小于 0.8m 的挡墙，以免落物又反弹到街上。

脚手架不能采用全封闭立网时，应设置能用于承接坠落人和物的安全平网，使高处坠落人员能安全软着陆。对高层房屋，为了确保安全，则应设置多道安全平网。

3.1.2 脚手架常易发生的事故及基本安全要求

1. 脚手架常易发生的事故

脚手架常易发生的事故有以下 7 种原因。

(1) 基础处理不当。

搭设前未能周密考虑脚手架的受载情况和地基特点，即盲目搭设，故在堆料使用后，发生严重的不均匀沉降，使脚手架倾斜而倒塌。

(2) 用料选材不严。

脚手板和大小横杆存在裂缝、虫蛀等情况，而使用中又不严格选择，拿上就用，造成在堆料、运料或作业过程中突然断裂，因而发生高空坠落的伤亡事故。

(3) 拆架不按安全规定操作。

拆除时，将已拆除的脚手架杆件或零件直接抛扔，而造成不必要的砸伤事故。

(4) 防护栏杆未结合实际情况搭设。

在搭设脚手架时，安全防护栏没有结合实际情况来确定绑扎高度和道数，而按一般高度(900mm)绑扎安全栏杆，也易造成伤亡事故。

(5) 脚手架与永久性结构不按规定进行拉结。

由于脚手架本身结构稳定性差，因而要求与永久性结构加强拉结来保证其整体稳定。有些操作人员在进行外部装修时，嫌拉结点碍事就随意将其去掉，这样很容易使脚手架整片倒塌。

(6) 随意加大步高。

加大步高会加大立杆的长细比，使脚手架的承载能力下降，从而造成倒塌事故。

(7) 扣件螺栓没有拧紧。

正常螺栓扭力矩应在 40～50N·m 之间，当扣件螺栓扭力矩仅为 30N·m 时，脚手架承载力将下降 20%，固承载力不够而造成事故。

2. 脚手架的基本安全要求

脚手架的基本安全要求如下所示。

(1) 把好材料、加工和产品质量关，加强对架设工具的管理和维修保养工作，避免使用质量不合格的架设工具和材料。

(2) 确保脚手架具有稳定的结构和足够的承载力。普通脚手架的构造应符合有关规定，特殊工程脚手架、重荷载脚手架、施工荷载显著偏于一侧的脚手架和高度超过 30m 的脚手架必须进行设计和计算。脚手架应设置足够、牢固的连墙点，依靠建筑结构的整体刚度来加强和确保整片脚手架的稳定性。

(3) 认真处理脚手架地基，确保地基具有足够的承载能力。对高层和重荷载脚手架应进行基础设计，避免脚手架发生整体或局部沉降。

(4) 确保脚手架的搭设质量。严格按规定的构造尺寸进行搭设，控制好各种杆件的偏差，及时设置连墙杆和各种支撑。搭设完毕后应进行检查验收，合格后才能使用。

(5) 严格控制使用荷载，确保有较大的安全储备。结构架使用荷载不超过 $3.0kN/m^2$，装修架使用荷载不超过 $2.0kN/m^2$。

(6) 要有可靠的安全防护措施。

(7) 加强使用过程中的检查，避免各种违章作业。

(8) 6 级以上大风、大雾、大雨和大雪天气应暂停在脚手架上作业。雨雪后上架作业要有防滑措施。

3.1.3 脚手架的安全要求

脚手架的安全要求如下。

(1) 对脚手架杆配件质量的规定。

(2) 脚手架的构架方案、尺寸及对控制误差的要求。

(3) 连墙点的设置方式、布点间距，以及某些部位不能设置时的弥补措施。

(4) 在工程体形和施工要求变化部位的构架措施。

(5) 作业层铺板和防护的设置要求。

(6) 对脚手架中荷载大、跨度大、高空间部位的加固措施。

(7) 对实际使用荷载(包括架上人员、材料机具及多层同时作业)的限制。

(8) 对施工过程中需要临时拆除杆部件和拉结件的限制，以及在恢复前的安全弥补措施。

(9) 安全网及其他防(围)护措施的设置要求。

(10) 脚手架地基或其他支撑物的技术要求和处理措施。

1. 规范施工

必须严格按照规范、设计要求和有关规定进行脚手架的搭设、使用和拆除，制止乱搭、乱改和乱用情况。这方面容易出现的问题大致归纳如下。

(1) 有关乱改和乱搭问题如下。

① 任意改变构架结构及其尺寸。

② 任意改变连墙件设置位置、减少设置数量。

③ 使用不合格的杆配件和材料。

④ 任意减少铺板数量、防护杆件和设施。

⑤ 在不符合要求的地基和支撑物上搭设。

⑥ 不按质量要求搭设，立杆偏斜，连接点松弛。

⑦ 不按规定的程序和要求进行搭设和拆除作业。在搭设时未及时设置拉撑杆件；在拆除时过早地拆除拉结杆件和连接件。

⑧ 在搭、拆作业中未采取安全防护措施，包括不设置防(围)护和使用安全防护用品。

⑨ 不按规定要求设置安全网。

(2) 有关乱用问题如下。

① 任意拆除构架的杆配件和拉结杆件；任意抽掉、减少作业层脚手板；随意增加上架的人员和材料，引起超载。

② 在架面上任意采取加高措施，增加了荷载，加高部分不固定、不稳定，防护设施也未相应加高；站在不具备操作条件的横杆或单块板上操作。

③ 搭设和拆除作业不按规定使用安全防护用品。

④ 在把脚手架作为支撑和拉结的支持物时，未对构架采用相应的加强措施。

⑤ 在架上搬运超重构件和进行安装作业。

⑥ 在不安全的天气条件(6级以上大风天、雷雨和雪天)下继续施工。

⑦ 各构件在长期搁置后未作检查的情况下重新启用。

2. 提高脚手架工程技术与管理水平的途径

具体说来，提高脚手架工程技术与管理水平的途径反映在以下几个方面。

(1) 随着高层和高难度施工工程的大量出现，多层建筑脚手架的构架做法已不能适应和满足它们的施工要求，不能仅靠工人的经验进行搭设，必须进行严格的设计计算，并使施管人员掌握其技术和施工要求，以确保安全。

(2) 对于首次使用，没有先例的高、难、新脚手架，在周密设计的基础上，还需要进行必要的荷载试验，检验其承载能力和安全储备，在确保可靠后才能正式使用。

(3) 对于高层、高耸、大跨建筑以及有其他特殊要求的脚手架，由于在安全防护方面的要求相应提高，因此，必须对防护方面认真地加以考虑。

(4) 建筑脚手架多功能用途的发展，对其承载和变形性能(例如作模板支撑架时，将同时承受垂直和侧向荷载的作用)提出了更高的要求，必须予以考虑。

(5) 对综合管理水平要求的提高，除了技术的可靠性和安全的保证外，还要考虑进度、工效、材料的周转与消耗等综合性管理要求。

(6) 对已经落后或较落后的架设工具的改造与更新要求。

在施工中究竟采用哪种脚手架，应从实际出发，根据工程量大小、建筑物结构形式、装修要求、地理环境、工期长短、架子所用材料、构件大小、机具设备、劳动力、技术状况以及现场条件和配合工种等情况确定采用脚手架的种类、搭设顺序和方法。

3.2 扣件式钢管脚手架施工安全

3.2.1 扣件式钢管外脚手架施工安全保证项目

为保证建筑工程的扣件式钢管脚手架的施工安全，施工企业必须从施工方案的编制与审批、立杆基础设置、架体与建筑结构拉结处理、杆件间距规定与剪刀撑设置、脚手板与防护栏杆的设置、交底与验收规定等方面做好安全保证工作。

1. 施工方案

脚手架搭设之前，应根据工程的特点和施工工艺确定搭设方案。例如，搭设扣件式钢管脚手架，必须按照《建筑施工扣件式钢管脚手架安全技术规范》(JGJ 130—2011)的规定进行设计计算，方案要具体、可行。

扣件式钢管脚手架施工组织设计必须包括工程概况、搭设方案、设计计算及搭设图纸、基础处理、搭设要求、杆件间距及连墙杆设置位置、连接方法、施工详图及大样图、脚手架的验收、外脚手架搭设的劳动力安排、外脚手架搭设的安全技术措施和外脚手架拆除的安全技术措施等内容。由施工技术人员根据工程实际编制后经项目经理、技术负责人审核，经分公司安全、生产、技术部门会签，再经公司总工程师审批签字后，加盖施工单位公章才能付诸实施。

1）编制脚手架施工方案的基本要点

（1）审核图纸、了解建筑的具体情况。

① 通过建筑平面了解建筑物的平面形式，建筑物的总长和进深多宽，共有多少开间，每个开间的平面尺寸多大等。

② 通过建筑物立面图了解建筑物的立面情况，如总高度有多少、共有多少层、每层的层高多少、立面有无高低跨、屋顶是平是坡、有无阳台、边沿形状及外墙的装修要求等。

（2）根据施工组织设计要求选用脚手架的形式。

① 了解施工组织设计对脚手架施工提出了什么具体要求，如在施工中采用单排架还是双排架，在某种特定部位是否要求使用特殊架，如挑架、挂架、吊架等。

② 根据施工要求、施工地点和施工条件确定脚手架种类，针对整个工程，计算脚手架的施工工程量和所需的材料、机具数量以及劳动力的用工量，并提出相应的计划、进场时间和完成日期，做到有计划的、科学的施工。

③ 当搭设高度在25～50m时，应对脚手架整体稳定性从构造上进行加强。如纵向剪刀撑必须连续设置，增加横向剪刀撑，连墙杆的强度相应提高，间距缩小，以及在多风地区对搭设高度超过40m的脚手架考虑风涡流的上翻力，应在设置水平连墙杆的同时，还应有抗上升翻流作用的连墙措施等，以确保脚手架的使用安全。

④ 脚手架高度超过规范规定(一般以50m高为限)时，可采用双力杆加强或采用分段卸荷，沿脚手架全高分段将脚手架与梁板结构用钢丝绳吊拉，将脚手架的部分荷载传给建筑物承担；或采用分段搭设，将各段脚手架荷载传给由建筑物伸出的悬挑梁、架承担，并经过设计计算，对脚手架进行的设计计算必须符合脚手架规范的有关规定，所有搭杆脚手架人员必须持有效证件上岗。

⑤ 施工现场实际搭设程序和操作技术必须与脚手架施工方案相吻合。架工搭设架子必须按方案进行，防止搭架子的随意性或按某工程程序生搬硬套，凭经验搭设。

2）编制脚手架工程施工方案时要坚持“五性”原则

（1）搭设的架子要有实用性，即要有足够的面积满足工人操作，使材料堆放、人员行走、车辆运输都方便。

（2）搭设的架子要有足够的坚固性和稳定性，即保证不摇不晃、不倾斜、不沉陷、不倒塌、不变形，保证在各种荷载和气候条件下均安全可靠。

（3）搭设的架子要具有快捷方便性，即构造简单、装拆、搬运方便，并能多次周转使用，节约材料。

（4）搭设的架子要有艺术性，即整齐、匀称、美观。

(5) 搭设的架子要和施工进度同步性，即搭设进度和其他工序相配合，同步有序地进行施工。脚手架的施工方案应与施工现场搭设的脚手架类型相符，当现场因故改变脚手架类型时，必须重新修改脚手架方案并经审批后，方可施工。

3) 脚手架基本构件

(1) 立杆(立柱)和底座。立杆是承受自重和施工荷载的主要受力杆件；底座的作用则是分散立杆受力和防止立杆受力下陷。

(2) 大横杆(纵向水平杆)。大横杆平行于建筑物，是承受并传递施工荷载给主杆的主要受力杆件。

(3) 小横杆(横向水平杆)。小横杆垂直于建筑物，横向连接内、外排立杆，是承受并传递施工荷载给主杆的主要受力杆件。

(4) 扣件。扣件是连接各杆件的连接件，有以下几种。

① 直角扣件。它是连接两根垂直相交的杆件，靠扣件和钢管之间的摩擦力传递施工荷载。

② 对接扣件。它是钢管对接接长的扣件。

③ 旋转扣件。其作用是连接两根任意角度相交的钢管的扣件，用于斜撑与立杆、大横杆、小横杆之间的连接。

④ 剪刀撑。剪刀撑设在脚手架的外侧，呈十字交叉状，可增强脚手架的整体刚度和平面的稳定性。

⑤ 斜撑。斜撑设在脚手架的外侧，上下连续呈“之”字形布置，作用与剪刀撑相同。

⑥ 连墙固定件(拉结件)。它是连接架子与建筑物之间的加固件，承受风荷载、保持架体稳定。

⑦ 扫地杆。扫地杆分为纵向和横向扫地杆，连接立杆下端，防止立杆纵横移位。

⑧ 脚手板。其作用是提供操作条件，保护工人安全，传递荷载。

4) 脚手架的搭设要点

(1) 搭设场地应平整、夯实并设置排水措施。

(2) 立于地面之上的立杆底部应加设宽度大于200cm、厚度大于50mm的垫木、垫板或其他刚性垫块，每根立杆的支垫面积应符合设计要求且不得小于0.15m^2。

在搭设之前，必须对进场的脚手架杆配件进行严格地检查，禁止使用规格和质量不合格的杆配件。不同管径的钢管不准混杂使用，扣件亦然。

(3) 按施工设计放线、铺垫板、设置底座或标定立杆位置。

(4) 周边脚手架应从一个角部开始并向两边延伸交圈搭设；“一”字形脚手架应从一端开始并向另一端延伸搭设。

(5) 架子一次搭设不宜过高，应随着结构的升高而升高，自由高度不大于6m，一般以超过施工层1.8m为宜(一步架)。架子封顶时，必须注意安全操作要求：立杆高出屋顶的高度，平屋顶高出女儿墙1m，坡屋顶超沿口1.5m，里排立杆必须低于檐口15～20cm。

(6) 装设连墙件或其他撑拉杆件时，应注意掌握撑拉的松紧程度，避免引起杆件和整架的显著变形。

(7) 工人在架上进行搭设作业时，作业面上宜铺设必要数量的脚手板并予临时固定。工人必须戴安全帽和佩挂安全带。不得单人进行装设较重杆配件和其他易发生失衡、脱手、碰撞、滑跌等不安全的作业。

在搭设中不得随意改变构架设计、减少杆件设置和对立杆纵距作大于100mm的构架尺寸放大。确有实际情况需要对构架作调整和改变时，应提交技术主管人员解决。

2. 立杆基础

立杆基础应符合以下内容。

(1) 搭设高度在25m以下时，可用素土夯实找平，浇筑混凝土基础，上面铺5cm厚木板，长度为2m时垂直于墙体放置；长度大于3m时平行于墙体放置。

(2) 搭设高度在25～50m时，应根据现场地耐力情况设计基础做法或采用回填土分层夯实达到要求时，在地基上加铺20cm厚道碴，其上再铺设混凝土，然后仰铺12～16号槽钢。

(3) 搭设高度超过50m时，应进行计算并根据地耐力设计基础作法或于地面1m深处采用灰土地基或浇注50cm厚混凝土基础，其上采用枕木支垫。

(4) 立杆基础也可以采用底座。扣件式钢管脚手架的底座有可锻铸铁制造与焊接底座两种，搭设时应将木垫板铺平，放好底座，再将立杆放入底座内，不准将立杆直接置于木板上，否则将会改变垫板受力状态。底座下设置垫板有利于荷载传递，实验表明：标准底座下加设木垫板(板厚5cm，板长大于200cm)，可将地基土的承载能力提高五倍以上。当木板长度大于两跨时，将有助于克服两立杆间的不均匀沉陷。

(5) 立杆基础应有排水措施。一般采取两种方法：一种是在地基平整过程中，有意从建筑物根部向外放点坡，一般取5°，便于水流出；另一种是在距建筑物根部外2.5m处挖排水沟排水。总而言之，脚手架立杆基础不得水浸、渍泡。

(6) 立杆、大横杆、小横杆等杆件间距应符合规范规定和施工方案要求。当遇到门口等处需加大间距时，应按规范规定进行加固。

(7) 立杆是脚手架主要受力杆件，间距应均匀设置，不能加大间距，否则将会降低立杆承载能力；大横杆步距的变化将直接影响脚手架的承载能力，当步距由1.2m增加到1.8m时，临界荷载下降27%。

(8) 立杆离地面20cm处，设置纵向及横向扫地杆。设置扫地杆的做法与大横杆及小横杆相同，以固定立杆底部，约束立杆水平位移及沉陷，从实验中看，不设置扫地杆的脚手架承载能力也会下降。

3. 架体与建筑结构拉结

1) 架体与建筑物的结构拉结

拉结在架体结构中是十分重要的。根据国内外发生的脚手架倒塌事故的调查统计，几乎都是由于拉结点设置不足，拆除后未补上而引起的。拉结的好坏是脚手架是否牢固、失稳甚至倒塌的关键。为此，要求在建筑物上多层按三步三跨设置拉结点，高层拉结点按两步三跨设置，拉结点最好取“梅花式”布置，楼层顶部必设一道。

具体拉结方式方法简述如下。

(1) 连墙杆拉结类型。根据拉结的传力性能、构造，有刚性拉结和柔性拉结两种。

① 刚性连墙构造。

刚性连墙件指既能承受拉力和压力作用，又有一定抗弯和抗扭能力的刚性较好的连墙构造。即它一方面能抵抗脚手架相对于墙体的里倒和外张变形，同时也能对立杆的纵向弯曲变形有一定的约束作用，从而提高脚手架的失稳能力。

② 柔性连墙构造。

柔性连墙构造又可分为单拉式与拉顶式两种。

单拉式——只设置仅抵抗拉力作用的拉杆或拉绳。

拉顶式——将脚手架的小横杆顶于外墙面(亦可根据外墙装修施工操作的需要，加适厚的垫板，抹灰时可撤去)，同时设双股 8 号钢丝拉结。

(2) 连墙构造按以下要求选用。

① 单拉式柔性连墙构造只能用于 3 层以下或高度不超过 10m 的房屋建筑；拉顶式柔性连墙构造一般只用于 6 层或高度不超过 20m 的房屋建筑；7 层或高度大于 20m 的建筑，外脚手架一般应采用刚性连墙构造。

② 高层外脚手架由于其上部的荷载较小，连墙件的主要作用是抵抗倾覆，即承受水平力的轴拉和轴压作用；而下部的荷载较大，连墙件的主要作用是加强脚手架的抗失稳承载能力。因此，可根据脚手架稳定承载能力计算的结果，取安全系统 $K=3$ 的计算截面作为分界面，在分界面以下必须使用刚性连墙构造，在分界面之上可以使用拉顶式柔性连墙构造。

③ 根据连墙点设计位置的设置条件选用适合的连墙构造形式。

(3) 连墙构造设置的注意事项如下。

① 确保杆件间的连接可靠。扣件必须拧紧。

② 装设连墙件时，应保护立杆的垂直度要求，避免拉固时产生变形。

2) 脚手架高度影响其设置

脚手架高度在 7m 以下时，可采用设置抛撑方法以保持脚手架的稳定，当搭设高度超过 7m 不便设置抛撑时，应与建筑物进行连接。连墙杆应靠近节点并从底层第一步大横杆处开始设置。连墙杆宜靠近主节点设置，距主节点应不大于 300mm。

(1) 脚手架与建筑物连接不但可以防止因风荷载而发生的向内或向外倾翻事故，还可以作为架体的中间约束，减小立杆的计算长度，提高承载能力，保证脚手架的整体稳定性。连墙杆必须与建筑结构部位连接，通常采用在楼层上预埋钢管设置拉结点，确保承载能力。

(2) 连墙杆位置应在施工方案中确定，并绘制做法详图，不得在作业中随意设置。严禁脚手架使用期间拆除连墙杆。

(3) 在搭设脚手架时，连墙杆与其他杆件同步搭设；在拆除脚手架时，应在其他杆件拆到连墙杆高度时，最后拆除连墙杆。最后一道连墙杆拆除前，应先设置抛撑后，再拆除连墙杆，以确保脚手架拆除过程中的稳定性。当脚手架搭设高度较高需要缩小连墙杆间距时，减少垂直间距比缩小水平间距更为有效。

4. 杆件间距与剪刀撑

杆件间距与剪刀撑的设置要求如下。

(1) 脚手架杆件间距过大，受力后杆件和架子整体容易变形，产生弯曲或扭曲，影响架子的质量；间距过密虽其受力稳定，但浪费材料。一般来讲，钢管脚手架杆件间距不应大于 2m。

(2) 剪刀撑的设置。

特别提示

脚手架搭设必须设置剪刀撑，以保证架体的纵向稳定。

① 斜撑，也称“之”字撑，少于4根立杆的立面可作“之”字撑。6m长钢管完全可以满足45°～60°的要求。

② 剪刀撑，也称“十”字撑。剪刀撑的设置应不小于四跨，且不小于6m，斜杆与地面夹角0°～45°。

③ 剪刀撑的接头均采用搭接，相交的两斜杆接头应错开500mm以上，不可重叠和接头集中一点搭设。

④ 所有剪刀撑的斜杆应沿小横杆的斜度设置，如果交接不上，可加一小横杆，这样才能保证剪刀撑斜杆的交点在小横杆端头上。

⑤ 在同一立面上搭设多组剪刀撑，其接点应在同一水平上，一般接点不可错位。在设置第一排连墙件前，一字型脚手架应设置必要数量的抛撑，以确保构架稳定和架上作业人员的安全。边长大于20m的周边脚手架，亦应适量设置抛撑；剪刀撑、斜杆等整体拉结杆件和连墙件应随搭升的架子一起及时设置。

⑥ 脚手架处于顶层连墙点之上的自由高度不得大于6m。当作业层高出其下连墙件两步或4m以上，且其上尚无连墙件时，应采取适当的临时撑拉措施。

⑦ 立杆、纵向水平杆、横向水平杆(小横杆)三杆紧靠的扣接点称为主节点，大横杆(纵向水平杆)要绑在立杆内侧，主节点处必须设一根横向水平杆，两扣件中心距不得大于150mm。各杆件的间距根据设计计算得出。

⑧ 高度在24m以下的单、双排脚手架，均必须在外侧立面的两端各设置一道剪刀撑，并且应由底至顶连续设置，中间各道剪刀撑之间的净距应不大于15m。高度在24m以上的双排脚手架，必须在外侧立面整个长度和高度上连续设置剪刀撑。主节点处两个扣件中心线至主节点的距离不宜大于150mm，剪刀撑斜杆的接长采用搭接，搭接长度不小于1m，用3个旋转扣件固定在与之相交的横向水平杆的伸出端或立杆上。一字形、开口形双排脚手架两端，必须设置横向斜撑。每组剪刀撑跨越立杆根数为5～7根(大于6m)，斜杆与地面夹角在45°～60°。

⑨ 剪刀撑斜杆应与立杆和伸出的小横杆进行连接。脚手架所有向外伸出的杆件，不允许长短不齐，统一以30cm左右为宜，既节约材料又美观大方。

⑩ 横向剪刀撑。脚手架搭设高度超过24m时，为增强脚手架横向平面的刚度，可在脚手架拐角处及中间沿纵向每隔六跨，在横向平面内加设斜杆，使之成为“之”字形或“十”字形。遇操作层时可临时拆除，转入其他层时应及时补设。

5. 脚手板与防护栏杆

脚手板与架体防护脚手板主要铺在架体上，起着承重作用。结构架可以堆放材料、小车运输、站人操作；装修架则可堆放材料和站人操作。

(1) 脚手板或其他作业层脚手板的铺设应符合以下规定。

① 脚手板应铺平、铺稳，必要时应予绑扎固定。脚手板是施工人员的作业平台，必

须按照脚手架的宽度满铺，材质要符合要求，不得有探头板。作业层要设置1.2m高的防护栏杆和180mm高的挡脚板。脚手架上施工荷载的标准值用于结构施工时为3kN/m^2；用于装修时为2kN/m^2。

② 脚手板采用对接平铺时，在对接处，与其下两侧支撑横杆的距离应控制在100～200mm；采用挂扣式定型脚手板时，其两端挂扣必须可靠地接触支撑杆并与其扣紧。

③ 脚手板采用搭设铺设时，其搭接长度不得小于200mm，且在搭接段的中部应设有支撑横杆。铺板严禁出现端头超出支撑横杆250mm以上未作固定的探头板。

④ 长脚手板采用纵向铺设时，其下支撑横杆的间距：竹串片脚手板为不得大于0.75m；木脚手板为不得大于1.0m。纵铺脚手板应按以下规定部位与其下支撑横杆绑扎固定：脚手架的两端和拐角处；沿板长方向每隔15～20m处；坡道的两端处；其他可能发生滑动和翘起的部位。

⑤ 采用以下板材铺设架面时，其下支撑杆件的间距：竹笆板为不得大于400mm，七夹板为不得大于500mm。

⑥ 作业层、斜道的栏杆和挡脚板的搭设应当符合下列规定：栏杆和挡脚板均搭设在外立杆的内侧；上栏杆上皮高度应为1.2m；中栏杆上皮高度应为600mm；挡脚板高度不小于180mm。

⑦ 脚手板可采用竹、木、钢脚手板，其材质应符合规范要求。竹脚手板应采用由毛竹或楠竹制作的竹串片板、竹笆板，竹板必须是穿钉牢固，无残缺竹片的；木脚手板应是5cm厚非脆性木材(如桦木等)，无腐朽、劈裂板；钢脚手板用2mm厚板材冲压制成，有锈蚀、裂纹者不能使用。

(2) 脚手架体防护上要遵守如下规则。

① 施工层(操作层)必须沿架体周围铺满承重脚手板，并要铺设严密，和架排距同宽。如果内排架由于墙体凸出(挡雨板)离墙超出规范时，可扩宽，采用单横杆挑出的扩宽面宽度不超过300mm。

② 首层为隔离层，要全周封闭，防坠物伤害，一般要用竹笆板、模板、安全网封闭，用脚手板封闭更好。

③ 架体外排要从二步架起，连续设置1.2m高防护栏杆。

④ 脚手架每层要设18cm高踢脚板。

⑤ 防止从楼层向外抛物和丢东西，要求每隔四步架要用脚手板封闭。

⑥ 脚手架外侧要挂密目式安全网，保证严密，并要拴挂牢固，可抗人身冲击，最好用纤维编织带绑扎安全网，每眼必拴。脚手架的外侧应按规定设置密目安全网，安全网设置在外排立杆的里面。密目网必须用合乎要求的系绳将网周边每隔45cm系牢在脚手架上。

⑦ 当施工层脚手架内立杆与建筑物之间超过20cm，要封闭，可用脚手板或安全网封闭，要拴牢放稳。

(3) 荷载。

① 架体上不准附装其他设施，诸如扒杆、卸料平台、堆放机械设备，不准挂配电箱和大量超限堆放材料，如模板、钢管、木枋等。

② 结构架负荷不大于3000N/m^2；装修架负荷不大于2000N/m^2。

③ 为保证架体稳定，在特定情况下要采取卸荷措施。

6. 交底与验收

脚手架搭设前，施工负责人应按照施工方案要求，结合施工现场作业条件和队伍情况，做详细的交底，并有专人指挥。脚手架搭设质量的检查验收工作应遵守以下规定：必须按现行的行业标准、《建筑施工扣件式钢管脚手架安全技术规范》（JGJ 130—2011）进行脚手架的搭设、拆除、使用、验收和检查。脚手架搭设验收工作应分阶段进行，每搭设3～5步进行一次验收，进入装饰阶段再进行一次全面检查验收，验收合格后必须挂牌。

脚手架搭设前，必须对基础部分进行勘察验收，确保地基的承载力能满足脚手架高度搭设要求，地基加固部位必须做隐蔽工程验收。

（1）对脚手架检查验收按规范规定进行，凡不符合规定的应立即进行整改，对检查结果及整改情况，应按实测数据进行记录，并有检测人员签字。

（2）节点的连接可靠，其中扣件的拧紧程度应控制在扭力距达到40～60N·m；8号钢丝十字交叉扎点应拧1.5～2圈后箍紧，不得有明显扭伤，且钢丝在扎点外露的长度应不小于80mm。

（3）钢脚手架立杆垂直度应不大于1/300，且应同时控制其最大垂直偏差值。当架高不大于20m时最大垂直偏差值不大于50mm；当架高大于20m时最大垂直偏差值不大于75mm。

（4）纵向钢平杆的水平偏差应不大于1/250，且全架长的水平偏差值不大于50mm。

（5）脚手架的验收和日常检查按以下规定进行，检查合格后，方允许投入使用或继续使用。

① 搭设完毕后。

② 连续使用达到6个月。

③ 施工中途停止使用超过15天，再重新使用之前。

④ 在遭受暴风、大雨、大雪、地震等强力因素作用之后。

⑤ 在使用过程中，发现有显著的变形、沉降，拆除杆件和拉结以及安全隐患存在的情况时。

架子搭设到楼层两层时，施工单位要组织验收，检查结果并需量化。检查人员要进行汇签，并写出验收意见。检查人员必须自己亲自签字，不可别人代替。脚手架搭设人员必须取得操作证后方可上岗作业，并定期验证、复证。

（6）项目部每周组织一次对脚手架进行定期安全检查，项目安全员不定时地进行脚手架巡视检查和组织相关人员进行专项检查，施工栋号施工员必须不间断地对脚手架进行巡查，发现问题立即解决处理，绝不留下任何遗留问题和隐患。

（7）搭设完毕经验收合格的脚手架，由搭设班组移交给施工负责人员进行使用及维护保养，并办理移交手续，双方签字认可。一旦进行交接后，施工企业必须委派专人对脚手架进行巡视维护保养工作，确保脚手架的安全使用。

（8）脚手架拆除，项目部必须派管理人员进行现场监控，并详细做好监控记录。

3.2.2 扣件式钢管脚手架施工安全一般项目

为保证建筑工程的扣件式钢管脚手架的施工安全，施工企业除必须做好上述保证项目的安全保证工作外，在其他一般项目的安全管理方面也必须加以重视，这些一般项目包括横向水平杆设置、杆件连接处理、层间防护、构配件材质选取、通道设置等。

1. 横向水平杆设置

(1) 横向水平杆是架体直接承受荷载的杆件，其壁厚不可小于3.5mm。

(2) 每一主节点必须设一根小横杆，并用直角扣件固定在大横杆上，该杆主轴线偏离主节点的距离应不大于150mm。

(3) 立杆与大横杆必须用直角扣件扣紧，不得隔步设置或遗漏。当采用双立杆时，必须都用扣件与同一根大横杆扣紧，不得只扣紧一根。

(4) 立杆采用上单下双的高层脚手架，单双立杆的连接构造方式有两种。

① 单立杆与双立杆之中的一根对接。

② 单立杆同时与两根双立杆用不少于三道旋转扣件搭接，其底部支于小横杆上，在立杆与大横杆的连接扣件之下加设两道扣件(扣在立杆上)，且三道扣件紧接，以加强对大横杆的支持力。

(5) 立杆的垂直偏差应不大于架高的1/300，并同时控制其绝对偏差值。当架高不大于20m时，绝对值偏差不大于50mm；当架高大于20m而不大于50m时，绝对值偏差不大于75mm；当架高大于50m时绝对值偏差应不大于100mm。

2. 杆件连接

纵向水平杆接长宜采用对接，用对接扣件连接，接头距主节点距离为1/3跨度，同步或同跨内不宜有两个接头，在一个跨度内，隔一根杆件两个接头水平方向距离大于500mm。立杆接长应对接，接头处距主节点小于1/3步距。同一个步距内，隔一个杆件的接头，垂直方向高差大于500mm。

3. 层间防护

层间防护要求如下。

(1) 施工层脚手板下面要设一道大网眼的平网。每隔10m设一道平网防护，脚手架内立杆与建筑物之间要进行封闭。

(2) 当作业层脚手板与建筑物之间缝隙(不小于15cm)已构成落物、落人危险时，应采取隔离封闭防护措施，不使物体落到作业层以下而发生伤害事故。

(3) 施工层脚手架内排与建筑物之间超过20cm要用脚手板或安全网全封闭。其办法是内排小横杆伸长搭铺板，但伸出长度不可大于300mm。

4. 构配件材质

构配件的材质要求如下。

(1) 扣件式钢管脚手架应采用可锻铸铁制作的扣件，其材质应符合现国家标准《钢管脚手架扣件》(GB 15831—2006)的规定，在螺栓拧紧扭力矩达65N·m时不得发生破坏。

(2) 脚手架钢管应采用现行国家标准《直缝电焊钢管》(GB/T 13793—2008)或《低压流体输送用焊接钢管》(GB/T 3091—2008)中规定的普通钢管，其质量应符合现行国家标准《碳素结构钢》(GB/T 700—2006)中Q235-A级钢的规定。每根钢管的最大重量不应大于25kg，宜采用直径48mm×3.5mm钢管。

(3) 脚手架搭设必须选用同一种材质，钢管式脚手架均采用外径48mm、壁厚3.5mm的焊接钢管，也可采用同样规格的无缝钢管或外径51mm、壁厚3mm的焊接钢管，钢管材质宜使用力学性能适中的Q235钢，其材性应符合《碳素结构钢》(GB/T 700—2006)的相应规定。用于立杆、大横杆、剪刀撑和斜杆的钢管长度为4～6.5m，用于小横杆的钢管长度为1.8～2.2m，以适应脚手架宽度的需要。

(4) 钢管锈蚀严重(大面积翘皮和连续麻点深达0.5mm以及锈迹斑斑不好鉴别壁厚锈损等情况)、弯曲、压扁变形和壁厚小于3mm的钢管都不得用于架设脚手架。钢管有裂缝也不得用于脚手架。

5. 通道

通道又称斜道、跑道、马道，附在脚手架上。

通道(斜道)构造要求如下。

(1) 脚手架上应为工人设置上下通道。通道有两种做法：一种是在脚手架外侧；一种是在脚手架内侧。搭设脚手架通道不得钢木、钢竹、竹木混用。

(2) 通道搭设在脚手架的外侧，一般采取“之”字形盘旋而上，坡度不得大于$\frac{1}{3}$，宽度不得小于1m。两端转弯处要设置平台，平台宽度不小于1.5m，长度为斜道宽度的两倍。斜道侧面和平台的三面临空处均应加设护身栏杆及挡脚板。通道每隔300mm设一道防滑条。

(3) “一”字形普通斜道的里排立杆可以与脚手架的外立杆共用，“之”字形普通斜道和运料斜道因架板自重和施工荷载较大，其构架应单独设计和验算，以确保使用安全。

(4) 运料斜道立杆间距不宜大于1.5m，且需设置足够的剪刀撑或斜杆，确保构架稳定、承载可靠。此外，还有以下注意事项。

①“之”字形斜道部位必须自下至上设置连墙件，连墙件应设置在斜道转向节点处或斜道的中部竖线上，连墙点竖向间距取不大于楼层高度；斜道两侧和休息平台外围均按规定设置挡脚板和栏杆。

② 脚手板顺铺，接头采用搭接时，板下端与脚手架横杆绑扎固定，以下脚手板的预板头压上脚手板的底板头，起始脚手板的底端应可靠顶固，以避免下滑。板头棱台用三角木填顺；接头采用平接时，接头部位用双横杆，间距200～300mm。

③ 各类人员上下脚手架必须在专门设置的人行通道(斜道)行走，不准攀爬脚手架，通道可附着在脚手架上设置，也可靠近建筑物独立设置。

特别提示

建筑工程的扣件式钢管脚手架的安全检查，应以《建筑施工安全检查标准》(JGJ 59—2011)中“表B.3扣件式钢管脚手架检查评分表”为依据(见表3-1)。

表3-1　扣件式钢管脚手架检查评分表

序号	检查项目		扣分标准	应得分数	扣减分数	实得分数
1	保证项目	施工方案	架体搭设未编制专项施工方案或未按规定审核、审批，扣10分 架体结构设计未进行设计计算，扣10分 架体搭设超过规范允许高度，专项施工方案未按规定组织专家论证，扣10分	10		

续表

序号	检查项目		扣分标准	应得分数	扣减分数	实得分数
2	保证项目	立杆基础	立杆基础不平、不实、不符合专项施工方案要求，扣5～10分 立杆底部缺少底座、垫板或垫板的规格不符合规范要求，每处扣2～5分 未按规范要求设置纵、横向扫地杆，扣5～10分 扫地杆的设置和固定不符合规范要求，扣5分 未采取排水措施，扣8分	10		
3		架体与建筑结构拉结	架体与建筑结构拉结方式或间距不符合规范要求，每处扣2分 架体底层第一步纵向水平杆处未按规定设置连墙件或未采用其他可靠措施固定，每处扣2分 搭设高度超过24m的双排脚手架，未采用刚性连墙件与建筑结构可靠连接，扣10分	10		
4		杆件间距与剪刀撑	立杆、纵向水平杆、横向水平杆间距超过设计或规范要求，每处扣2分 未按规定设置纵向剪刀撑或横向斜撑，每处扣5分 剪刀撑未沿脚手架高度连续设置或角度不符合规范要求，扣5分 剪刀撑斜杆的接长或剪刀撑斜杆与架体杆件固定不符合规范要求，每处扣2分	10		
5		脚手板与防护栏杆	脚手板未满铺或铺设不牢、不稳，扣5～10分 脚手板规格或材质不符合规范要求，扣5～10分 架体外侧未设置密目式安全网封闭或网间连接不严，扣5～10分 作业层防护栏杆不符合规范要求，扣5分 作业层未设置高度不小于180mm的挡脚板，扣3分	10		
6		交底与验收	架体搭设前未进行交底或交底未留有文字记录，扣5～10分 架体分段搭设、分段使用未进行分段验收，扣5分 架体搭设完毕未办理验收手续，扣10分 验收内容未进行量化，或未经责任人签字确认，扣5分	10		
小计				60		

续表

序号	检查项目		扣分标准	应得分数	扣减分数	实得分数
7	一般项目	横向水平杆设置	未在立杆与纵向水平杆交点处设置横向水平杆，每处扣2分 未按脚手板铺设的需要增加设置横向水平杆，每处扣2分 双排脚手架横向水平杆只固定一端，每处扣2分 单排脚手架横向水平杆插入墙内小于180mm，每处扣2分	10		
8		杆件连接	纵向水平杆搭接长度小于1m或固定不符合要求，每处扣2分 立杆除顶层顶步外采用搭接，每处扣4分 杆件对接扣件的布置不符合规范要求，扣2分 扣件紧固力矩小于40N·m或大于65N·m，每处扣2分	10		
9		层间防护	作业层脚手板下未采用安全平网兜底或作业层以下每隔10m未采用安全平网封闭，扣5分 作业层与建筑物之间未按规定进行封闭，扣5分	10		
10		构配件材质	钢管直径、壁厚、材质不符合要求，扣5分 钢管弯曲、变形、锈蚀严重，扣5分 扣件未进行复试或技术性能不符合标准，扣5分	5		
11		通道	未设置人员上下专用通道，扣5分 通道设置不符合要求，扣2分	5		
小计				40		
检查项目合计				100		

3.3 门式钢管脚手架施工安全

特别提示

门式钢管脚手架是20世纪80年代初由国外引进的一种多功能脚手架，它由门架、底座、剪刀撑、水平撑、三角挑架、栏杆、拉结杆等组成。

门式钢管脚手架的要求基本上与钢管脚手架相同。所不同的是门式钢管脚手架配件、零件较多，容易漏装而影响架体的安全，为此必须在使用前认真检查架体各部位，任何零件都不可缺少和漏装。

3.3.1 整体加固

门式钢管脚手架如按规定标准，零、配件一个不缺的情况下安装，架设多高都是没有问题的。问题是目前在施工现场对门式钢管脚手架安装实际观察、安装时缺少很多配件，特别是对架体起稳定的配件，如挂扣式脚手板、水平架梁、锁臂等，这样虽把架子架起来了，但整体稳定性差，如果配件一件不缺，安装水平梁架、挂扣式脚手板时，两片相邻架就会扣得很牢，锁臂锁上，对接立杆就会稳定、牢靠，既不会摇晃也不会位移；如果缺少配件搭设，势必要采取加固措施，根据经验其加固方法是如下。

(1) 首层门架的垂直度偏差不大于 2mm，水平度偏差不大于 5mm，基础部位要加扫地杆，用 ϕ48mm 钢管与脚手架立杆个个扣紧，离地面 20～30cm。

(2) 拉结必须与架子搭设同步进行。拉结点最大距离在垂直方向为 6m，水平方向为 8m；高层应加密，垂直方向为 4m，水平方向为 6m。

3.3.2 技术要求

门式钢管脚手架的技术要求如下。

(1) 垂直度。门式钢管脚手架沿墙面纵向或横向的垂直偏差应小于或等于 $H/600$(H 为脚手架高度)，但最大值不大于 50mm。

(2) 水平度。底部脚手架沿墙的纵向水平偏差应小于或等于 $L/600$(L 为脚手架的长度)。

3.3.3 门式钢管脚手架施工安全保证项目

为保证建筑工程的门式钢管脚手架的施工安全，施工企业必须从施工方案的编制与审批、架体基础、架体稳定、杆件锁臂、脚手板、交底与验收工作等方面做好安全保证工作。

1. 施工方案

(1) 门式钢管脚手架以门架、交叉支撑、连接棒、挂式脚手板或水平架、锁臂等组成基本结构，再设置水平加固杆、剪刀撑、扫地杆、封口杆、托座与底座，并采用连墙体与建筑物主体结构相连的一种标准化钢管脚手架。安装门式钢管脚手架必须依据《建筑施工门式钢管脚手架安全技术规范》(JGJ 128—2000)的规定进行设计和编制施工方案，并履行审批手续。

(2) 脚手架高度要符合规范规定，要有设计计算书。门架立杆在两个方向的垂直偏差均在 2mm 以内，顶部水平偏差在 5mm 以内，上下门架立杆对中偏差不大于 3mm。

2. 架体基础

架体基础的基本要求见表 3-2。

脚手架基础要平实，并做好排水，按不同土质和搭设高度选取具体做法。应先弹出门架立杆位置线，垫板、底座安放位置要准确，底部要加设扫地杆。

3. 架体稳定

脚手架搭设高度应小于 45m，基本风压值小于 0.55kN/m^{2}时，每隔垂直间距为 6m、水平间距为8m设置一处连墙件；当脚手架搭设高度大于45m时，垂直间距为4m、水平间距为6m设一处连墙件。在脚手架高度超过20m时，在架体外侧每隔四步设置一道剪刀撑。

门式钢管脚手架一般搭设高度为45m以下，搭设时要及时装设连墙杆件与建筑结构拉牢，严格控制首层门型架的垂直度和水平度。连墙件间距应符合表3-3的规定。

表3-2 地基基础要求

搭设高度/m	地基土质		
	中低压缩性且压缩性均匀	回填土	高压缩性或压缩性不均匀
≤25	夯实原土，干重力密度要求15.5kN/m³。立杆底座置于面积不小于0.075m²的混凝土垫块或垫木上	土夹石或灰土回填夯实，立杆底座置于面积不小于0.10m²的混凝土垫块或垫木上	夯实原土，铺设宽度不小于200mm的通长槽钢或垫木
26～35	混凝土垫或垫木面积不小于0.1m²，其余同上	砂夹石回填夯实，其余同上	夯实原土，铺厚不小于200mm砂垫层，其余同上
36～60	混凝土垫块或垫木面积不小于0.15m²或铺通长槽钢或垫木，其余同上	砂夹石回填夯实，混凝土垫块或垫木面积不小于0.15m²或铺通长槽钢或木板	夯实原土，铺150mm厚道渣夯实，再铺通长槽钢或垫木，其余同上

注：表中混凝土垫块厚度不小于200mm；垫木厚度不小于50mm，宽度均不小于200mm。

表3-3 连墙件间距

脚手架搭设高度/m	基本风压 w_0/(kN/m²)	连墙件的间距/m	
		竖向	水平向
≤45	≤0.55	≤6.0	≤8.0
	>0.55	≤4.0	≤6.0
>45	—		

4. 杆件、锁臂、脚手板、交底与验收

脚手架要按照规范要求进行组装，不得漏装杆件、锁臂和脚手板，组装要牢固。搭设前要进行交底，每段搭设完毕，要经过验收合格后，方可进行下道工序施工。

3.3.4 门式钢管脚手架施工安全一般项目

为保证建筑工程的门式钢管脚手架的施工安全，施工企业除必须做好上述保证项目的安全保证工作外，在其他一般项目的安全管理方面也必须加以重视，这些一般项目包括架体防护设置、材质选取、荷载规定、通道设置等。

架体防护、材质、荷载、通道

组成门架的配件材质也必须符合国家标准《碳素结构钢》(GB/T 700—2006)中Q235-A级钢的规定，杆件变形、锈蚀、开焊等情况下不得使用，承重荷载按3kN/m²，装修荷载

按 $2kN/m^2$ 均匀布置。操作层要设置 1.2m 高的防护栏杆、180mm 高的挡脚板，架体外侧用密目式安全网全封闭。要给工人设置上下通道。作业人员上下脚手架的斜梯应采用挂扣式钢梯，并宜采用“之”字形式，一个梯段宜跨越两步或三步。

钢梯规格应与门架规格配套，并应与门架挂扣牢固。钢梯应设栏杆扶手。

特别提示

建筑工程的门式钢管脚手架施工的安全检查，应以《建筑施工安全检查标准》(JGJ 59—2011)中“表 B.4门式钢管脚手架检查评分表”为依据(见表 3-4)。

表 3-4 门式钢管脚手架检查评分表

序号	检查项目		扣分标准	应得分数	扣减分数	实得分数
1	保证项目	施工方案	未编制专项施工方案或未进行设计计算，扣 10 分 专项施工方案未按规定审核、审批，扣 10 分 架体搭设超过规范允许高度，专项施工方案未组织专家论证，扣 10 分	10		
2		架体基础	架体基础不平、不实、不符合专项施工方案要求，扣 5～10 分 架体底部未设置垫板或垫板的规格不符合要求，扣 2～5 分 架体底部未按规范要求设置底座，每处扣 2 分 架体底部未按规范要求设置扫地杆，扣 5 分 未采取排水措施，扣 8 分	10		
3		架体稳定	架体与建筑物结构拉结方式或间距不符合规范要求，每处扣 2 分 未按规范要求设置剪刀撑，扣 10 分 门架立杆垂直偏差超过规范要求，扣 5 分 交叉支撑的设置不符合规范要求，每处扣 2 分	10		
4		杆件、锁臂	未按规定组装或漏装杆件、锁臂，扣 2～6 分 未按规范要求设置纵向水平加固杆，扣 10 分 扣件与连接的杆件参数不匹配，每处扣 2 分	10		
5		脚手板	脚手板未满铺或铺设不牢、不稳，扣 5～10 分 脚手板规格或材质不符合要求，扣 5～10 分 采用挂扣式钢脚手板时挂钩未挂扣在横向水平杆上或挂钩未处于锁住状态，每处扣 2 分	10		
6		交底与验收	脚手架搭设前未进行交底或交底未有文字记录，扣 5～10 分 脚手架分段搭设、分段使用未办理分段验收，扣 6 分 架体搭设完毕未办理验收手续，扣 10 分 验收内容未进行量化，或未经责任人签字确认，扣 5 分	10		
小计				60		

续表

序号	检查项目		扣分标准	应得分数	扣减分数	实得分数
7	一般项目	架体防护	作业层防护栏杆不符合规范要求，扣5分 作业层未设置高度不小于180mm的挡脚板，扣3分 脚手架外侧未设置密目式安全网封闭或网间连接不严，扣5～10分 作业层脚手板下未采用安全平网兜底或作业层以下每隔10m未采用安全平网封闭，扣5分	10		
8		构配件材质	杆件变形、锈蚀严重，扣10分 门架局部开焊，扣10分 构配件的规格、型号、材质或产品质量不符合规范要求，扣5～10分	10		
9		荷载	施工荷载超过设计规定，扣10分 荷载堆放不均匀，每处扣5分	10		
10		通道	未设置人员上下专用通道，扣10分 通道设置不符合要求，扣5分	10		
小计				40		
检查项目合计				100		

3.4 碗扣式钢管脚手架施工安全

3.4.1 碗扣式钢管脚手架检查评定保证项目

碗扣式钢管脚手架检查评定保证项目应包括：施工方案、架体基础、架体稳定、杆件锁件、脚手板、交底与验收。

1. 施工方案

（1）架体搭设应编制专项施工方案，结构设计应进行计算，并按规定进行审核、审批。

（2）当架体搭设超过规范允许高度时，应组织专家对专项施工方案进行论证。

2. 架体基础

（1）立杆基础应按方案要求平整、夯实，并应采取排水措施，立杆底部设置的垫板和底座应符合规范要求。

（2）架体纵横向扫地杆距立杆底端高度应不大于350mm。

3. 架体稳定

（1）架体与建筑结构拉结应符合规范要求，并应从架体底层第一步纵向水平杆处开始设置连墙件，当该处设置有困难时应采取其他可靠措施固定。

（2）架体拉结点应牢固可靠。

（3）连墙件应采用刚性杆件。
（4）架体竖向应沿高度方向连续设置专用斜杆或八字撑。
（5）专用斜杆两端应固定在纵横向水平杆的碗扣节点处。
（6）专用斜杆或八字形斜撑的设置角度应符合规范要求。

4. 杆件锁件

（1）架体立杆间距、水平杆步距应符合设计和规范要求。
（2）应按专项施工方案设计的步距在立杆连接碗扣节点处设置纵、横向水平杆。
（3）当架体搭设高度超过 24m 时，顶部 24m 以下的连墙件层应设置水平斜杆，并应符合规范要求。
（4）架体组装及碗扣紧固应符合规范要求。

5. 脚手板

（1）脚手板材质、规格应符合规范要求。
（2）脚手板应铺设严密、平整、牢固。
（3）挂扣式钢脚手板的挂扣必须完全挂扣在水平杆上，挂钩应处于锁住状态。

6. 交底与验收

（1）架体搭设前应进行安全技术交底，并应有文字记录。
（2）架体分段搭设、分段使用时，应进行分段验收。
（3）搭设完毕应办理验收手续，验收应有量化内容并经责任人签字确认。

3.4.2 碗扣式钢管脚手架检查评定

碗扣式钢管脚手架检查评分表一般项目：架体防护、构配件材质、荷载、通道。

1. 架体防护

（1）架体外侧应采用密目式安全网进行封闭，网间连接应严密。
（2）作业层应按规范要求设置防护栏杆。
（3）作业层外侧应设置高度不小于 180mm 的挡脚板。
（4）作业层脚手板下应采用安全平网兜底，以下每隔 10m 应采用安全平网封闭。

2. 构配件材质

（1）架体构配件的规格、型号、材质应符合规范要求。
（2）钢管不应有严重的弯曲、变形、锈蚀。

3. 荷载

（1）架体上的施工荷载应符合设计和规范要求。
（2）施工均布荷载、集中荷载应在设计允许范围内。

4. 通道

（1）架体应设置供人员上下的专用通道。
（2）专用通道的设置应符合规范要求。

特别提示

建筑工程的悬挑脚手架施工的安全检查，应以《建筑施工安全检查标准》(JGJ 59—2011)中“表B.5碗扣式钢管脚手架检查评分表”为依据(见表3-5)。

表3-5　碗扣式钢管脚手架检查评分表

序号	检查项目		扣分标准	应得分数	扣减分数	实得分数
1	保证项目	施工方案	未编制专项施工方案或未进行设计计算，扣10分 专项施工方案未按规定审核、审批，扣10分 架体搭设超过规范允许高度，专项施工方案未组织专家论证，扣10分	10		
2		架体基础	基础不平、不实、不符合专项施工方案要求，扣5～10分 架体底部未设置垫板或垫板的规格不符合要求，扣2～5分 架体底部未按规范要求设置底座，每处扣2分 架体底部未按规范要求设置扫地杆，扣5分 未采取排水措施，扣8分	10		
3		架体稳定	架体与建筑结构未按规范要求拉结，每处扣2分 架体底层第一步水平杆处未按规范要求设置连墙件或未采用其他可靠措施固定，每处扣2分 连墙件未采用刚性杆件，扣10分 未按规范要求设置专用斜杆或八字形斜撑，扣5分 专用斜杆两端未固定在纵、横向水平杆与立杆汇交的碗扣节点处，每处扣2分 专用斜杆或八字形斜撑未沿脚手架高度连续设置或角度不符合要求，扣5分	10		
4		杆件锁件	立杆间距，水平杆步距超过设计或规范要求，每处扣2分 未按专项施工方案设计的步距在立杆连接碗扣节点处设置纵、横向水平杆，每处扣2分 架体搭设高度超过24m时，顶部24m以下的连墙件层未按规定设置水平斜杆，扣10分 架体组装不牢或上碗扣紧固不符合要求，每处扣2分	10		
5		脚手板	脚手板未满铺或铺设不牢、不稳，扣5～10分 脚手板规格或材质不符合要求，扣5～10分 采用挂扣式钢板时挂钩未挂扣在横向水平杆上或挂钩未处于锁住状态，每处扣2分	10		
6		交底与验收	架体搭设前未进行安全交底或交底未留有文字记录，扣5～10分 架体分段搭设、分段使用未进行分段验收，扣5分 架体搭设完毕未办理验收手续，扣10分 验收内容未进行量化，或未经责任人签字确认，扣5分	10		
	小计			60		

续表

序号	检查项目		扣分标准	应得分数	扣减分数	实得分数
7	一般项目	架体防护	架体外侧未采用密目式安全网封闭或网间连接不严，扣5～10分 作业层防护栏杆不符合规范要求，扣5分 作业层外侧未设置高度不小于180mm的挡脚板，扣3分 作业层脚手板下未采用安全网兜底或作业层以下每隔10m未采用安全网封闭，扣5分	10		
8		构配件材质	杆件弯曲、变形、锈蚀严重，扣10分 钢管、够配件的规格、型号、材质或产品质量不符合规范要求，扣5～10分	10		
9		荷载	施工荷载超过设计规定，扣10分 荷载堆放不均匀，每处扣5分	10		
10		通道	未设置人员上下专用通道，扣10分 通道设置不符合要求，扣5分	10		
小计				40		
检查项目合计				100		

3.5 承插型盘扣式钢管脚手架施工安全

3.5.1 承插型盘扣式钢管脚手架安全管理保证项目

承插型盘扣式钢管脚手架安全管理保证项目应包括：施工方案、架体基础、架体稳定、杆件设置、脚手板、较低与验收。

1. 施工方案

(1) 架体搭设应编制专项施工方案，结构设计应进行计算。

(2) 专项施工方案应按规定进行审核、审批。

2. 架体基础

(1) 立杆基础应按方案要求平整、夯实，并应采取排水措施。

(2) 土层地基上立杆底部必须设置垫板和可调底座，并应符合规范要求。

(3) 架体纵、横向扫地杆设置应符合规范要求。

3. 架体稳定

(1) 架体与建筑结构拉结应符合规范要求，并应从架体底层第一步水平杆处开始设置连墙件，当该处设置有困难时应采取其他可靠措施固定。

（2）架体拉结点应牢固可靠。

（3）连墙件应采用刚性杆件。

（4）架体竖向斜杆、剪刀撑的设置应符合规范要求。

（5）竖向斜杆的两端应固定在纵、横向水平杆与立杆汇交的盘扣节点处。

（6）斜杆及剪刀撑应沿脚手架高度连续设置，角度应符合规范要求。

4. 杆件设置

（1）架体立杆间距、水平杆步距应符合设计和规范要求。

（2）应按专项施工方案设计的步距在立杆连接插盘处设置纵、横向水平杆。

（3）当双排脚手架的水平杆层未设挂扣式钢脚手板时，应按规范要求设置水平斜杆。

5. 脚手板

（1）脚手板材质、规格应符合规范要求。

（2）脚手板应铺设严密、平整、牢固。

（3）挂扣式钢脚手板的挂扣必须完全挂扣在水平杆上，挂钩应处于锁住状态。

6. 交底与验收

（1）架体搭设前应进行安全技术交底，并应有文字记录。

（2）架体分段搭设、分段使用时，应进行分段验收。

（3）搭设完毕应办理验收手续，验收应有量化内容并经责任人签字确认。

3.5.2 承插型盘扣式钢管脚手架安全管理一般项目

承插型盘扣式钢管脚手架安全管理一般项目应包括：架体防护、杆件连接、构配件材质、通道。

1. 架体防护

（1）架体外侧应采用密目式安全网进行封闭，网间连接应严密。

（2）作业层应按规范要求设置防护栏杆。

（3）作业层外侧应设置高度不小于 180mm 的挡脚板。

（4）作业层脚手板下应采用安全平网兜底，以下每隔 10m 应采用安全平网封闭。

2. 杆件连接

（1）立杆的接长位置应符合规范要求。

（2）剪刀撑的接长应符合规范要求。

3. 构配件材质

（1）架体构配件的规格、型号、材质应符合规范要求。

（2）钢管不应有严重的弯曲、变形、锈蚀。

4. 通道

（1）架体应设置供人员上下的专用通道。

（2）专用通道的设置应符合规范要求。

特别提示

建筑工程的悬挑脚手架施工的安全检查，应以《建筑施工安全检查标准》(JGJ 59—2011)中“表B.6承插型盘扣式钢管脚手架检查评分表”为依据(见表3-6)。

表3-6 承插型盘扣式钢管脚手架检查评分表

序号	检查项目		扣分标准	应得分数	扣减分数	实得分数
1	保证项目	施工方案	未编制专项施工方案或未进行设计计算，扣10分 专项施工方案未按规定审核、审批，扣10分	10		
2		架体基础	架体基础不平、不实、不符合专项施工方案要求，扣5～10分 架体立杆底部缺少垫板或垫板的规格不符合规范要求，每处扣2分 架体立杆底部未按要求设置底座，每处扣2分 未按规范要求设置纵、横向扫地杆，扣5～10分 未采取排水措施，扣8分	10		
3		架体稳定	架体与建筑结构未按规范要求拉结，每处扣2分 架体底层第一步水平杆处未按规范要求设置连墙件或未采用其他可靠措施固定，每处扣2分 连墙件未采用刚性杆件，扣10分 未按规范要求设置竖向斜杆或剪刀撑，扣5分 竖向斜杆两端未固定在纵、横向水平杆与立杆汇交的盘扣节点处，每处扣2分 斜杆或剪刀撑未沿脚手架高度连续设置或角度不符合45°～60°要求，扣5分	10		
4		杆件设置	架体立杆间距、水平杆步距超过设计或规范要求，每处扣2分 未按专项施工方案设计的步距在立杆连接盘处设置纵、横向水平杆，每处扣2分 双排脚手架的每步水平杆层，当无挂扣钢脚手板时未按规范要求设置水平斜杆，扣5～10分	10		
5		脚手板	脚手板不满铺或铺设不牢、不稳，扣5～10分 脚手板规格或材质不符合要求，扣5～10分 采用挂扣式钢脚手板时挂钩未挂扣在水平杆上或挂钩未处于锁住状态，每处扣2分	10		
6		交底与验收	脚手架搭设前未进行交底或交底未留有文字记录，扣5～10分 脚手架分段搭设、分段使用未进行分段验收，扣5分 架体搭设完毕未办理验收手续，扣10分 验收内容未进行量化，或未经责任人签字确认，扣5分	10		
小计				60		

续表

序号	检查项目		扣分标准	应得分数	扣减分数	实得分数
7	一般项目	架体防护	架体外侧未采用密目式安全网封闭或网间连接不严，扣5～10分 作业层防护栏杆不符合规范要求，扣5分 作业层外侧未设置高度不小于180mm的挡脚板，扣3分 作业层脚手板下未采用安全平网兜底或作业层以下每隔10m未采用安全平网封闭，扣5分	10		
8		杆件连接	立杆竖向接长位置不符合要求，每处扣2分 剪刀撑的斜杆接长不符合要求，扣8分	10		
9		构配件材质	钢管、构配件的规格、型号、材质或产品质量不符合规范要求，扣5分 钢管弯曲、变形、锈蚀严重，扣10分	10		
10		通道	未设置人员上下专用通道，扣10分 通道设置不符合要求，扣5分	10		
小计				40		
检查项目合计				100		

3.6 满堂脚手架施工安全

3.6.1 满堂脚手架安全管理保证项目

1. 施工方案

（1）架体搭设应编制专项施工方案，结构设计应进行计算。

（2）专项施工方案应按规定进行审核、审批。

2. 架体基础

（1）架体基础应按方案要求平整、夯实，并应采取排水措施。

（2）架体底部应按规范要求设置垫板和底座，垫板规格应符合规范要求。

（3）架体扫地杆设置应符合规范要求。

3. 架体稳定

（1）架体四周与中部应按规范要求设置竖向剪刀撑或专用斜杆。

（2）架体应按规范要求设置水平剪刀撑或水平斜杆。

(3) 当架体高宽比大于规范规定时应按规范要求与建筑结构拉结或采取增加架体宽度、设置钢丝绳张拉固定等稳定措施。

4. 杆件锁件

(1) 架体立杆件间距，水平杆步距应符合设计和规范要求。

(2) 杆件的接长应符合规范要求。

(3) 架体搭设应牢固，杆件节点应按规范要求进行紧固。

5. 脚手板

(1) 作业层脚手板应满铺，铺稳、铺牢。

(2) 脚手板的材质、规格应符合规范要求。

(3) 挂扣式钢脚手板的挂扣应完全挂扣在水平杆上，挂钩处应处于锁住状态。

6. 交底与验收

(1) 架体搭设前应进行安全技术交底，并应有文字记录。

(2) 架体分段搭设、分段使用时，应进行分段验收。

(3) 搭设完毕应办理验收手续，验收应有量化内容并经责任人签字确认。

3.6.2 满堂脚手架安全管理一般项目

1. 架体防护

(1) 作业层应按规范要求设置防护栏杆。

(2) 作业层外侧应设置高度不小于 180mm 的挡脚板。

(3) 作业层脚手板下应采用安全平网兜底，以下每隔 10m 应采用安全平网封闭。

2. 构配件材质

(1) 架体构配件的规格、型号、材质应符合规范要求。

(2) 杆件的弯曲、变形和锈蚀应在规范允许范围内。

3. 荷载

(1) 架体上的施工荷载应符合设计和规范要求。

(2) 施工均布荷载、集中荷载应在设计允许范围内。

4. 通道

(1) 架体应设置供人员上下的专用通道。

(2) 专用通道的设置应符合规范要求。

特别提示

建筑工程的满堂脚手架施工的安全检查，应以《建筑施工安全检查标准》(JGJ 59—2011)中“表 B.7 满堂脚手架检查评分表”为依据(见表 3-7)。

表 3-7　满堂脚手架检查评分表

序号	检查项目		扣分标准	应得分数	扣减分数	实得分数
1	保证项目	施工方案	未编制专项施工方案或未进行设计计算，扣 10 分 专项施工方案未按规定审核、审批，扣 10 分	10		
2		架体基础	架体基础不平、不实、不符合专项施工方案要求，扣 5～10 分 架体底部未设置垫板或垫板的规格不符合规范要求，每处扣 2～5 分 架体底部未按规范要求设置底座，每处扣 2 分 架体底部未按规范要求设置扫地杆，扣 5 分 未采取排水措施，扣 8 分	10		
3		架体稳定	架体四周与中间未按规范要求设置竖向剪刀撑或专用斜杆，扣 10 分 未按规范要求设置水平剪刀撑或专用水平斜杆，扣 10 分 架体高宽比超过规范要求时未采取与结构拉结或其他可靠的稳定措施，扣 10 分	10		
4		杆件锁件	架体立杆间距、水平杆步距超过设计和规范要求每处扣 2 分杆件接长不符合要求，每处扣 2 分 架体搭设不牢或杆件结点紧固不符合要求，每处扣 2 分	10		
5		脚手板	脚手板不满铺或铺设不牢、不稳，扣 5～10 分 脚手板规格或材质不符合要求，扣 5～10 分 采用挂扣式钢脚手板时挂钩未挂扣在水平杆上或挂钩未处于锁住状态，每处扣 2 分	10		
6		交底与验收	架体搭设前未进行交底或交底未有文字记录，扣 5～10 分 架体分段搭设、分段使用未进行分段验收，扣 5 分 架体搭设完毕未办理验收手续，扣 10 分 验收内容未进行量化，或未经责任人签字确认，扣 5 分	10		
小计				60		
7	一般项目	架体防护	作业层防护栏杆不符合规范要求，扣 5 分 作业层外侧未设置高度不小于 180mm 挡脚板，扣 3 分 作业层脚手板下未采用安全平网兜底或作业层以下每隔 10m 未采用安全平网封闭，扣 5 分	10		
8		构配件材质	钢管、构配件的规格、型号、材质或产品质量不符合规范要求，扣 5～10 分 杆件弯曲、变形、锈蚀严重，扣 10 分	10		
9		荷载	架体的施工荷载超过设计和规范要求，扣 10 分 荷载堆放不均匀，每处扣 5 分	10		
10		通道	未设置人员上下专用通道，扣 10 分 通道设置不符合要求，扣 5 分	10		
小计				40		
检查项目合计				100		

3.7 悬挑式脚手架施工安全

特别提示

悬挑式脚手架是指在新建工程无法搭建落地式架子(如地下基坑未回填或下面地基受力情况不好)、邻近下方有建筑物、地方狭窄或其他原因，没有搭设场地的情况下，采取的一种在建筑物的主体结构上安装水平横梁为架子基础的脚手架。

3.7.1 悬挑式脚手架施工安全保证项目

为保证建筑工程的悬挑式脚手架的施工安全，施工企业必须从施工方案的编制与审批、悬挑梁安装及架体稳定措施、脚手板铺设与材质、脚手架荷载值及施工荷载堆放、交底与验收规定等方面做好安全保证工作。

1. 施工方案

特别提示

悬挑式脚手架在搭设之前，应编制搭设方案并绘制施工图指导施工。施工方案对立杆的稳定措施、悬挑梁与建筑结构的连接等关键部位绘制大样详图指导施工。

悬挑式脚手架必须经设计计算确定。其内容包括悬挑梁或悬挑架的选材及搭设方法，悬挑梁的强度、刚度、抗倾覆验算，与建筑结构连接做法及要求，上部脚手架立杆与悬挑梁的连接等。悬挑架的节点应该采用焊接或螺栓连接，不得采用扣件连接做法。其计算书及施工方案应经公司总工审批。

2. 悬挑梁及架体稳定

外挑杆件与建筑结构要连接牢固，悬挑梁要按设计要求进行安装，架体的立杆必须支撑在悬挑梁上，按规范规定与建筑结构进行拉结。

多层悬挑可采用悬挑梁或悬挑架。悬挑梁尾端固定在钢筋混凝土楼板上，另一端悬挑出楼板。悬挑梁按立杆间距(1.5m)布置，梁上焊短管作底座，脚手架立杆插入固定，然后绑扫地杆；也可采用悬挑架结构，将一段高度的脚手架荷载全部传给底部的悬挑架承担，悬挑架本身即形成一刚性框架，可采用型钢制作，但节点必须是螺栓连接或焊接的刚性节点，不得采用扣件连接，悬挑架与建筑结构的固定方法经计算确定。

无论是单层悬挑还是多层悬挑，其立杆的底部必须支托在牢靠的地方，并有固定措施确保底部不发生位移。多层悬挑每段搭设的脚手架，应该按照一般落地脚手架搭设规定，垂直不大于两步，水平不大于三跨与建筑结构拉接，以保证架体的稳定。

3. 脚手板

必须按照脚手架的宽度满铺脚手板，板与板之间紧靠，脚手板平接与搭接应符合要求，板面应平稳，板与小横杆放置牢靠。脚手板的材质及规格应符合规范要求，不允许出现探头板。

4. 荷载

悬挑脚手架施工荷载应符合设计要求。承重架荷载为 $3kN/m^2$，装修架荷载为 $2kN/m^2$。材料要堆放整齐，不得集中码放。在悬挑架上不准存放大量材料、过重的设备，施工人员作业时，应尽量分散脚手架的荷载，严禁利用脚手架穿滑轮做垂直运输。

5. 交底与验收

脚手架搭设之前，施工负责人必须组织作业人员进行交底；搭设后组织有关人员按照施工方案要求进行检查验收，确认符合要求方可投入使用。

交底、检查验收工作必须严肃认真进行，要对检查情况、整改结构填写记录内容，并有相关人员签字。搭设前要有书面交底，交底双方要签字。每搭完一步架后要按规定校正立杆的垂直、跨度、步距和架宽，并进行验收，要有验收记录。

3.7.2 悬挑式脚手架施工安全一般项目

为保证建筑工程的悬挑式脚手架的施工安全，施工企业除必须做好上述保证项目的安全保证工作外，在其他一般项目的安全管理方面也必须加以重视，这些一般项目包括杆件间距规定、架体防护设置、层间防护措施、脚手架材质选取等。

1. 杆件间距

立杆间距必须按施工方案规定，需要加大时必须修改方案，立杆的角度也不准随意改变。立杆的纵距和横距、大横杆的间距、小横杆的搭设，都要符合施工方案的设计要求。

2. 架体防护

脚手架外侧要用密目式安全网全封闭，安全网片连结用尼龙绳做承绳；作业层外侧要有1.2m高的防护栏杆和180mm高的挡脚板。

3. 层间防护

按照规定作业层下应有一道大眼安全网做防护层，下面每隔10m处要设一道大眼安全网，防止作业层人及物的坠落。

(1) 单层悬挑架一般只搭设一层脚手板为作业层，故须在紧贴脚手板下部挂一道平网作防护层，当在脚手板下挂平网有困难时，也可沿外挑斜立杆的密目网里侧斜挂一道平网，作为人员坠落的防护层。

(2) 多层悬挑搭设的脚手架，仍按落地式脚手架的要求，不但有作业层下部的防护，还应在作业层脚手板与建筑物墙体缝隙过大时增加防护，防止人及物的坠落。

(3) 安全网作防护层必须封挂严密牢靠，密目网用于立网防护，水平防护时必须采用平网，不准用立网代替平网。

4. 脚手架材质

脚手架的材质要求同落地式脚手架，杆件、扣件、脚手板等施工用材必须符合规范规定。外挑型钢和钢管都要符合《碳素结构钢》(GB/T 700—2006)中的Q235－A级钢的规范规定。悬挑梁、悬挑架的用材应符合钢结构设计规范的有关规定，并应有实验报告资料。

建筑工程的悬挑式脚手架施工的安全检查，应以《建筑施工安全检查标准》(JGJ 59—2011)中“表B.8悬挑式脚手架检查评分表”为依据(见表3-8)。

表3-8 悬挑式脚手架检查评分表

序号	检查项目		扣分标准	应得分数	扣减分数	实得分数
1	保证项目	施工方案	未编制专项施工方案或未进行设计计算，扣10分 专项施工方案未按规定审核、审批，扣10分 架体搭设超过规范允许高度，专项施工方案未按规定组织专家论证，扣10分	10		
2		悬挑钢梁	钢梁截面高度未按设计确定或截面形式不符合设计和规范要求，扣10分 钢梁固定段长度小于悬挑段长度的1.25倍，扣5分 钢梁外端未设置钢丝绳或钢拉杆与上一层建筑结构拉结，每处扣2分 钢梁锚固处结构强度、锚固措施不符合设计和规范要求，扣5～10分 钢梁间距未按悬挑架体立杆纵距设置，扣5分	10		
3		架体稳定	立杆底部与悬挑钢梁连接处未采取可靠固定措施，每处扣2分 承插式立杆接长未采取螺栓或销钉固定，每处扣2分 纵横向扫地杆的设置不符合规范要求，扣5～10分 未在架体外侧设置连续式剪刀撑，扣10分 未按规定设置横向斜撑，扣5分 架体未按规定与建筑结构拉结，每处扣5分	10		
4		脚手板	脚手板规格、材质不符合要求，扣5～10分 脚手板未满铺或铺设不严、不牢、不稳，扣5～10分 每有一处探头板，扣2分	10		
5		荷载	脚手架施工荷载超过设计规定，扣10分 施工荷载堆放不均匀，每处扣5分	10		
6		交底与验收	架体搭设前未进行交底或交底未留有文字记录，扣5～10分 架体分段搭设、分段使用未进行分段验收，扣6分 架体搭设完毕未办理验收手续，扣10分 验收内容未进行量化，或未经责任人签字确认，扣5分	10		
小计				60		

续表

序号	检查项目		扣分标准	应得分数	扣减分数	实得分数
7	一般项目	杆件间距	立杆间距、纵向水平杆步距超过设计或规范要求，每处扣2分 未在立杆与纵向水平杆交点处设置横向水平杆，每处扣2分 未按脚手板铺设的需要增加设置横向水平杆，每处扣2分	10		
8		架体防护	作业层防护栏杆不符合规范要求，扣5分 作业层架体外侧未设置高度不小于180mm的挡脚板，扣3分 架体外侧未采用密目式安全网封闭或网间不严，扣5～10分	10		
9		层间防护	作业层脚手板下未采用安全平网兜底或作业层以下每隔10m未采用安全平网封闭，扣5分 作业层与建筑物之间未进行封闭，扣5分 架体底层沿建筑结构边缘，悬挑钢梁与悬挑钢梁之间未采取封闭措施或封闭不严，扣2～8分 架体底层未进行封闭或封闭不严，扣2～10分	10		
10		构配件材质	型钢、钢管、构配件规格及材质不符合规范要求，扣5～10分 型钢、钢管、构配件弯曲、变形、锈蚀严重，扣10分	10		
小计				40		
检查项目合计				100		

3.8 附着式升降脚手架施工安全

附着式升降脚手架(整体提升架或爬架)是将架体附着于建筑结构上，能自行升降，可单跨升降，多跨升降，也可整体升降，因此，它也被称为整体提升架或爬梯。

3.8.1 附着式升降脚手架施工安全保证项目

为保证建筑工程的附着式升降脚手架的施工安全，施工企业必须从使用条件的规定、脚手架的设计计算、架体构造措施、附着支撑设置、升降装置措施、防坠落装置措施、导向防倾斜装置措施等方面做好安全保证工作。

1. 施工方案

附着式升降脚手架在静止或升降中，需要严格按照操作规程进行检查，监视周转部件的拆除、安装、调整、保养及测量记录等多项操作。施工单位还应结合实际工程的特点制定详细的外爬架施工组织设计及相应的各项规程制度。

1）附着式升降脚手架的管理

(1) 建设部对从事附着式升降脚手架工程的施工单位实行资质管理，未取得相应资质证书的单位不得施工；对附着式升降脚手架实行认证制度，即所使用的附着式升降脚手架，必须经过建设行政主管部门组织鉴定或者委托具有资格的单位进行认证。使用时要编制专项施工组织设计和各相关工种的操作规程，并经上级技术、安全等部门审核，分公司技术负责人签字审批后，方可使用。

(2) 附着式升降脚手架工程的施工单位应当根据资质管理有关规定到当地建设行政主管部门办理相应的审查手续，由当地建筑安全监督管理部门发放准用证或备案。

(3) 工程项目的总承包单位必须对施工现场的安全工作实行统一监督管理，对使用的附着式升降脚手架要进行监督检查，发现问题及时采取解决措施。附着式升降脚手架组装完毕，总承包单位必须根据规定以及施工组织设计等有关文件的要求进行检查，验收合格后，方可进行升降作业。分包单位应对附着式升降脚手架的使用安全负责。

2）附着式升降脚手架的专业人员组成

按照有关规定，从事导轨式附着式升降脚手架安装操作的人员应具有良好的素质，三年以上的专业工龄及相应资历，应确保人员的稳定，各项工作专职专人负责。所有人员应经过专门培训，熟悉国家有关安全规范，责任心强，工作严肃认真。

3）附着式升降脚手架的整体施工方案

由附着式升降脚手架生产厂家协助施工单位，根据工程特点及施工需要确定附着式升降脚手架的整体施工方案。

(1) 根据建筑物的外形特点，确定支架平面布置方案。

(2) 确定预埋点(预留孔)的平面位置及与其相关轴线的位置、尺寸。

(3) 确定支架高度及宽度。

(4) 根据电梯、人货梯、高速井架等位置确定附着式升降脚手架的相对位置及布置方案。

(5) 根据支架的平面布置方案排布预埋点位置，确定支架及导轨离墙距离及附着式升降脚手架的初始高度位置，选择不同型号的可调拉杆。

(6) 如建筑结构有变化(如逐步向内收进或向外扩展)，确定相应的施工方案。

(7) 确定所需部件的规格及数量。

(8) 确定爬升方式及布线方案。

(9) 电动提升方式应确定主控室的位置及搭设方法、布线方案。

(10) 如需在附着式升降脚手架上搭设物料平台，应制订物料平台的搭设位置以及结构的卸荷措施方案。

2. 安全装置

（1）为防止脚手架在升降过程中发生断绳、折轴等故障造成的坠落事故和保障在升降情况下脚手架不发生倾斜、晃动，必须设置防坠落和防倾斜装置。

（2）防坠落装置必须灵敏可靠，由发生坠落到架体停住的时间不超过3s，其坠落距离不大于150mm。防坠落装置必须设置在主框架部位，防坠落装置最后应通过两处以上的附着支撑向工程结构传力，且灵敏可靠，不得设置在架体升降用的附着支撑上。

（3）防倾斜装置必须具有可靠的刚度(不允许用扣件连接)，可以控制架体升降过程中的倾斜度和晃动的程度，在两个方向倾斜度(前后、左右)均不超过3cm。防倾斜装置的导向间隙应小于5mm，在架体升降过程中始终保持水平约束。

（4）防坠落装置应能在施工现场提供动作试验，确认其可靠性灵敏度符合要求。

3. 架体构造

要有定型主框架，其节点上的杆件应焊接或用螺栓连接，两主框架之间距离不得超过8m，其底部用定型的支撑框架连接，支撑框架的节点处的各杆件也应是焊接或用螺栓连接，主框架间脚手架的立杆应支撑在支撑架上，如用扣件式钢管脚手架，要遵守《建筑施工扣件式钢管脚手架安全技术规范》(JGJ 130—2011)的规定。架体悬臂端长度不得大于架体高度的1/3，且不能超过4.5m。

4. 附着支座

附着支座是附着式升降脚手架的主要承载传力装置。附着式升降脚手架在升降和到位的使用过程中，都是靠附着支座附着于工程结构上来实现其稳定的。它有三个作用：第一，传递荷载，把主框架上的荷载可靠地传给工程结构；第二，保证架体稳定性确保施工安全；第三，满足提升、防倾、防坠装置的要求，包括能承受坠落时的冲击荷载。

附着支座应满足以下要求。

（1）要求附着支座与工程结构每个楼层都必须设连接点，架体主框架沿竖向侧，在任何情况下均不得少于两处。

（2）附着支座或钢挑梁与工程结构的连接质量必须符合设计要求。

① 做到严密、平整、牢固。

② 对预埋件或预留孔应按照节点大样图纸做法及位置逐一进行检查，并绘制分层检测平面图，记录各层各点的检查结果和加固措施。

③ 当起用附墙支座或钢挑梁时，其设置处混凝土强度等级应有强度报告符合设计规定，并不得小于C10。

（3）钢挑梁的选材制作与焊接质量均按设计要求。连接使用的螺栓不能使用板牙套制的三角形断面螺纹螺栓，必须使用梯形螺纹螺栓，以保证螺纹的受力性能，并由双螺母或加弹簧垫圈紧固。螺栓与混凝土之间垫板的尺寸按计算确定，并使垫板与混凝土表面接触严密。

5. 架体安装

主框架及水平支承桁架的节点应采用焊接或螺栓连接，各杆件轴线交汇于节点。内外两片水平支承桁架的上弦及下弦之间设置的水平支撑杆件，各节点应采用焊接或螺栓连接；架体立杆底端应设置在水平支承桁架上弦杆件节点处；竖向主框架组装高度应与架体高度相等；剪刀撑应沿架体高度连续设置，并应将竖向主框架、水平支承桁架和架体构架连成一体，剪刀撑斜杆水平夹角应为45°～60°。

6. 架体升降

架体主框架要与其覆盖的每个楼层进行连接，连接构件要经过设计计算。升降所用钢挑梁也要经过设计计算，并与建筑物牢固连接。处于工作状态时，架体底部要有支托和斜拉等装置。

架体升降时必须有两处与建筑物连接点，架体上不准站人，必须设置高差和荷载的同步装置。不得使用手拉葫芦(倒链)作为提升设备，通过升降指挥信号系统来提升操作程序。

3.8.2 附着式升降脚手架施工安全一般项目

为保证建筑工程的附着式升降脚手架的施工安全，施工企业除必须做好上述保证项目的安全保证工作外，在其他一般项目的安全管理方面也必须加以重视，这些一般项目包括检查验收规定、脚手板铺设、防护措施、安全作业等。

1. 检查验收

检查验收内容及要求如下。

(1) 附着式升降脚手架在使用过程中，每升降一层都要进行一次全面检查。

(2) 提升或下降作业前，检查准备工作是否满足升降时的作业条件，包括脚手架所有连墙处完全脱离、各点提升机具吊索处于同步状态、每台提升机具状况良好、靠墙处脚手架已留出升降空隙、准备起用附着支撑处或钢挑梁处的混凝土强度已达到设计要求以及分段提升的脚手架两端敞开处已用密目网封闭，防倾、防坠等安全装置处于正常等。

(3) 脚手架升降到位后，不能立即上人进行作业，必须把脚手架进行固定并达到上人作业的条件，如把各连墙点连接牢靠、架体已处于稳固、所有脚手板已按规定铺牢铺严、四周安全网围护已无漏洞、经验收已经达到上人作业条件。

(4) 每次验收应按施工组织设计规定内容记录检查结果，并有责任人签字。每次提升、下降前后都必须经过检查验收，确认无误，方可操作，检查要有记录，资料要齐全。

(5) 附着式升降脚手架使用注意事项如下。

① 现场操作人员应树立“安全第一、预防为主”的思想，健全各项规章制度。

② 6级以上大风及雷雨天严禁升降操作。

③ 控制柜、电动葫芦应注意防雨。

④ 防止导线断路、短路，相位应正确一致，在工地总电源改动及新电源柜安装时，应检查其相位是否同控制相位一致。

⑤ 防止电动葫芦翻链。

⑥ 应有可靠的避雷措施。

⑦ 升降时应设警戒线，任何人员不准在警戒范围内走动。

⑧ 施工荷载不容许超过规定荷载。

⑨ 每升降 5 层或使用时间达到一个月，支架结点要全面检查一次，爬升机构每次升降前都应检查一次，如有部件损坏应及时更换，填写有关检查表。

⑩ 非闭环支架，其端头一跨爬升机构应向外增加一步，以平衡荷载。

（6）升降前的检查如下。

① 检查所有碗扣连结点处上、下碗扣是否拧紧。

② 检查所有螺纹连结处螺母是否拧紧。

③ 检查所有障碍物是否拆除，约束是否解除。

④ 检查所有提升点的预埋点处导轨离墙距离是否符合提升点数据档案。

⑤ 检查葫芦是否挂好，链条有无翻链、扭曲现象，提升倒链是否挂好、拧紧。

⑥ 检查电控柜、电动葫芦供电系统是否正常。

⑦ 检查安全钳、保险钢丝绳是否灵活可靠。

（7）升降中的检查如下。

① 检查各升降点运动是否同步。

② 检查电(或手动)葫芦链条有无翻链、扭曲现象。

③ 有无异物干扰架体升降。

（8）升降后的检查如下。

① 检查所有碗扣连结处上、下碗扣是否拧紧。

② 检查所有螺纹连结处螺母是否拧紧。

③ 检查所有提升点处导轨离墙距离是否符合提升点数据档案。

④ 检查导轨离墙距离有无变化，导轨、支架有无变形。

⑤ 检查临边防护是否搭设妥当。

2. 脚手板、防护、安全作业

（1）脚手板应合理铺设，铺满铺严，无探头板，并与架体固定绑牢，有钢丝绳穿过的脚手板，其孔洞应规则，洞口不能过大，人员上下各作业层应设专用通道和扶梯。

（2）架体离墙空隙必须封严，防止落人落物。

（3）脚手架板材质量符合要求，应使用厚度不小于 5cm 的木板或专用钢制板。

（4）每个作业层处脚手板与墙之间的空隙，应用安全网等措施封严。

（5）脚手架外侧用密目网封闭，安全网的搭接处必须严密并与脚手架绑牢。

（6）各作业层都应按临边防护的要求设置防护栏杆及挡脚板。

（7）最底部作业层下方应同时采用密目网及平网挂牢封严。

（8）升降脚手架下部、上部建筑物的门窗及孔洞，也应进行封闭。

（9）脚手架的安装搭设都必须按照施工组织设计的要求及施工图进行，安装后应验收并进行荷载试验，确认符合设计要求时，方可正式使用。

（10）按照施工组织设计的规定向技术人员和工人进行全面交底，使参加作业的每个人都清楚全部施工工艺及个人岗位的责任要求。

（11）按照有关规范、标准及施工组织设计中制定的安全操作规程，进行培训考核，专业工种应持证上岗并明确其责任。

（12）脚手架在安装、升降、拆除时，应划定安全警戒范围并设专人监督检查。

（13）架体上荷载应尽量均布平衡，防止发生局部超载，升降时架体上不能有人停留和堆放大宗材料，也不准有超过2000N重的设备等。

特别提示

建筑工程的附着式升降脚手架施工的安全检查，应以《建筑施工安全检查标准》（JGJ 59—2011）中“表B.9附着式升降脚手架检查评分表”为依据（见表3-9）。

表3-9　附着式升降脚手架（整体提升架或爬架）检查评分表

序号	检查项目		扣分标准	应得分数	扣减分数	实得分数
1	保证项目	施工方案	未编制专项施工方案或未进行设计计算，扣10分 专项施工方案未按规定审核、审批，扣10分 脚手架提升超过规定允许高度，专项施工方案未按规定组织专家论证，扣10分	10		
2		架体安装	未采用防坠落装置或技术性能不符合规范要求，扣10分 防坠落装置与升降设备未分别独立固定在建筑结构上，扣10分 防坠落装置未设置在竖向主框架处并与建筑结构附着，扣10分 未安装防倾覆装置或防倾覆装置不符合规范要求，扣5～10分 升降或使用工况，最上和最下两个防倾装置之间的最小间距不符合规范要求，扣8分 未安装同步控制装置或技术性能不符合规范要求，扣5～8分	10		
3		架体构造	架体高度大于5倍楼层高，扣10分 架体宽度大于1.2m，扣5分 直线布置的架体支承跨度大于7m或折线、曲线布置的架体支撑跨度大于5.4m，扣8分 架体的水平悬挑长度大于2m或大于跨度1/2，扣10分 架体悬臂高度大于架体高度2/5或大于6m，扣10分 架体全高与支撑跨度的乘积大于$110m^2$，扣10分	10		
4		附着支座	未按竖向主框架所覆盖的每个楼层设置一道附着支座，扣10分 使用工况未将竖向主框架与附着支座固定，扣10分 升降工况未将防倾、导向装置设置在附着支座上，扣10分 附着支座与建筑结构连接固定方式不符合规范要求，扣5～10分	10		
小计				40		

续表

序号	检查项目		扣分标准	应得分数	扣减分数	实得分数
5	保证项目	架体升降	主框架及水平支承桁架的节点未采用焊接或螺栓连接，扣10分 各杆件轴线未交汇于节点，扣3分 水平支承桁架的上弦及下弦之间设置的水平支撑杆件未采用焊接或螺栓连接，扣5分 架体立杆底端未设置在水平支承桁架上弦杆件节点处，扣10分 竖向主框架组装高度低于架体高度，扣5分 架体外立面设置的连续式剪刀撑未将竖向主框架、水平支承桁架和架体构架连成一体，扣8分	10		
6		安全装置	两跨以上架体升降采用手动升降设备，扣10分 升降工况附着支座与建筑结构连接处混凝土强度未达到设计和规范要求，扣10分 升降工况架体上有施工荷载或有人员停留，扣10分	10		
小计				20		
7	一般项目	检查验收	主要构配件进场未进行验收，扣6分 分区段安装、分区段使用未进行分区段验收，扣8分 架体搭设完毕未办理验收手续，扣10分 验收内容未进行量化，或未经责任人签字确认，扣5分 架体提升前未留有检查记录，扣6分 架体提升后、使用前未履行验收手续或资料不全，扣2～8分	10		
8		脚手板	脚手板未满铺或铺设不严、不牢，扣3～5分 作业层与建筑结构之间空隙封闭不严，扣3～5分 脚手板规格、材质不符合要求，扣5～10分	10		
9		架体防护	脚手架外侧未采用密目式安全网封闭或网间连接不严，扣5～10分 作业层防护栏杆不符合规范要求，扣5分 作业层未设置高度不小于180mm的挡脚板，扣3分	10		
10		安全作业	操作前未向有关技术人员和作业人员进行安全技术交底或交底未留有文字记录，扣5～10分 作业人员未经培训或未定岗定责，扣5～10分 安装拆除单位资质不符合要求或特种作业人员未持证上岗，扣5～10分 安装、升降、拆除时未设置安全警戒区及专人监护，扣10分 荷载不均匀或超载，扣5～10分	10		
小计				40		
检查项目合计				100	0	

3.9 高处作业吊篮施工安全

吊篮脚手架是在屋面设置挑杆，伸出外墙不小于1500mm，在挑出的杆上设置钢丝绳，绳下吊脚手架或吊篮，其升降方式分手动式提升和电动式提升。

3.9.1 高处作业吊篮施工安全保证项目

为保证建筑工程的吊篮脚手架的施工安全，施工企业必须从施工方案的编制与审批、安全装置措施、悬挂结构、钢丝绳、安装作业、升降操作规定等方面做好安全保证工作。

1. 施工方案

吊篮脚手架是通过上部设置的支撑点将吊篮等悬吊起来，并可随时供砌筑或装饰用。吊篮必须经设计计算，编制包括梁、铆固、组装、使用、检验、维护等内容的施工方案。方案需经公司总工审批。

2. 安全装置

吊篮脚手架的安全装置有保险卡、安全锁、行程限位器、制动器及保险措施。

1）保险卡(闭锁装置)

手扳葫芦应装设保险卡，防止吊篮平台在正常工作情况下发生自动下滑事故。

2）安全锁

（1）吊篮必须装有安全锁，并在各吊篮平台悬挂处增设一根与提升钢丝绳相同型号的保险绳(直径不小于12.5mm)，每根保险绳上安装安全锁。

（2）安全锁应能使吊篮平台在下滑速度大于25m/min时动作，并在下滑距离100mm以内停住。

（3）安全锁的设计、试验应符合JG 5043—1993《高处作业吊篮用安全锁》的规定，并按规定时间(一年)内对安全锁进行标定，当超过标定期限时，应重新标定。

3）行程限位器

当使用电动提升机时，应在吊篮平台上下两个方向装设行程限位器，对其上下运行的位置、距离进行限定。

4）制动器

电动提升机构一般应配两套独立的制动器，每套均可使带有额定荷载125％的吊篮平台停住。

5）保险措施

（1）钢丝绳与悬挑梁连接应有防止钢丝绳受剪措施。

（2）钢丝绳与吊篮平台连接应使用卡环。当使用吊钩时，应有防止钢丝绳脱出的保险装置。

（3）在吊篮内作业人员应配安全带，不应将安全带系挂在提升钢丝绳上，防止提升绳断开。

3. 悬挂结构

悬挂机构前支架不得支撑在建筑物女儿墙上或挑檐边缘等非承重结构上；悬挂机构前梁外伸长度应符合产品产品说明书规定；前支架应与支撑面垂直，且脚轮不受力；上支架应固定在前支架调节杆与悬挑梁连接的节点处；严禁使用破损的配重块或采用其他替代物；配重块应固定，重量应符合设计规定。

4. 钢丝绳

钢丝绳应不存在断丝、松股、硬弯、锈蚀及有油污和附着物；安全钢丝绳应单独设置，规格、型号与工作钢丝绳一致；吊篮运行时，安全钢丝绳应紧张悬垂；电焊作业时应对钢丝绳采取保护措施。

5. 安装作业

吊篮平台组装长度应符合产品说明书和规范要求；吊篮组装的构配件应为同一生产厂家的产品。

6. 升降操作

操作升降人员要固定，并经专业培训，考试合格后方准持证上岗。架体升降时，非操作人员不得在吊篮内停留。当两个吊篮连在一起同时升降时，必须装设有效和灵敏的同步装置。

3.9.2 吊篮脚手架施工安全一般项目

为保证建筑工程的吊篮脚手架的施工安全，施工企业除必须做好上述保证项目的安全保证工作外，在其他一般项目的安全管理方面也必须加以重视，这些一般项目包括交底与验收、防护措施、吊篮稳定、荷载规定等。

1. 交底与验收

吊篮脚手架安装、拆除和使用之前，由施工负责人按照施工方案要求，针对队伍情况进行详细交底、分工，并确定指挥人员。吊篮在现场安装后，应进行空载安全运行试验，并对安全装置的灵敏可靠性进行检验。每次吊篮提升或下降到位固定后，进行验收确认，符合要求后，方可上人作业。

2. 防护

吊篮脚手架应按临边防护的规定，设高度1.2m以上的两道防护栏杆及高度为180mm的挡脚板。吊篮脚手架外侧必须用密目网或钢板网封闭，建筑物如有门窗等洞口时，也应进行防护。当单片吊篮提升时，吊篮的两端也应加设防护栏杆并用密目网封严。

3. 吊篮稳定

吊篮升降到位必须确认与建筑物固定拉牢后方可上人操作，吊篮与建筑物水平距离(缝隙)应不大于15cm，当吊篮晃动时，应及时采取固定措施，人员不得在晃动中继续作业。无论在升降过程中，还是在吊篮定位状态下，提升钢丝绳必须与地面保持垂直，不准斜拉。若吊篮需横向移动时，应将吊篮下放到地面，放松提升钢丝绳，改变屋顶悬挑梁位置固定后，再起升吊篮。

4. 荷载

吊篮脚手架属工具式脚手架，其施工荷载为1kN/m^2，吊篮内堆料及人员总实载不应超过规定。堆料及设备不得过于集中，防止超载。

特别提示

建筑工程的高处作业吊篮施工的安全检查，应以《建筑施工安全检查标准》(JGJ 59—2011)中“表B.10高处作业吊篮检查评分表”为依据(见表3-10)。

表3-10　高处作业吊篮检查评分表

序号	检查项目		扣分标准	应得分数	扣减分数	实得分数
1	保证项目	施工方案	未编制专项施工方案或未对吊篮支架支撑处结构的承载力进行验算，扣10分 专项施工方案未按规定审核、审批，扣10分	10		
2		安全装置	未安装防坠安全锁或安全锁失灵，扣10分 防坠安全锁超过标定期限仍在使用，扣10分 未设置挂设安全带专用安全绳及安全锁扣或安全绳未固定在建筑物可靠位置，扣10分 吊篮未安装上限位装置或限位装置失灵，扣10分	10		
3		悬挂机构	悬挂机构前支架支撑在建筑物女儿墙上或挑檐边缘，扣10分 前梁外伸长度不符合产品产品说明书规定，扣10分 前支架与支撑面不垂直或脚轮受力，扣10分 上支架未固定在前支架调节杆与悬挑梁连接的节点处，扣5分 使用破损的配重块或采用其他替代物，扣10分 配重块未固定或重量不符合设计规定，扣10分	10		
4		钢丝绳	钢丝绳有断丝、松股、硬弯、锈蚀或有油污附着物，扣10分 安全钢丝绳规格、型号与工作钢丝绳不相同或未独立悬挂，扣10分 安全钢丝绳不悬垂，扣5分 电焊作业时未对钢丝绳采取保护措施，扣5～10分	10		
5		安装作业	吊篮平台组装长度不符合产品说明书和规范要求，扣10分 吊篮组装的构配件不是同一生产厂家的产品，扣5～10分	10		
小计				50		

续表

序号	检查项目		扣分标准	应得分数	扣减分数	实得分数
6	保证项目	升降作业	操作升降人员未经培训合格，扣10分 吊篮内作业人员数量超过2人，扣10分 吊篮内作业人员未将安全带用安全锁扣挂置在独立设置的专用安全绳上，扣10分 作业人员未从地面进出吊篮，扣5分	10		
	小计			10		
7	一般项目	交底与验收	未履行验收程序，验收表未经责任人签字确认，扣5～10分 验收内容未进行量化，扣5分 每天班前班后未进行检查，扣5分 吊篮安装使用前未进行交底或交底未留有文字记录，扣5～10分	10		
8		安全防护	吊篮平台周边的防护栏杆或挡脚板的设置不符合规范要求，扣5～10分 多层或立体交叉作业未设置防护顶板，扣8分	10		
9		吊篮稳定	吊篮作业未采取防摆动措施，扣5分 吊篮钢丝绳不垂直或吊篮距建筑物空隙过大，扣5分	10		
10		荷载	施工荷载超过设计规定，扣10分 荷载堆放不均匀，扣5分	10		
	小计			40		
	检查项目合计			100		

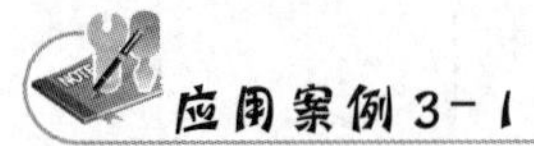

高处作业吊篮坠地，砸死一人

1. 事故概况

事故概况详见“案例引入”。

2. 事故原因分析

经过调查组的现场勘查取证和询问有关人员，并依据大连理工大学工程机械研究所提交的《温州城外装施工高空作业吊篮坠落事故技术分析报告》等，认定造成此起伤亡事故发生的原因是由于施工设备有缺陷、现场安全管理不善等造成的生产安全责任事故，具体原因如下。

1）直接原因

（1）施工现场所使用的吊篮没有按使用说明书进行安装，工作钢丝绳和安全钢丝绳端固定不牢，致使钢丝绳与绳卡夹脱扣(抽签)，导致吊篮一端坠地，是造成伤亡事故发生的直接原因。

（2）内装公司瓦工娄某安全意识不强，从楼内出来时，没有观察门外上方是否有人在作业，贸然从外墙上方正进行干挂大理石作业的大门出去，又违章不戴安全帽，不慎被下坠的吊篮砸到头部，受伤致死，是造成此起伤亡事故发生的另一直接原因事故现场如图 3.2～图 3.4 所示。

图 3.2 高处作业吊篮坠地全景照片

图 3.3 作业人员随吊篮一起坠地照片

图 3.4 地面工人被吊篮砸伤致死的位置照片

2）间接原因

（1）外装公司对温州城外装修施工现场的安全管理不善。施工组织方案缺少吊篮使用的具体安全方案及操作规定，致使吊篮在使用时因承重钢丝绳的卡扣固定不牢，难以承载吊篮本身和吊篮上作业人员及大理石板等的重量而“抽签”，导致吊篮一端坠地。在进行外墙吊篮作业时，没有在地面设立防止其他作业人员进入危险区域的警戒措施，也没有指派专人在现场进行监护，同时缺乏对作业现场的安全检查，对作业人员的安全教育交底和专业技能培训不够等是造成此起死亡事故发生的间接原因，也是造成此起死亡事故发生的主要原因。

（2）监理公司违反《建设工程安全生产管理条例》第 14 条“工程监理单位在实施

监理过程中，发现存在安全事故隐患的，应当要求施工单位整改；情况严重的，应当要求施工单位暂时停止施工，并及时报告建设单位。施工单位拒不整改或者不停止施工的，工程监理单位应当及时向有关主管部门报告”的规定，没有认真履行工程监理的职责。在审查施工方案时，发现吊篮使用没有详细的方案和措施后，虽然提出整改要求，但在外装公司没有拿出整改方案的情况下，依然让其使用，特别是在吊篮使用发生故障后，也没有采取有效措施要求其整改，仍继续让其使用。同时，对施工现场同时进行内、外装修，存在交叉作业，可能发生人员伤亡事故的危险性认识不足，没有要求外装公司在进行外墙吊篮作业时，必须在地面设立防止其他作业人员进入危险区域的警戒措施和指派专人在现场进行监护。没有及时采取措施封堵吊篮下的通道，是造成此起死亡事故发生的间接原因，也是造成此起死亡事故发生的重要原因。

(3) 内装公司也要从此起事故吸取深刻教训，强化对施工现场的安全管理，做好从业人员的安全教育，特别是强化从业人员对危险作业场所的知情权和紧急避险权的教育，杜绝此类现象的再次发生。

3. 事故责任分析和对责任者的处理意见

根据《中华人民共和国安全生产法》《辽宁省职工因工伤亡事故处理条例》《建设工程安全生产管理条例》和《安全生产违法行为行政处罚办法》等法律法规的规定，按照“事故原因不查清不放过，事故责任者得不到处理不放过，整改措施不落实不放过，教训不吸取不放过”的原则，大连市安监局根据事故调查组的建议，对在此起死亡事故中负有责任的相关责任人作出了经济罚款。

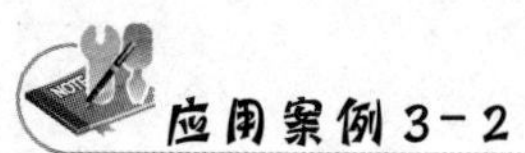
应用案例 3-2

×省×市×所“4.26”脚手架坍塌事故

1. 事故概况

2001 年 4 月 26 日上午 8 时 40 分左右，×高压电器研究所(以下简称×所)三期工程合成回路试验大厅施工现场发生一起脚手架坍塌事故，造成 7 人死亡，1 人重伤，直接经济损失 80 万元。

1) 工程概况

该工程建筑面积为 3142m^2，平面尺寸为 47.20m×54m，高度(网架下弦标高)为 26m，屋面为网架彩钢板，檐口高度为 29.3m；屋盖采用螺栓球接点，网架结构为正方四角锥。网架结构高度为 2.5～4.4m，网架尺寸为 4m×4m 和 4m×3.75m。该工程建设单位为×所，土建总包单位为×建安总公司，网架工程分包单位为×建筑构件总厂，监理单位为×监理公司。该工程规划、报建、招投标、质量监督、监理和施工许可手续齐全，其网架部分施工由×所直接发包给×建筑构件总厂设计、制作和安装，即由建设单位直接与×建筑构件总厂签订合同，没有办理质量监督手续。

2) 事故经过

4 月 26 日 8 时 40 分左右，网架厂八名工人在脚手架平台面上东北角拆卸成捆网架杆件时，产生动荷，东北角一侧脚手架弯曲变形产生倒塌，8 人同时坠落，其中 7 人死亡，1 人重伤。

2. 事故原因分析

经调查认定，这是一起违章指挥、违章作业造成人员伤亡的重大责任事故，造成该事故的原因如下。

1）直接原因

(1) 违章指挥吊装作业。×建筑构件总厂为了赶进度，违章指挥吊装作业，将约 40t 的网架杆件集中堆放在脚手架平台上，造成脚手架因局部负荷超载而失稳坍塌。

(2) 脚手架存在严重缺陷。×建安总公司搭设的脚手架没有施工设计图纸，未按规定搭设，严重违反了国家强制性标准和有关规程的规定。该脚手架没有剪刀撑，没有与周围建筑物可靠拉接，存在严重安全隐患，在尚未完工、未经检查验收的情况下就开始启用。

2）间接原因

×监理公司未能严格遵守监理规范的要求，未对×建筑构件总厂提供的施工组织设计认真审查研究；未按监理规范的规定，对脚手架的搭设施工进行旁站、巡视；在脚手架存在严重安全隐患并且未验收的情况下，对两次违章使用均未制止，致使最后一次使用的发生事故，没有尽到监理单位应尽的职责，是造成这起事故的重要原因。

3. 事故责任划分

1）对单位的责任认定

(1) ×建筑构件总厂违反《×省建筑市场管理条例》的规定，未到×省建设行政主管部门注册登记，违法从事建筑承包活动。该厂为了赶施工进度，将约 40t 的网架杆件集中堆放在有严重安全问题的脚手架平台上，导致脚手架因负荷严重超载而坍塌，是造成事故发生的直接原因，对这起事故负有主要责任。

(2) ×建安总公司在脚手架搭设作业中，未严格执行有关规定，在脚手架未完工的情况下就同意×建筑构件总厂吊运网架杆件，是造成这起事故的重要原因，对这起事故负有重要责任。

(3) ×监理公司负责该工程项目质量、安全的全程监理，但该监理公司未能严格遵守监理规范的要求，没有严格审核×建筑构件总厂提出的脚手架施工组织设计和×建安总公司的施工组织方案；在脚手架搭设过程中，未对其进行监督检查，在脚手架尚未完成、未办理验收移交的情况下，对网架杆件历时数天的两次吊装作业，未提出制止指令，失去监理应尽的职责，对这起事故负有次要责任。

(4) 建设单位×高压电器研究所没有认真履行网架施工合同约定的责任，在网架工程招标活动中，违反《招标法》的有关程序规定。

2）对有关人员的责任认定

(1) ×建筑构件总厂的该工程项目负责人李某，于 4 月 25 日下午与×建安总公司项目经理陈某研究，擅自决定第二次使用不符合规定且尚未完工的脚手架，违章指挥，吊运并集中堆放杆件，违反《中华人民共和国建筑法》第七十一条规定，将八名未受过安全教育的人员安排到工地，从事高空作业，并出示虚假“三级”安全教育卡片，违反《中华人民共和国建筑法》第四十六条规定，在这起事故中负有直接责任。

(2) ×建安总公司项目经理陈某，在接受了协助搭设网架安装所需的满堂脚手架任务后，未对×建筑构件总厂提供的施工组织设计认真审查研究，也没有认真按照设计要求的范围进行搭设。4 月 25 日下午，李某找陈某商议吊运网架杆件事宜，陈某在明知脚手架不符合要求且尚未完工的情况下，同意并指派塔式起重机司机等人进行吊运作业，在这起事故中负有主要责任。

(3) ×监理公司项目总监理工程师刘某对×高压电器研究所三期工程项目质量、安全监理工作负总责。未按规定审核×建筑构件总厂的施工组织设计和×建安总公司脚手架施工组织方案；在脚手架搭设过程中，未按规定对施工情况进行监督检查，且在其召集的几次协调会上仅强调工程进度，忽视安全工作，严重失职，对这起事故负有重要责任。

(4) ×监理公司监理员高某，负责该工程的监理工作。在施工过程中，未对脚手架搭设情况按规定进行监督检查，未做到旁站、巡视、平行监理，未尽到监理职责，对事故负有重要责任。

(5) ×高压电器研究所没严格执行建设工程招标程序。作为该工程办公室副主任的胡某，在工程进程中，对出现的问题未及时制止，没有认真履行职责，对这起事故负有一定的责任。

4. 事故处理情况

(1) 依据《中华人民共和国建筑法》第七十一条规定，决定对×建安总公司给予降低资质等级的处罚，资质等级由一级降为二级。

(2) 决定对×建筑构件总厂给予降低资质等级的处罚，资质等级由一级降为二级。

(3) 对×监理公司处以一万元罚款，并建议建设部降低其资质等级。

(4) 由司法机关依法追究事故直接责任人×建筑构件总厂项目负责人李某的刑事责任。

(5) 由司法机关依法追究事故主要责任人×建安总公司项目经理陈某的刑事责任。

(6) ×省安全生产监督管理局及有关部门给予×建筑构件总厂法人代表沈某行政记大过，党内严重警告处分。

(7) 给予×建安总公司法人代表王某行政记大过，党内警告处分。

(8) 煤炭工业×设计研究院对所属×监理公司法人代表管某、总经理张某分别给予行政记大过，党内严重警告处分。

(9) ×监理公司给予项目总监理工程师刘某行政开除公职处分，给予项目监理员高某留用察看两年的处分。

(10) ×高压电器研究所撤销胡某该工程办公室副主任职务。

(11) ×建安总公司、×建筑构件总厂、×监理公司和×高压电器研究所对在事故中负有责任的其他相关人员给予相应的党纪、政纪处分。

小结

本项目围绕脚手架施工安全目标，具体讲述了扣件式钢管脚手架、悬挑式脚手架、门式钢管脚手架、高处作业吊篮、附着式升降脚手架形式脚手架的安全施工组织和技术措施。

通过本项目的学习，学生应掌握各种形式脚手架安全施工的保证项目的具体操作过程和方法，熟悉各种形式脚手架安全施工的一般项目的操作过程和方法，以确保脚手架施工的安全。

习题

1. 什么是脚手架？脚手架的种类有哪些？
2. 扣件式钢管脚手架施工组织设计必须包括哪些内容？
3. 扣件式钢管脚手架连墙杆拉结类型有哪些？
4. 扣件式钢管脚手架的荷载有哪些要求？
5. 什么是悬挑式脚手架？悬挑式脚手架的脚手板搭设有什么要求？
6. 门式钢管脚手架的整体加固方法是什么？
7. 高处作业吊篮的安全装置有哪些？
8. 附着式升降脚手架专业人员组成有哪些规定？

项目 4 基坑支护施工安全

教学目标

掌握基坑支护施工过程中安全保障的保证项目：施工方案、安全防护、基坑支护、降排水措施、坑边荷载基坑开挖、等方面的安全知识和技能，熟悉基坑支护施工过程中安全保障的一般项目：基坑监测、支撑拆除、作业环境、应急预案等方面的安全知识和技能。通过本项目的学习，学生应具备基本的预防、分析处理基坑支护施工中安全问题和事故的知识与技能。

教学步骤

目　标	内　容	权重
知识点	1. 保证项目：施工方案、安全防护、基坑支护、降排水措施、坑边荷载、基坑开挖等方面的安全概念、注意事项、解决方法和步骤 2. 一般项目：基坑监测、支撑拆除、作业环境、应急预案等方面的安全概念、注意事项、解决方法和步骤	35%
技能	针对上述知识点创设相关实训场景以培养学生思考和动手解决实际问题的能力	35%
分析案例	实际工程模板工程施工中的安全事故分析处理和经验教训	30%

章节导读

1. 基坑支护的概念

建造埋置深度大的基础或地下工程时，往往需要进行深度大的土方开挖。这个由地面向下开挖的地下空间称为基坑。基坑支护指为保证地下结构施工及基坑周边环境的安全，对基坑侧壁及周边环境采用的支挡、加固与保护措施。一般基坑大部分可放坡开挖或少量钢板桩支护，其开挖深度大致在5m之内。

2. 在基坑开挖中造成坍塌事故的主要原因

(1) 基坑开挖放坡不够，没按土的类别和坡度的容许值及规定的高宽比进行放坡，造成坍塌。

(2) 基坑边坡顶部超载或由于振动，破坏了土体的内聚力，受重压后，引起土体结构破坏，造成滑坡。

(3) 施工方法不正确，开挖程序不对，超标高挖土(未按设计设定层次)造成坍塌。

(4) 支撑设置或拆除不正确，或者排水措施不力(基坑长时间水浸)以及解冻时造成坍塌等。

3. 基坑支护施工现场

基坑支护施工现场如图4.1和图4.2所示。

图4.1 基坑支护施工现场(一)

图4.2 基坑支护施工现场(二)

案例引入

杭州地铁塌陷事故

2008年11月15日15时许，杭州×大道地铁工地突然发生大面积地面塌陷事故，造成地面宽20m、长75m、深15m的塌陷，路面地基下陷6m。

在此次事故中11辆行驶的车辆坠入坑中，造成17人死亡，4人失踪，多人受伤。18条光缆、电缆断电，地下自来水污水管断裂，附近湖水倒灌入基坑，西侧连续墙出现裂缝，东侧连续墙向西侧倾斜。周围7处5层高居民楼需拆除，附近小学停课3天。杭州地铁各施工工地全部停工，至24日陆续复工。

牵涉单位有建设单位、设计单位、施工单位、监理单位、杭州市地方政府。

【案例思考】

针对上述案例，试分析该事故发生的可能原因，事后处理措施，事前应采取哪些预防措施。

在城市建设中，高层建筑、超高层建筑越来越多，基础埋深也随着建筑物高度的增加而加深，深基础施工中的安全问题也越来越突出。为确保基础工程安全施工，基坑支护设计与施工技术已成为广大施工单位十分关注的热点。

施工现场进行基础施工作业，当基坑深在5m以内时，应当编制安全施工方案；当基坑深度超过5m时，应当编制专项安全施工组织设计并经评审通过。编制的专项安全施工组织设计(或方案)要以施工图和施工现场的地质勘探报告为依据进行专项支护设计，并根据施工现场及其周边环境以及施工的季节性因素等情况制定周密、详细的防护要求以及相应的安全施工技术措施。

土方工程施工往往具有工程量大、劳动繁重和施工条件复杂等特点；土方工程施工同时又受到气候、水文地质、临近建(构)筑物、地下障碍物等因素的影响较大，不可确定的因素较多，且土方工程涉及的工作内容也较多，包括土的挖掘、填筑和运输等过程以及排水、降水、土壁支护等准备工作和辅助工作。由于上述土方工程施工特点，稍有不慎极易造成安全事故，一旦事故发生其损失是巨大的。因此，在土方工程施工前，应进行充分地施工现场条件调查(如地下管线、电缆、地下障碍物、临近建筑物等)，详细分析与核对各项技术资料(如地形图、水文与地质勘察资料及土方工程施工图)，正确利用气象预报资料，根据现有的施工条件，制订出安全有效的土方工程施工方案。

4.1 土方工程安全技术

4.1.1 土方开挖

1. 土方开挖施工的一般安全要求

土方开挖施工的一般安全要求包括以下5项。

(1) 清理障碍物。施工前，应对施工区域内存在的各种障碍物，如道路、沟渠、管线、防空洞、旧基础、坟墓、树木等，凡影响土方工程施工的均应拆除、清理或迁移，并在施工前妥善处理，确保土方工程施工安全。

(2) 编制专项施工方案。大型土方和开挖较深的基坑工程，施工前要认真研究整个施工区域和施工场地内的工程地质和水文资料、邻近建筑物或构筑物的质量和分布状况、挖土和弃土要求、施工环境及气候条件等，编制专项施工组织设计(方案)，制订有针对性的安全技术措施，严禁盲目施工。土方工程施工方案必须经单位总工程师审核，对于开挖基坑深度超过7m的土方施工方案，必要时通过专家论证且报上级主管部门备案。

(3) 编制周边环境的安全技术措施。土方开挖前，应会同有关单位对附近已有建筑物或构筑物、道路、管线等进行检查和鉴定，对可能受开挖的降水影响的邻近建(构)筑物、管线，应制订相应的安全技术措施，并在整个施工期间，加强监测其沉降和位移、开裂等情况，发现问题应及时与设计或建设单位联系，协商采取防护措施，妥善处理。

(4) 合理确定挖土顺序。在无内支撑的基坑中，土方开挖应遵循“土方分层开挖，垫层随挖随浇”的原则；在有支撑的基坑中，应遵循“开槽挖撑、先撑后挖、分层开挖、严禁超挖”的原则；当相邻基坑深度不等时，一般应遵循“先挖深坑土方、后挖浅坑土方”的顺序，若受到条件限制，必须先挖浅坑土方，则应分析先施工的较浅基坑工程对后施工的较深基坑工程的影响和危害，并采取必要的安全保护措施。土方开挖时，应自上而下逐层进行，严禁先挖坡脚、掏洞作业等不安全的操作行为。

(5) 确保基坑边坡稳定。基坑开挖工程应验算边坡或基坑的稳定性，并注意由于土体内应力场变化和淤泥土的塑性流动而导致周围土体向基坑开挖方向位移，使基坑邻近建筑物等产生相应的位移和下沉。验算时应考虑地面堆载、地表积水和邻近建筑物的影响等不利因素，决定是否需要支护，选择合理的支护形式。在基坑开挖期间应加强监测，发现滑坡、失稳预兆，应立即停止施工。必要时，所有作业人员和施工机械撤至安全地带，同时采取相应的措施。

此外，土方开挖后，应尽量减少对地基土的扰动，及时浇筑基础混凝土，尽量缩短基坑暴露时间，以防止出现橡皮土现象。若基础不能及时施工，可预留 100～300mm 的土层，待基础施工之前挖除。基础结构完成后，应及时做好基坑的回填土工作；深基坑坑顶四周须设安全防护栏杆，以防止施工人员坠落，在基坑的恰当位置，应挖设供作业人员上下用的踏步梯或设置专用爬梯，施工人员不得踩踏土坡边坡或土壁支撑件；在土方开挖过程中，应保证开挖者之间的安全距离，采用人工挖土，则两人操作距离应大于 2m，若多台挖土机同时开挖，则挖土机间距应大于 10m。

土方开挖应尽可能避免在雨季作业。土方开挖之前以及在开挖过程中，做好地面排水和地下降水，以防止地表水流入基坑使地基土遭水浸泡后使地基承载力下降；防止边坡土因雨水渗入增加其自重后出现塌方现象；防止流砂现象。

2. 合理确定土方边坡坡度

1) 边坡稳定要求

土方开挖应考虑边坡稳定。所谓边坡稳定是指基坑上的部分土体脱离，沿着某一个方面向下滑动所需要的安全度。例如砂性土的边坡稳定，当砂性土的坡度小于土的内摩擦角时，一般就不会产生滑坡，平衡关系的安全系数 $K=\tan\phi/\tan\alpha$(ϕ、α 分别为土的内摩擦角和边坡的坡度)，$K\geqslant 1.10 \sim 1.15$。对基坑的土方边坡，有时则需通过边坡稳定验算确定。否则处理不当，就会产生安全事故。因此，合理确定边坡坡度，是有效防止土壁塌方，保证边坡稳定的基本条件。

土方边坡坡度为挖方高度 H 与土方边坡投影宽度 B 之比值，即

$$\text{土方边坡坡度}=\frac{H}{B}=\frac{1}{B/H}=1:m$$

式中，$m=B/H$，称为坡度系数。

土方边坡坡度应根据土质条件、开挖深度、施工工期、坡顶荷载、地下水位以及气候情况等因素综合确定。

地质条件良好、土质均匀且地下水位低于基坑(槽)或管沟底面标高时，挖方深度在

5m以内，开挖后暴露时间不超过15天，土壁边坡的坡度可参考表4-1确定。

表4-1 不加支护基坑(槽)边坡坡度

土的类别	坑壁坡度		
	坑缘无荷载	坑缘有静荷载	坑缘有动荷载
中密的砂土	1:1.00	1:1.25	1:1.50
中密的砂石土(充填物为砂土)	1:0.75	1:1.00	1:1.25
稍湿的粉土	1:0.67	1:0.75	1:1.00
中密的碎石土(充填物为黏土)	1:0.50	1:0.67	1:0.75
硬塑的粉质黏土、黏土	1:0.33	1:0.50	1:0.67
软土(经井点降水后)	1:1.00	—	—
泥岩、黏土夹有石块	1:0.25	1:0.33	1:0.67
未风化页岩	1:0	1:0.10	1:0.25
岩石	1:0	1:0	1:1.00

基坑深度大于5m，且无地下水时，如现场条件许可，可将坑壁坡度适当放大，或可采取台阶式的放坡形式，并在坡顶和台阶处宜加设1m以上的平台。

2) 护坡(壁)要求

土方工程施工除合理确定边坡外，还要进行护坡处理，以防边坡发生滑动与塌方。一般对临时边坡可采用钢丝网细石混凝土(或砂浆)护坡面层，对永久性的边坡(如堤坎、河道等)应做永久性加固，可采用石块挡墙、钢筋混凝土护坡等。

土质均匀且地下水位低于基坑(槽)或管沟底面标高及挖土高度满足下列要求时，其挖方边坡可做成直立壁不加支撑。挖土深度应根据土质条件确定，但不宜超过表4-2所列的要求。

表4-2 挖土深度

土的类别	挖土深度/m
密实、中实的砂土和碎石类土(充填物为砂土)	≤1
硬塑、可塑的轻亚黏土和碎亚黏土	≤1.25
硬塑、可塑的黏土和碎石类土(充填物为黏性土)	≤1.5
坚硬的黏土	≤2

基坑(槽)或管沟挖好后，应及时进行地下结构和安装工程施工。在施工过程中，应经常检查坑壁的稳定情况。

施工时间较长，挖方深度大于1.5m的基坑(槽)或管沟直立壁，宜用工具式内支撑加固；而对于放坡开挖工作量过大，无场地放坡，易发生流砂的土质及地下结构外墙，为地下连续墙的基坑(槽)和管沟，应设置土壁支护结构。

3) 坑顶堆载要求

坑顶堆载也是引发安全事故的要素之一。挖出的土方要及时外运，不得堆置在坡顶或坡面上，也不得堆置在桩基周围、墙基和围墙一侧。当弃土必须在坡顶或坡面上进行转运需临时堆放时，应进行边坡稳定性验算，严格控制堆放的土方量。当土质良好时，弃土或材料的堆放应距基坑边缘 0.8m 以外，高度不宜超过 1.5m。深基础施工的垂直运输机械若设置在基坑边缘时，机械布置处的地基必须经过加固处理，且机械的支撑脚距基坑边最近距离不得小于 0.8m。

4.1.2 地面排水和地下降水

1. 地面排水

地面排水处理是土方施工的准备工作之一。为了防止地表水或雨水从基坑顶面流入基坑内，在土方开挖前应做好施工区域内临时排水系统的总体规划，临时排水系统可利用或改造原有的排水系统，当排水能力不能满足要求时，再增设临时排水系统。临时排水设置应尽量与永久性排水设施相结合，以降低施工成本。临时排水系统设置不得破坏临近建筑物或构筑物的地基，不得损坏基坑(槽)或管沟的土壁边坡，应尽可能不损坏农田、道路。临时截水沟至挖方上边缘的距离，应根据土质条件合理确定，一般不小于 3m。在山坡地区施工时，尽量先按设计要求施工永久性截水沟，若不能先施工永久性截水沟，也必须设置临时截水沟，以阻止山坡水流入施工场地，截水沟沟底应做好防渗漏处理。临时排水沟和截水沟的纵向坡度应根据地形条件确定，一般应不小于 0.3%，平坦地区应不小于 0.2%，沼泽地区可减至 0.1%。排水沟和截水沟的横断面应根据当地气象资料，按照施工期间最大排水量确定。排水沟和截水沟的出水口应设置在远离建筑物或构筑物的低洼地点，并应保证排水畅通。在冬天，要防止排水沟出水口冰结。

2. 降低地下水位

土方开挖过程中，当基底标高低于地下水位时，由于土的含水层被切断，地下水会不断渗入坑内，另外，雨季时暴雨倾入或地表水流入基坑，如不采取降水措施，把流入基坑内的水及时排走或把地下水位降低，则会造成施工条件恶化，且地基土被水浸泡后，易发生边坡塌方、地基承载力下降等安全问题。此外，挖方时基坑下部会遇到承压含水层，若不降水减压，则坑底可能被冲溃破坏，同时还可能伴随发生坑底隆起、出现流砂，使基土流失。地下水的渗透破坏还表现在坑底的管涌，开始时只有少数较小的几个冒水点，整个土体虽然稳定，但细颗粒被水从粗颗粒之间带走，这种现象发展下去，则土体孔隙扩大，流速增高，形成孔道，孔道不断扩大、加深，最终造成坑底破坏。有关资料表明，深基坑工程事故大部分都与地下水控制不当有关。因此，为了保证工程质量和施工安全，地基坑开挖前和开挖过程中，必须采取措施，控制地下水位，使整个基坑工程施工保持在干燥土质条件下进行。

地下水降水方法有集水井降水和井点降水两类。

(1) 集水井降水是在基坑四周坡脚开挖排水沟，排水沟底面低于挖土面 0.3～0.4m，最小纵向坡度为 0.2%～0.5%，每隔 30～50m 设一集水井，集水井底比沟底面低 0.5m 左右，基坑挖土时渗出的水经排水沟流向集水井，然后用水泵排出基坑。抽水工作必须至基坑回填土时方可停止。当基坑面积较大时，除坑四周设排水沟外，在基坑中间可加设盲沟。集水井坑壁可用竹筐、钢筋网片加以围护，底部放置碎石过滤层，以防泥浆堵塞抽水泵。

集水井降水法比较简单、经济。但是，当基坑开挖深度较大，地下水的动水压力和土的组成有可能引起流砂、管涌、坑底隆起和边坡失稳时，则宜采用井点降水方法。

(2) 井点降水法有轻型井点、喷射井点和电渗井点，此外还有管井井点和深井泵。前三个属于轻型井点类，而后两者属于管井类。选择井点类型时，通常应根据土的渗透系数、降水深度、设备条件、周围环境和技术经济指标等因素确定。

轻型井点由管路系统和抽水设备两部分组成。管路系统包括滤管、井点管、弯连管和总管组成，常用的抽水设备有干式真空泵、射流泵等。一套抽水设备的负荷长度为100m左右。如W5、W6型干式真空泵，最大负荷长度分别为80m和100m，有效负荷长度分别为60m和80m。轻型井点系统如图4.3所示。

轻型井点适用于面积较小的基坑，降水深度在12m以内时较为经济，井点每级降水4.5m左右。当降水要求超过4.5m，且场地周围条件允许，可采用多级轻型井点降水。当水量大降水深时，可采用管井井点，即在基坑内每隔20～50m设置一根管井，每个管井单独用一台水泵抽水。当降水深度更大，在管井内用一般的水泵不能满足要求时，可采用深井泵降水。每个深井泵由井管和滤管组成，单独配备一台电动机和一台真空泵，由于在管内形成真空，可达到深层降水，且每台深井泵服务范围最大可达200m^{2}左右。

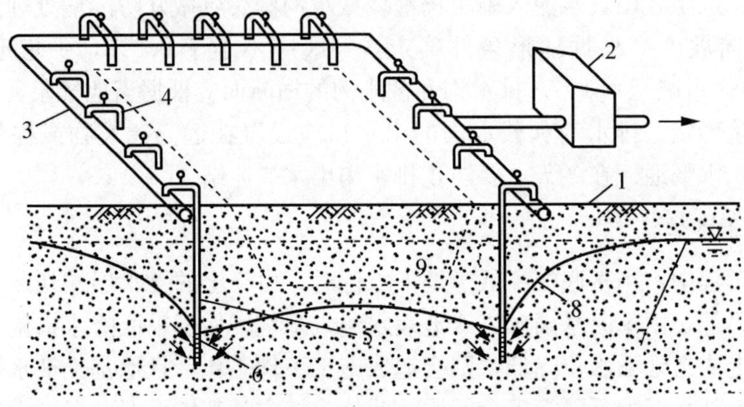

图4.3 轻型井点降低地下水位全貌图

1—地面；2—水泵房；3—总管；4—弯连管；5—井点管；
6—滤管；7—原有地下水位线；8—降低后地下水位线；9—基坑

井点降水能有效地防止地下水涌入坑内；防止边坡由于地下水的渗流而引起塌方；消除地下水位差产生的压力所引起的坑底管涌；消除地下水的渗流，从而防止流砂现象，降水后，能使土壤固结，增加地基土的承载能力。尽管井点降水有上述很多优点，但不可避免也会产生一些不良后果。由于降水，临近建筑物、构筑物，地下管线等产生不均匀沉降，出现开裂、变形、下沉、倾斜等不同程度的损坏。为了减少这类影响，可在降水影响范围内采取回灌水措施。如果被保护物离降水井点较远，且土层均为透水层，可采用简单经济的回灌沟方法，如果被保护物离降水井点较近，且土层中有隔水层或者是弱透水层时，则必须打设回灌井点或回灌砂井。

回灌井是一根较长的穿孔井管，在回灌井四周填适当级配的滤料，井口用黏土封闭，防止空气进入。回灌水时通过观测孔观测水位变化情况，降水的同时进行回灌，有时采用加压回灌，可有效地控制地下水位，使被保护物保持原有的地下水位。回灌井点通常设置在降水井点外侧 5m 左右，其间距、数量和深度应根据降水井的距离和被保护建筑物的平面位置确定，回灌井应进入稳定水平下 1m，且位于渗透较好的土层中。回灌井点布置如图 4.4 所示。

井点管拔除后留下的孔洞，应立即用砂土或其他材料填实，对于穿过不透水层进入承压含水层的井管，拔除后应用黏土球填实封死，杜绝由于拔井管而发生管涌的现象。

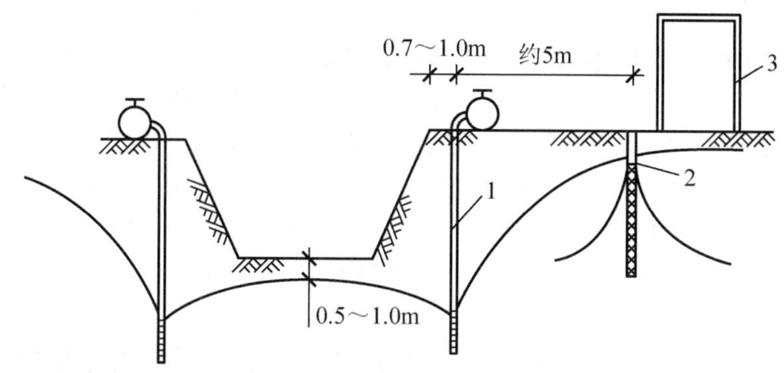

图 4.4　回灌井点布置示意图

1—抽水井点；2—回灌水井点；3—被保护建筑物

工程中采用止水帷幕是阻截地下水渗流的有效技术措施。在建筑物和地下管线密集区，对地面沉降控制有严格要求的地区，开挖深基坑时，应尽可能采取止水帷幕，将坑内地下水降至基底标高以下，而坑外地下水由于止水帷幕的阻隔，切断了向坑内涌入，从而仍保持在较高的水位。这样，可大大减少了因降水而对周围环境的影响。

止水帷幕可采用高压旋喷方法与深层搅拌方法注成的水泥土桩，桩与桩之间咬合连成水泥土墙。

4.1.3　支护结构

基坑土方开挖遇有下列情况之一时，应设置坑壁支护结构。

(1) 因放坡开挖工程量过大而不符合技术、经济要求。

(2) 因附近有建(构)筑物而不能放坡开挖。

(3) 边坡处于容易丧失稳定的松散土或饱和软土。

(4) 地下水丰富而又不宜采用井点降水的场地。

(5) 地下结构的外墙为承重的钢筋混凝土地下连续墙。

支护结构虽然为施工期间的临时支挡结构，但其选型、计算和施工是否正确，对项目的安全与否、工期和经济效益的好坏均有较大影响，尤其在软土地基地区施工，是高层建筑施工关键的安全技术之一。施工过程中稍有疏忽或未严格按设计规定的工况进行施工，都极易发生恶性事故，造成巨大的经济损失，这方面已有不少教训。为此，对待支护结构的设计与施工，应采取极端慎重的态度，确保在满足安全施工的前提下，做到既经济合理又方便施工。

1. 支护结构选型

支护结构一般包括挡墙和支撑(或拉锚)两部分，其中任何一部分的选型不当或产生破坏(包括变形过大)，都会导致整个支护结构的失败。为此，对挡墙和支撑(或拉锚)都应给予足够的重视。

支护结构的选型可根据土层分布及土的物理力学性能、周围环境、地下水情况、施工条件和施工方法、气候等因素，参考表 4－3 综合选定基坑支护结构形式及支撑方法，并经过支护结构的理论计算，使支护结构的强度、刚度、整体稳定性和其他需要验算的项目都符合结构安全度和有关规范的要求，确保基坑自身的安全和周围建(构)筑物、道路及地下管线的安全。

基坑支护结构根据其周边环境及挖土深度将基坑分为三级基坑。当重要工程或支护结构作主体结构的一部分，或开挖深度超过 10m，或与临近建筑物、重要设施的距离在开挖深度以内，基坑开挖影响范围内有历史文物、近代优秀建筑物、重要管线需严加保护的基坑工程，属于一级基坑；当基坑开挖深度小于 7m，且周围环境无特别要求的基坑工程，属于三级基坑；除一级和三级外的基坑，均属于二级基坑。基坑支护结构设计应根据工程情况选择相应的安全等级，确保支护结构安全和周围环境安全。

表 4－3　基坑支护结构形式及支撑方法

支撑名称	使用范围	支撑简图	支撑方法
连续式垂直支撑	挖掘松散的或湿度很高的土(挖土深度不限)，通用于管槽工程中	(a) 2 6	挡土板垂直放置，然后每侧上下各水平放置一根枋木，并用撑木顶紧，再用木楔顶紧
混凝土或钢筋混凝土支护	天然湿度的黏土类土中，地下水较少，地面荷载较大，深度 6～30m 的圆形结构护壁或人工挖孔桩护壁用	(b) 1	每挖深 1m，支模板，绑钢筋，浇一节混凝土护壁；再挖深 1m 拆上节模板，支下节，再浇下节混凝土，循环作业直至设计深度，钢筋用搭接或焊接，浇灌口用砂浆堵塞
钢构架支护	在软弱土层中开挖较大、较深基坑，而不能用一般支护方法时	(c) 11 7 3	在开挖的基坑周围打板桩，在柱位置上打入暂设的钢柱，在基坑中挖土，每下挖 3～4m，装上一层幅度很宽的构架式横撑，挖土在钢构架网格中进行
挡土护坡桩支撑	开挖较大、较深（大于 6m)基坑，邻近有建筑物，不允许支撑有较大变形时	(d) 12 9 8 4	在开挖基坑的周围，用钻机钻孔，现场灌注钢筋混凝土桩，待达到强度，在中间用机械或人工挖土，下挖 1m 左右，装上横撑，在桩背面已挖沟槽内拉上锚杆，并将它固定在已预先灌注的锚桩上拉紧，然后继续挖土至设计深度。在桩中间上方挖成向外拱形，使其起土拱作用，如邻近有建筑物不能设置锚拉杆，则采取加密桩距或加大桩径处理

续表

支撑名称	使用范围	支撑简图	支撑方法
挡土护坡桩与锚杆结合支撑	大型较深基坑开挖，邻近有高层建筑，不允许支护有较大变形时	(e) 4 10	在开挖基坑的周围钻孔，浇钢筋混凝土灌注桩，达到强度后，在桩中间沿桩垂直挖土，挖到一定深度，安上横撑，每隔一定距离向桩背面斜下方用锚杆钻机打孔，在孔内放钢筋锚杆，用水泥压力灌浆，达到强度后，拉紧固定，在桩中间进行挖土直至设计深度。如设两层锚杆，可挖一层土，装设一次锚杆
地下连续墙锚杆支护	开挖较大、较深(大于10m)的大型基坑，周围有高层建筑物，不允许支护有较大变形，采用机械挖土，不允许内部有支撑时	(f) 10 5	在开挖基坑的周围，先建造地下连续墙，在墙中间用机械开挖土方，至锚杆部位，用锚杆钻机在要求位置锚孔，放入锚杆，进行灌浆，待达到设计强度，装上锚具，然后继续下挖至设计深度，如设有2～3层锚杆，每挖一层装一道锚杆，并用快硬混凝土灌浆
地下连续墙支护	开挖较大、较深，周围有建筑物、公路的基坑，作为复合结构的一部分，或用于高层建筑的逆作法施工，作为结构的地下室外墙	(g) 13 5	先施工地下连续墙，后挖连续墙包围的土方。挖到支撑标高处，及时进行支撑结构的施工，待支撑结构能承受荷载后继续挖该层支护结构下方的土体；逆作法施工时，每下挖一层土方，把下一层主体结构的梁、板、柱浇筑完成，作为连续墙的水平支撑体系，如此循环作业，直至地下室的最下一层土方挖完，浇筑基础底板

注：1—混凝土桩围护墙；2—垂直挡土板墙；3—钢板桩围护墙；4—钻孔灌注钢筋混凝土围护墙；5—钢筋混凝土地下连续墙；6—横撑木；7—钢支撑；8—钢筋(丝束)拉杆；9—锚桩；10—土层锚杆；11—钢围檩；12—钢筋混凝土围檩；13—主体结构钢筋混凝土梁。

2. 支护结构设计

支护结构设计时，应对围护墙和支撑(拉锚)体系合理组合成若干个方案，经各方案设计和比较后从中选择一个安全可靠、经济合理且方便施工的支护结构。一般基坑工程支护结构设计包括内容如下。

(1) 支护结构的强度和变形设计。

(2) 基坑内外土体稳定性验算。

(3) 围护墙的抗渗验算。

(4) 降低地下水方案。

(5) 确定挖土工况及开挖方案。

(6) 确定基坑施工监测项目及监测方案。

3. 支护结构施工

1) 围护墙施工

(1) 深层水泥搅拌桩围护墙。

深层水泥搅拌桩围护结构是近年来发展起来的重力式围护结构，它用搅拌机械将水泥和土强行搅拌，形成以一定方式连续搭接的水泥土搅拌桩围护墙，水泥土搅拌桩中水泥掺含量一般为12%～15%，水泥土的强度可达0.8～1.2MPa，其渗透系数很小，不大于10^{-6}cm/s。它既能挡土，又能隔水，且施工方便，无噪声无振动，对周围环境影响较小，同时能创造较好的土方开挖作业条件。这种支护结构一般用于开挖深度7m以内的基坑。对某些基坑工程，若周围环境对围护体变形或位移要求不敏感的，经采取一些特殊措施后，可用于9m以内开挖深度的基坑中。

水泥土桩墙支护结构除设计满足整体稳定、抗倾覆、抗滑移外，施工也必须符合质量与安全的要求；桩与桩必须连续搭接，确保每根桩体搭接长度为20cm，桩身的垂直偏差不超过1%；水泥浆液水灰比控制在0.45～0.5范围内，其截面置换率控制在0.6～0.8范围内；采用二次搅拌工艺成桩的，应控制喷浆搅拌时钻头升降速度不大于0.5m/min，压浆压力应与钻杆提升速度相配合，确保水泥掺和的均匀度和水泥土搅拌桩的均匀性；为增加墙体的整体性，宜在前后两排桩体中插入毛竹或钢筋，且在墙顶设置厚度不小于150mm封闭式钢筋混凝土结构，既起桩顶圈梁作用，也可作为现场混凝土路面。

(2) 板式护墙。

板式围护墙通常与支撑、围檩体系、防渗与止水结构共同组成支护结构。板式围护墙的常用形式有板桩(钢板桩、钢筋混凝土板桩)连续墙、钻孔灌桩围护墙、SMW工法围护墙及地下连续墙等。板式围护墙施工安全技术要点如下。

① 板式支护墙要配有稳定可靠的支撑与围檩结构体系。坑内支撑和围檩结构通常采用钢结构[见表4-3中简图(c)]或钢筋混凝土结构[见表4-3中简图(g)]，若环境允许，也可采用有围檩的坑外拉锚结构；坑外拉锚结构形式有水平拉杆[见表4-3中简图(d)]与锚碇结构、土层斜锚杆结构[见表4-3中简图(e)]等。

② 板式围护墙应有防渗和止水结构。防渗常用水泥土搅拌桩帷幕、高压喷射注浆帷幕等防渗帷幕墙结构。若围护墙采用结构自防渗时，墙体结构的抗渗等级不宜小于P6级。

③ 除钢板桩围墙外，通常在围护上顶端设置钢筋混凝土顶圈梁。顶圈梁、围檩必须与围护墙可靠固定。

④ 钢板桩宜采用振动施打法，施打时，应严格控制板桩的垂直度，以保证板桩的齿口一一吻合。拔桩时宜对称振动拔起，以防带土过多或造成已完成基础工程不均匀沉降。

⑤ 钻孔灌注桩围护墙施工，钻孔时应防止孔壁塌陷和钻孔偏斜；水下浇筑混凝土时应防止出现夹泥桩而形成断柱，钢筋笼应慢慢下放以防止碰撞孔壁。

⑥ 地下连续墙的导沟上开挖段应设置防护设施，防止人员和工具杂物等坠落泥浆中。如挖槽过程中因故停工，应将挖槽机械提升到导墙的位置。地下连续墙采用抗渗等级不小于P6级混凝土，每幅连续墙的垂直结合缝，应密合不漏水，接口宜选用销口圆弧形、槽形或V形等防渗止水接头，接头面必须严格清刷，不得留有夹泥或沉渣。

2) 支撑结构施工主要安全技术及允许偏差值

支撑结构必须采用稳定的结构体系和可靠的连接构造，具有足够的刚度，防止支撑杆系受压失稳。一般情况下，不得在支撑结构上堆放材料或运行施工机械，若必须利用支撑构件兼作施工平台或栈桥时，应合理确定设计荷载，施工中，应严格控制施工荷载。

各类支撑构件除满足设计的安全要求外，还应满足构造上的安全要求。

（1）钢结构支撑。

纵、横向的支撑件的连接宜在同一标高上，若采用上下重叠连接时，其连接构造及连接件的强度应满足支撑在平面内的强度和稳定要求；钢支撑与钢围檩的连接可采用焊接或螺栓连接，节点处支撑和围檩的翼缘和腹板均应加焊加劲板，其厚度不小于10mm，焊缝高度不小于6mm。

（2）现浇钢筋混凝土支撑。

现浇钢筋混凝土支撑体系应在同一平台内整浇，基坑平面转角处的纵、横向围檩应按刚节点处理；混凝土围檩与围护墙之间不应留水平缝隙；当混凝土围檩与围护墙之间需传递水平剪力时，除布置设计确定的剪力钢筋外，应在围护墙上沿围檩位置预留剪力槽。

（3）支撑立柱。

基坑开挖面以上的立柱宜采用格构式钢柱、钢管或H型钢；基坑开挖面以下宜采用钻孔灌注桩、钢管桩、H型钢柱，其开挖面以下的埋入深度宜大于基坑开挖深度的两倍，且穿过淤泥或淤泥质土层。立柱布置点尽可能利用工程桩，以节约费用。上部钢立柱宜插入下部钻孔灌注桩内长度应不小于钢立柱边长的4倍；立柱与水平支撑的连接可采用铰接构造，但连接件在竖向和水平方向的连接强度应大于支撑轴力的1/50。

对钢支撑在施加预压力之前应检查各节点的连接状况，经确认符合要求后方能施加预压力。预压力的施加宜在支撑的两端同步对称、分级进行，预压力控制值一般不宜小于支撑设计轴力的50%，但也不宜过高。当预压力加至设计要求的额定值后，应再次检查连接点的情况，必要时对节点进行加固，待额定压力稳定后予以锁定。

支撑结构的安装、拆除顺序，应同支护结构的设计工况相符合。现浇钢筋混凝土支撑的混凝土强度达到设计强度的80%以上，方能开挖支撑体下方的土方。

支撑结构穿越主体结构（地下室）外墙、立柱穿越主体结构底板的部位，都应采取可靠的止水构造措施。

支撑结构的施工应严格按照设计图纸及施工安全技术的有关要求操作，同时做到支撑结构的施工偏差小于允许偏差值。支撑结构允许偏差值可按表4-4确定。

表4-4　支撑结构允许偏差值

项目	允许偏差值/mm
钢筋混凝土支撑截面尺寸	+8，-5
支撑中心标高	±30
同层支撑顶面标高	±30
支撑两端的标高差	≤20及l/600
支撑挠曲度	≤l/1000
立柱垂直度	≤h/300
支撑与立柱的轴线偏差	≤50
支撑与水平轴线偏差	≤30

注：表中l为支撑长度，h为基坑开挖深度。

4.1.4　支护结构施工监测

基坑开挖及支护结构虽然经过设计计算，但支护结构在使用过程中出现荷载变化及施工条件变化的可能性比较大，如气候、地下水位、施工程序等；此外，由于工程地质土层的复杂性和离散性，地质资料难于正确代表全部土质条件，设计时选用的参数和假设与实际存在差异。因此，在基坑开挖及基础施工过程中须进行系统的监测控制，提前发现问题及早采取措施，避免因延误而导致事故发生。基坑工程的环境监测是检验支护结构设计正确与否的手段，也是指导正确施工、避免事故发生的必要措施。

1. 基坑工程监测方案设计

基坑土方开挖之前应制订出系统的监测方案，包括监测目的、监测项目、监测报警值、监测方法及精度要求、监测点的布置、监测周期、工序管理和记录制度以及信息反馈系统等。对监测点的布置应按照要求，不但监测基坑及支护结构变形，还应包括从基坑边缘以外1～2倍开挖深度范围内需要保护的建筑物的动态、地面沉降、隆起等均应作为监控对象。各项监测的时间间隙根据施工情况而定，当变形出现异常时，应增加监测次数。

2. 支护结构监测项目及监测方法

基坑及支护结构的监测项目，应根据基坑工程的安全等级、周围环境的复杂程度和施工的要求确定。如表4-5列出的监测项目为重要的支护结构所需的监测的项目，具体基坑工程监测可参照此表项目适当增加或减少。

表4-5 监测项目及方法

编号	项目	监测方法	监测要求
1	围护墙顶水平位移	用经纬仪和前视固定点形成测量基线，测量墙顶各测点和基线距离的变化	精度不低于1mm
2	孔隙水压力	埋设孔隙水压力计	精度不低于1kPa
3	土体侧向变形	用侧斜仪	精度不低于1mm
4	围护墙变形	在墙内预埋测斜管，用测斜仪监测	精度不低于1mm
5	围护墙体土压力	用预埋在墙后和墙前入土段围护墙上的土压力计测试	精度不低于1/100(F·S)，分辨率不低于5kPa
6	支撑轴力	用安装在支撑端部的轴力计测试	精度不低于1/100(F·S)
7	坑底隆起	埋设分层沉降管，用沉降仪监测不同深度土体在开挖过程中的隆起变形情况	精度不低于1mm
8	地下水位测试	用设置水位管的方法，测试水位计的标尺，最小读数为1mm	
9	锚杆拉力	在锚钢上安装钢筋计	精度不低于1/100(F·S)
10	基坑周边地面建筑的沉降和倾斜度	用经纬仪和水准仪测量	沉降测量精度不低于1mm
11	基坑周围地下管线水平及垂直位移	在管线接头处安装测点，用水平仪和经纬仪测量	精度不低于1mm
12	围护墙顶沉降	用水准仪监测	精度不低于1mm
13	支撑立柱沉降	用水准仪监测	精度不低于1mm

基坑的变形应确保支护结构安全和周围环境安全。当设计有指标时，以设计要求为依据，如设计无指标时，应按表 4-6 的规定执行。

表 4-6 基坑变形的监测值 单位：mm

基坑类别	支护结构墙顶位移	支护结构墙体最大位移	地面最大沉降
一级基坑	30	50	30
二级基坑	60	80	60
三级基坑	80	100	100

3. 监测资料整理分析

对通过监测获得的数据进行定量分析，并对其变化及发展趋势作客观的评价，及时进行险情预报，提出建议和措施，进一步加固处理直到问题解决，并跟踪监测加固处理的效果。基坑工程完后，监测单位要编制完整的监控报告。监测成果不仅能检查设计所采用的各种假设和参数的正确性，还能为支护结构设计更合理、基坑施工更安全经济提供宝贵的技术资料。

4.2 基坑支护施工安全保证项目

为保证建筑工程的基坑支护的施工安全，施工企业必须从施工方案的编制与审批、安全防护措施、基坑支护设置、降排水措施、坑边荷载、基坑开挖等方面做好安全保证工作。

4.2.1 施工方案

基坑开挖之前要根据地质勘探报告和设计图纸，按照土质情况、基坑深度和周边环境制定技术设计和支护方案，其内容包括放坡要求、支护结构设计、机械选择、开挖时间、开挖顺序、分层开挖深度、坡道位置、车辆进出道路、降水措施及监测要求、劳动力配备等。

施工方案的制订必须针对施工工艺并结合作业条件，对施工过程中可能造成坍塌的因素、作业人员的不安全行为，以及对周边建筑、道路等产生的不安全状态，制订具体可行的安全措施并在施工中付诸实施。

支护设计方案必须经公司总工审批。基坑深度超过 5m 时，必须经专家论证并报建设行政主管部门审批。

施工方案的主要内容如下。

(1) 现场勘测。包括测绘现场的地形、地貌，工程的定位，现场生产、生活临设建筑物及作业通道的位置，地下管、线及障碍物的分布，现场周边的环境等。

(2) 安全边坡及基坑支护结构形式的选择与设计。根据现场的地质资料、基坑的深浅、采用的施工方法、作业场地的周边环境等决定安全边坡或基坑支护的结构形式。根据选定的基坑支护结构形式对锚固桩的布置、入土深度及其主要的各项施工参数，内支撑的形式及材料的选用，每节护壁的高度，桩与支撑的连接，土、桩、内支撑共同工作的问题等进行设计和计算，并对作业时应遵守的时间和施工顺序，基坑的排水措施等作出明确的规定。

（3）基坑支护变形的监测措施。在基础施工过程中，应有对挡土结构位移、支撑锚固系统应力、支护系统的变形及位移、边坡的稳定，基坑周围建筑的变化、排水设计的变化等进行严密监测的措施，主要包括监测点的设置和保护，监测的方式、内容及时间，监测的记录，监测记录的分析、处理等内容。

（4）防止毗邻建筑物和邻近道路等沉降的措施。应当根据基坑的施工方法和开挖深度对周边建筑物地基持力层的影响，编制防止毗邻建筑物和邻近道路及重要管线沉降的具体措施，它主要包括观测点的设置，对毗邻的建筑物和邻近道路及重要管线等设施进行沉降观测及变形测量的方式及时间，监测的记录，监测记录的分析、处理等内容。

（5）基础施工的安全技术措施。主要是临近防护的设置，作业人员上、下基坑专用通道的设置，夜间作业的照明配备，采用机械开挖土方时使用土石方机械的问题，人工挖土的作业安全，立体交叉作业的隔离防护问题，冬、雨季施工的安全技术措施等。

（6）绘制有关基坑支护设计的施工图纸。主要有基坑支护施工总平面图和施工图、锚桩布置平面图和立面图、支撑系统的平面图和立面图，以及关键部位的细部构造节点详图等图纸。

（7）有关人工挖孔桩施工的安全技术措施。其重点有如下几个方面。

① 孔井护壁方案及井口围护措施。

② 施工现场的围挡及有关的防护措施。

③ 安全用电的措施。

④ 深井挖孔时，保证井下通风的措施。

⑤ 要勘察并排除作业区域内的有毒、有害气体。

⑥ 作业人员应严格遵守安全生产纪律和安全技术规程。

⑦ 应有监测孔井土壁稳定的措施。

（8）随上层建筑荷载的加大，常要求在地面以下设置一层或两层地下室，因而基坑的深度常超过 5m 以上，且面积较大，给基础工程施工带来很大困难和危险，必须认真制订安全措施防止发生事故。其具体措施如下。

① 工程场地狭窄，邻近建筑物多，大面积基坑的开挖，常使这些旧建筑物发生裂缝或不均匀沉降，应控制基坑的开挖。

② 基坑的深度不同，主楼较深，群房较浅，因而须仔细进行施工程序安排，有时先挖一部分浅坑，再加支撑或采用悬臂板桩。

③ 合理采用降水措施，以减少板桩上的土压力。

④ 当采用钢板桩时，合理解决位移和弯曲。

⑤ 除降低地下水位外，基坑内还需设置明沟和集水井，以排除因暴雨突然暴增的明水。

⑥ 大面积基坑应考虑配两路电源，当其中一路电源发生故障时，可以及时采用另一路电源，防止因停止降水而发生事故。

4.2.2 安全防护

（1）当基坑施工深度达到 2m 时，对坑边作业已构成危险，深度超过 2m 的基坑要有临边防护措施，四周必须设置临边防护栏，栏杆高度不得低于 1.2m，用密目式安全网全封闭，必须设置 18cm 以上的踢脚板，两边防护离开基坑边水平距离为 0.5m，夜间设置红灯示警。

（2）基坑周边搭设的防护栏杆，从选材、搭设方式及牢固程度等方面应符合如下要求：钢管采用 ϕ48mm×3mm 管材，以扣件固定，能经受任何方向的 1000N 外力。

具体制作如下：在基坑四周离边口大于 500mm 地方打入地面 500～700mm 深。当基坑周边采用板桩时，栏杆立柱可打在板桩外侧。上栏杆高 1.2m，下栏杆高 0.6m，立杆间距不大于 2m。

4.2.3 基坑支护

对不同深度的基坑和作业条件，坑壁支护所采取的支护方式和放坡大小也不同。

1）原状土放坡

一般基坑深度小于 3m 时，可采用一次性放坡。当深度达到 4～5m 时，可采取分级(阶梯式)放坡。明挖放坡必须保证边坡的稳定。根据土的类别进行稳定计算，确定安全系数。原状土放坡适用于较浅的基坑，对于深基坑，可采用打桩、土钉墙和地下连续墙方法来确保边坡稳定(见表 4－7 和表 4－8)。

表 4－7 直立壁不加支撑的挖深限制

序号	土质类别	挖深限制/m
1	密实、中密的砂土和碎石类土(充填物为砂土)	1.00
2	硬塑、可塑的轻亚黏土	1.25
3	硬塑、可塑的黏土和碎石类土(充填物为黏性土)	1.50
4	坚硬的土	2.00

表 4－8 挖深 5m 以内且不加支撑时坡度要求

序号	土质类别	边坡坡度(高：宽)		
		坡顶无荷载	坡顶有静载	坡顶有动载
1	中密的砂土	1:1	1:1.25	1:1.5
2	中密的碎石类土(充填物为砂土)	1:0.75	1:1	1:1.25
3	硬塑的轻亚黏土	1:0.67	1:0.75	1:1
4	中密的碎石类土(充填物为黏性土)	1:0.5	1:0.67	1:0.75
5	硬塑的亚黏土、黏土	1:0.33	1:0.5	1:0.67
6	老黄土	1:0.1	1:0.25	1:0.33
7	软土(经井点降水后)	1:1		

注：静载指堆土或材料等，动载指机械挖土或汽车运输作业等。静载和动载距挖方边缘的距离应符合规定。

2）排桩(护坡桩)

当周边无条件放坡时，可设计成挡土墙结构。采用预制桩、钢筋混凝土桩和钢桩，当采用间隔排桩时，可采用高压旋喷或深层搅拌办法将桩与桩之间的土体固化，形成桩墙挡土结构。桩墙结构实际上是利用桩的入土深度形成悬臂结构，当基础较深时，可采用坑外拉锚或坑内支撑来保护桩的稳定。

3）坑外拉锚与坑内支撑

（1）坑外拉锚。

用锚具将锚杆固定在桩的悬臂部分，将锚杆的另一端伸向基坑边土层内锚固，以增加桩的稳定。

土锚杆由锚头、自由段和锚固段组成。锚杆必须有足够长度，锚固段不能设置在土层的滑动面之内，锚杆可设计一层和多层，并要现场进行抗拔力确定试验。

（2）坑内支撑。

坑内支撑有单层平面支撑或多层支撑，一般材料取型钢或钢筋混凝土。操作时要注意支撑安装和拆除顺序。多层支撑必须在上道支撑混凝土强度达 80％时才可挖下层，钢支撑严禁在负荷状态下焊接。

4）地下连续墙

地下连续墙就是在深层地下浇注一道钢筋混凝土墙，其作用是既可挡土护壁又可隔渗。具体制作如下：机械成槽（长槽），用膨润土泥浆护壁，槽内放入钢筋笼，浇筑混凝土，按 5～8m 分段进行，后连接接头，形成一道地下连续墙。

4.2.4 降排水措施

基坑施工要设置有效的降排水措施，对地下水的控制一般有排水、降水、隔渗等方法。

1）排水

基坑深度较浅，常采用明排，即沿槽底挖出两道水沟，每隔 30～40m 设一集水井，用水泵将水抽走。

2）降水

开挖深度大于 3m 时，可采用井点降水。井点降水每级可降 4.5m，再深时，可采用多级降水，水量大时，可采用深井降水。降水井井点位置距坑边为 2～2.5m。基坑外面挖排水沟，防止雨水流入坑内。

为了防止降水后造成周围建筑物不均匀沉降，可在降水同时采取回灌措施，以保持原有的地下水位不变。抽水过程中要经常检查降水井的真空度，防止漏气。

3）隔渗

基坑隔渗是用高压旋喷、深层搅拌形成的水泥土墙和底板筑成止水帷幕，阻止地下水渗入坑内。

4.2.5 坑边荷载

施工机械和物料堆放距槽边距离应按设计规定执行。开挖出的土方，不得堆在基坑外侧，以免引起地面堆载超负荷。

沿挖土方边缘移动的运输工具和机械，不应离槽边过近。堆置土方距坑槽上部边缘不少于 1.2m，弃土堆置高度不超过 1.5m。大中型施工机具距坑槽边距离应根据设备自重、基坑支护、土质情况经设计计算确定，一般情况下不得小于 1.5m。

4.2.6 基坑开挖

支护结构必须在达到设计要求的强度后，方可开挖下层土方，严禁提前开挖和超挖；基坑开挖应按设计和施工方案的要求，分层、分段、均衡开挖；基坑开挖过程中应采取措施防止碰撞支护结构、工程桩或扰动基底原状土层；当采用机械在软土场地作业时，应采取铺设渣土、砂石等硬化措施。

4.3 基坑支护施工安全一般项目

为保证建筑工程的基坑支护的施工安全，施工企业除必须做好上述保证项目的安全保证工作外，在其他一般项目的安全管理方面也必须加以重视，这些一般项目包括基坑监测、支撑拆除、作业环境保障、应急预案等。

1. 基坑支护变形监测

基坑开挖之前应制订出系统的监测方案。包括监测方法、精度要求、监测点布置、观测周期、工序管理、记录制度、信息反馈等。

特别提示

基坑开挖过程中要特别注意监测如下几种情况。

(1) 支护体系变形情况。

(2) 基坑外地面沉降或隆起变形。

(3) 邻近建筑物动态。

(4) 支护结构的开裂、位移。重点监测桩位、护壁墙面、主要支撑杆、连接点以及渗漏情况。

2. 支撑拆除

基坑支撑结构的拆除方式、拆除顺序应符合专项施工方案要求；当采用机械拆除作业时，施工荷载应小于支撑结构承载能力；人工拆除作业时，应按规定设置防护设施；当采用爆破拆除、静力破碎等方式拆除时，必须符合国家现行相关规范要求。

3. 作业环境

坑槽内作业不应降低规范要求。人员作业必须有安全立足点，脚手架搭设必须符合规范规定，临边防护符合要求。交叉作业、多层作业上下设置隔离层。垂直运输作业及设备也必须按照相应的规范进行检查。深基坑施工的照明问题、电箱的设置、周围环境以及各种电气设备的架设使用均应符合电气规范规定。

4. 应急预案

基坑工程应按规范要求结合工程施工过程中可能出现的支护变形、漏水等影响基坑工程安全的不利因数制订应急预案；应急组织机构应健全，应急物资、材料、工具机具等品种、规格、数量应满足应急的需要，并应符合应急预案要求。

应用案例4-1

杭州地铁塌陷事故

1. 事故概况

事故概况详见“案例引入”。

2. 事故原因分析

1）技术问题

(1) 近期多日大雨导致地下水状态改变，从而影响土体状态，导致塌陷。

杭州土质总体偏软，地下水位较高，偏软的土层会导致地下土随着水流发生移动，带动地层变形。发生事故的这段路属于淤泥质黏土，水的流失性强。

另外，事故坍塌所在地点——风情大道一直作为一条交通主干道来使用，来往车流量大，包括不少负载量很大的大型客车、货车都来往于这条路上。在路面出现裂缝后，该条道路仍在继续使用，车流来回的作用加速了水的流失。

(2) 隧道施工采用了不合格材料，赶工期，增加了隐患。

此次坍塌事故的原因可能就是由于支撑隧道的被覆不合格所致。被覆是一种预制构件，在开挖隧道时要边挖边将其顶到隧道壁上做好支撑，以防止隧道壁的土层掉落。然而目前在国内的建设工程中，存在着最低价中标和不合理地限定工期完工等现象。前者为压低成本甚至不惜偷工减料，后者则会出现不顾一切赶工期，增大事故隐患的问题。这两点在此次事故中都有所体现(图 4.5)。

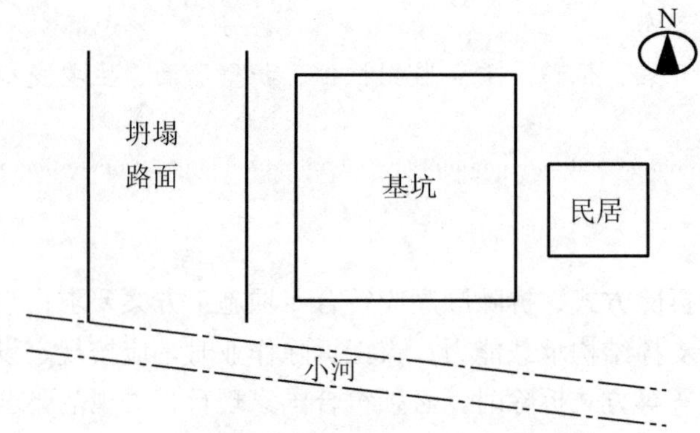

图 4.5　事故发生地平面图

由于被覆强度不足，不足以支撑上部土体重量以及路面的荷载，使其隧道部分先坍塌，接着西侧连续墙先外倾，致使大型支撑缺少一端支撑而下落，墙体又因为缺少支撑的推力在土体作用下向内回倒，进一步加大了塌陷程度。

由于大型支撑都是比较粗大的钢管，其受压屈服的可能性不大，而且在相关图片中也未发现大型支撑有任何弯折现象，因此可以排除是由于大型支撑不合格所导致的坍塌。

(3) 流砂导致坍塌，基坑施工维护存在问题。

流砂是土体的一种现象，通常细颗粒、颗粒均匀、松散、饱和的非黏性土容易发生这个现象。发生事故的路段属于淤泥质黏土，水的流失性较强，流砂发生的可能性较大。从坍塌后的状况看，可能是由于地基土发生了流砂现象，导致西侧连续墙底部出现了真空状态，连续墙下沉倾斜，大型支撑掉落，随后连续墙在土体的作用下又向基坑内回倾，最终导致了路面的塌陷，坍塌模式同上两个原因类似。

(4) 此外，资料表明现场基坑的维护也存在很多问题，虽然不是最直接的原因，但都是工程在施工过程中的不良做法，从而增加了安全隐患。具体不良做法如下。

① 现场未能及时排水，内外压力差较大。

② 隧道支撑不及时，每隔3m左右就应该有个支撑，支撑做好后再继续向前挖，而在此次施工中，已经挖进去很远了，甚至连土都已清运出去了，支撑还没做上。

③ 东西两侧墙面并没有做好地面连接，仅西侧一半有混凝土地面，本该是U形的墙地面结构底部缺了一道口，墙面承担了过大的外侧压力。

④ 如此松软的土质，挖得太深太快。

2) 管理问题

(1) 地面出现裂缝后的处理问题。

在《建筑工程施工合同(示范文本)》中规定，工程中出现问题，施工单位要向业主报告，经业主批准才可处理；无批准不得自行停工，但危及生命的事故除外。在此次事故中，施工部门一直强调他们在地面出现裂缝、有安全隐患的时候就向上级报告了，但一直未得到批示。然而这并不能成为其推卸责任的借口。按照《建筑工程施工合同(示范文本)》的规定，首先，在上级未批准的状态下，是不允许继续施工的，但该施工部门自行用混凝土掩盖路面裂缝后仍在继续施工；其次，《建筑工程施工合同(示范文本)》中还规定，在危及生命的事故中无需等待上级批示，施工部门可根据以往经验自行处理，然而在此次事故中，该施工部门并没有做好相应的安全防范措施，而是让工人继续作业。

另外还有一种可能就是施工单位对事故预警判断不足，没有对业主说明真实的危险程度，致业主判断错误。

(2) 碍于融资成本的压力，赶工期现象严重。

在国家发改委的立项中，杭州1号地铁线总投资210亿元，其中静态投资196.85亿元，建设期利息12.90亿元，铺底流动资金0.26亿元，是杭州自1949年以来投资最大、建设规模最大的基础设施项目。本次塌陷的湘湖站的中标价格为30621.4188万元，原计划在2009年9月完成，而这个时间比发改委批复的时间要提前一年。为了压缩成本，赶工期也是造成此次事故的一个原因。

但这也不能是有关责任人推卸责任的理由。每个工程都是在发包人与承包人双方平等、自愿签订合同的前提下开始施工的。既然承包人签订了合同，就表明他可以在保证工程质量的前提下，如期完成工程任务，否则他可以拒绝签订合同。

(3) 安全管理疏忽，工人缺少必要的安全培训。

每个工程在施工前施工部门都应该预先设计好事故应急方案，包括可能发生什么样的危险，一旦发生危险后如何疏散，如何保证工人生命财产的安全等。而且工人应该成立工会组织，维护其合法利益。在工人到现场进行施工前，还要对其进行安全培训，告诉他们设计好的事故应急方案，指明逃生通道，还应该使工人明确一些基本的事故发生前的预兆，以及事故发生时如何保护好他们生命安全。另外，工人在预感有危险的情况下，有权拒绝施工。

在此次事故中，作业的工人大多为农民工，没有经过任何的安全培训，就连基本的逃生通道也不明确，更不用说对危险的预警意识了，这是导致此次悲剧的重要原因。

(4) 工程的前期规划设计存在问题，存在边施工边规划的现象。

据资料显示，杭州一号线在钱塘江南岸的走向，经历了多次规划方案的调整和五次预可行性研究，在开始施工后路线也有所变动。另外，在整个设计和施工中，没有做好事前的规划设计，没有考虑到周边环境的影响，该拆迁的没有拆迁，该转移的东西没有转移，高速公路就在基坑的表面上行走，更加大了基坑垮塌的可能性。

领导的意见代替了科学的决策分析，以及地方政府、监理部门的监管不力，都是导致此次事故的部分原因。

3. 处理措施

为了避免挡土墙继续倾斜倒塌，防止坑里继续下陷，经过专家研究，施工单位已拆除基坑附近的七处五层楼高民居，以及在挡土墙东侧挖掘一道深度约为基坑深度三倍的沟，作为基坑外的挡水措施。

4. 事后总结

(1) 基坑的开挖必须分层、分段，且开挖时间不宜过长，每次分层开挖控制在3m，分段开挖保证在15～20m。

(2) 基坑必须先支撑后开挖，并把握好支撑的细节，基坑的变形要求在受控的状态范围内。

(3) 注意在雨天环境下基坑的及时排水，在完工后，要立即加固混凝土，确保基坑不变形。

(4) 基坑采挖穿越建筑物的时候，既要防止渗水，又要保护地层上的建筑物。另外在地表以下，还要注意避让电力、电信、煤气等管道，给水排水也是要重点关注的问题。

(5) 在基坑中采用“地下连续墙”，先把墙体一幅幅做好，再通过接缝措施，连接成整体通道，这样可以很好地解决渗水问题。

(6) 如果一个地铁站在施工时发生比较严重的塌方，得先止住渗水，然后保护沿线管道管线，一边清理基坑里的建筑施工材料一边对基坑进行回填，恢复路面，然后重新开挖。

(7) 地铁通道如果采用的是明挖法和盖挖法，密闭性高，能有效防止渗水。如果在施工过程中出现渗水，施工队也会及时检查，弥补缝隙，必要时采取应急措施。

(8) 地面出现裂缝，可在地面上增加荷载，同时对基坑内部的支撑做顶推支持。

(9) 做好基坑内外的放水措施，阻止地下水流入基坑，降低水力梯度，防止流砂的产生。

(10) 增加安全管理防范措施。

(11) 一些问题在施工过程中应及时发现和补救。

(12) 地质不好并不能说是主要问题而不去修地铁，现代工程技术已经完全能够解决在流砂土质条件下的施工。关键是要做好事前的考察与设计，施工过程中要按程序施工，使用合格材料。

应用案例4-2

基坑支护结构方案错误

1. 事故概况

济南某大厦位于繁华市区，地上23层、地下3层，基坑开挖深度为12m，建筑面积为20185m^2，场地狭窄，东、南、北三面距相邻建筑物较近，如图4.6所示。该工程地质勘察表明土层自地表以下依次为杂填土、素填土、Ⅰ级非自重湿陷黄土、粉质黏土、卵石、黏土等，地下静止水位为-7.0m。

1）基坑支护方案

本工程基础围护方案原设计为采用大直径灌注桩作挡墙，一层土层锚杆拉锚，桩顶设钢筋混凝土圈梁的桩锚支护体系，需费用为100万元。建设单位从降低工程造价角度考虑，提出部分采用ϕ800悬臂灌注桩，部分采用ϕ150钢管悬臂桩，部分放坡方案，费用为40万元。结果按建设单位方案，西侧采用1:0.3放坡；东、南、西北角筑ϕ800灌注桩57根，强度等级为C30，间距1800mm，桩长18m，悬臂12m，入坑底6m；在基坑北部部分地段用ϕ150钢管桩7根，桩距1m，桩长15m，悬臂12m，嵌入地内3m；沿基坑四周设ϕ400深井12口，井深12m，用潜水泵抽水到地面渠排出。

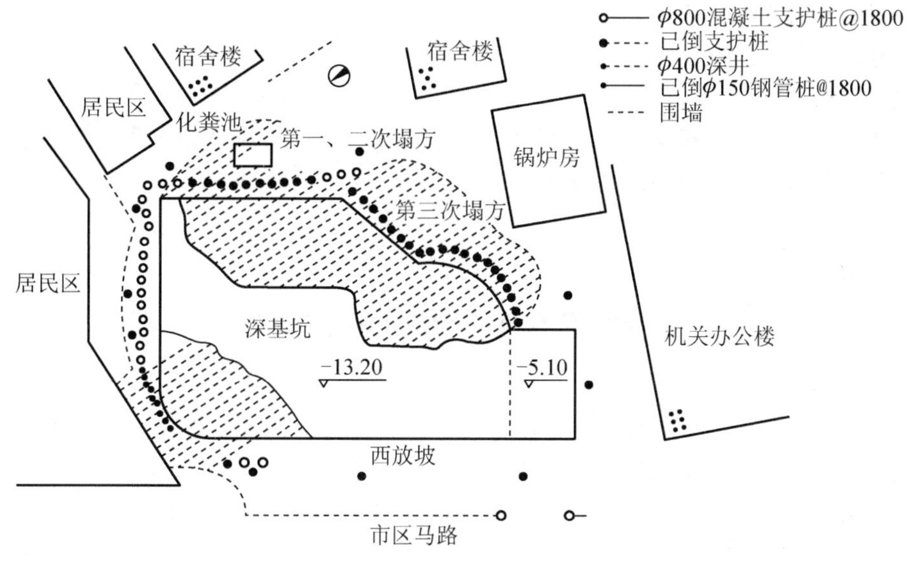

图4.6　现场支护及塌方平面示意

2）环境情况

在基坑东面有一化粪池，南面有锅炉房及管道，由于长期积水、渗水，因此对基坑有影响。

3）倒塌过程情况

土方开挖分两次进行，第一次挖到-6.5m，第二次再挖到-13m(地下水位降到-13.2m)。倒塌共分4次，第一次于11月22日下午15时，基坑东侧③～④轴间的一根桩发生35°内倾，土体发生局部塌方。紧临该桩的东南部6根桩虽未出现明显位移，但桩后土体出现5.0～10.0mm的裂缝。北部约12m未打桩的范围内3.2m宽的道路下沉，地面裂缝10.0～20.0mm，路边房屋出现3道1.0～5.0mm竖向裂缝。各种迹象预示为大塌方的前兆。第二次于12月19日上午8时，坑东侧②～⑤轴约20m范围内的8根桩突然倒塌，在距坑底1m左右处桩被折断，桩后土体大量涌入坑内，地面上一座化粪池整个倾入坑内。为保住其余未倒的桩，又紧急采取在坑内顶撑加固措施，未能奏效。第三次于次年2月12日上午，基坑南侧又有15根桩倒塌。第四次于2月18日，在北侧西部地段又发生局部塌方，道路被中断，坍塌到房屋边缘。几次断桩、塌方来势凶猛，均在瞬间发生，共造成坑内土方堆积9000m^3，断桩23根，倾侧2根，7根ϕ150钢管桩歪倒。

2. 事故原因分析

1）主要原因

基坑支护必须认真对待，决不能为节省费用，随便定个方案。应通过土质指标ϕ、c、γ等，经计算制定可靠的方案，还应经认证后确定方案。经事故分析与某坑支护结构设计验算原先施工单位提出的方案是可行的，建设单位乱定方案，不按科学办事，结果是浪费了投资，拖延了工期，欲速则不达。确定方案应提出几个预备方案比较并经论证，从中选择既安全又经济的支护方案。

该工程倒塌主要原因有以下几点。

(1) 悬臂灌注桩锚固长度不足，必须达到10m长度。

(2) ϕ800@1.8m的桩径、桩距不满足要求，应为ϕ1000@1.5m。

(3) 灌注桩内配筋太少导致灌注桩折断。

(4) 桩顶未做圈连梁。

2）次要原因

该工程倒塌次要原因是漏水。因为水将原来设计计算的土质指标改变。但是计算本身有安全系数，只是漏水、浸水尚不致倒塌。因此最主要的原因是设计方案的失误。

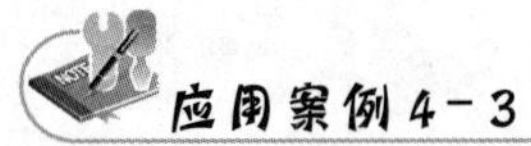

土方堆置不合理导致的伤亡事故

1. 事故概况

2002年3月13日，在江苏某市政公司承接的苏州河支流污水截流工程金钟路某号路段工地上，施工单位正在做工程前期准备工作。为了了解地下管线情况、土质情况及实测原有排水管涵位置标高，下午15时30分开始地下管线探摸、样槽开挖作业。下午16时30分左右，当挖掘机将样槽挖至约2m深时，突然土体发生塌方，当时正在坑底进行挡土板支撑作业的工人周某避让不及，身体头部以下被埋入土中。事故发生后，现场项目部经理、施工员立即组织人员进行抢救，并通知120救护中心、119消防部门赶赴现场进行抢救，经抢救无效，周某于下午17时左右在某医院死亡。

2. 事故原因分析

1）直接原因

(1) 施工过程中土方堆置不合理。土方堆置未按规定单侧堆土高度不得超过1.5m、离沟槽边距离不得小于1.2m要求进行。实际堆土高度达2m，距沟槽边距离仅1m。

(2) 现场土质较差。现场为原沟浜回填土约4m深，且紧靠开挖的沟槽，其中夹杂许多垃圾，土体非常松散。

2）间接原因

(1) 施工现场安全措施针对性较差。未能考虑员工逃生办法，对事故的预见性较差，麻痹大意。

(2) 施工人员安全意识淡薄。对三级安全教育、安全技术交底、进场安全教育未能引起足够重视，凭经验作业。

(3) 坑底作业人员站立不当，自身防范意识不强，逃生时晕头转向，从而发生了事故。

(4) 施工现场管理不力。由于刚进场作业，对于安全生产各方面准备不充分，思想上未能引起足够重视，管理不到位。

3）主要原因

(1) 施工过程中土方堆置不合理。

(2) 开挖后未按规范规定在深度达1.2m时，应及时进行分层支撑。而实际施工开挖至2m后，才开始支撑挡板。

(3) 现场土质较差，土体非常松散。

3. 事故预防及控制措施

(1) 暂停施工，进行全面安全检查整改。

(2) 召开事故现场会，进一步对职工进行安全教育。

(3) 制定有针对性的施工安全技术措施，对每一施工路段制定相应的施工大纲，严格按施工技术规范和安全操作规程作业，对上岗职工进行安全技术交底，配备足够的施工保护设施用品，如横列板、钢板桩、逃生扶梯等，并督促落实。

(4) 进一步落实岗位责任制。

应用案例4-4

基坑施工方案不合理

1. 事故概况

2002年12月29日，在上海某建筑安装工程有限公司承建的某旧区改造工程的工地上，正在进行基础工程的挖土施工作业。其中6号房位于施工现场道路东侧，基础开挖后为防止基坑边坡塌方，瓦工班长邱某安排瓦工张某等砌筑边坡挡土墙。12月29日晚8时30分左右，正在6号房基坑西北角砌筑挡土墙的张某被突然坍下来的部分土体压住。事故发生后，现场立即组织人员将其救出，并随即送往医院紧急抢救，但因张某脑部挫裂伤势过重，经抢救无效于当晚死亡。

2. 事故原因分析

1）直接原因

张某等人在6号房基础内，砌筑边坡挡土墙的过程中，偏西北角的部分松弛的土体突然坍塌，将正在低头砌墙的张某压住，头部碰撞挡土墙，是造成本次事故的直接原因。

2）间接原因

夜间施工作业场所照明不足，张某等人在施工时，未对现场周围土体松弛脱落现象引起重视，没有及时发现和消除事故隐患，自我保护意识不强，是造成本次事故的间接原因。

3）主要原因

6号房紧临施工主干道，运输车辆来往频繁，基坑边坡受到动荷载较多，对于边坡稳定极为不利，且本工程地质松软。针对本工程特点，应在土方开挖前先做好基坑围护，才能开挖。

项目部在进行6号房基础开挖施工时，对临近施工道路一侧，未设置有效的安全防护隔离栏，致使道路侧基坑边坡在车辆碾压下严重变形造成土体松弛，在未对该部位进行临时加固措施的情况下，安排未进行安全技术交底的职工张某等进行砌筑墙施工，以致松弛的土体坍塌压住张某致死。因此，施工现场对危险作业部位监控不力，安全防护措施不到位，对职工未进行有效的安全技术交底，是造成本次事故的主要原因。

3. 事故预防及控制措施

(1) 公司立即组织召开事故现场会，吸取本次伤亡事故的惨痛教训，举一反三，开展安全责任制教育，明确各级管理人员、施工人员的安全责任，提高全员的安全意识，杜绝事故重复发生。

(2) 建立健全施工现场安全生产保证体系，确保施工现场全过程的安全管理和控制。

(3) 建立健全安全教育、安全技术交底制度，狠抓对施工作业人员安全教育、安全技术交底工作的落实，在施工全过程做到教育在前、交底在先，把安全管理工作落到实处。

(4) 对危险作业部位和过程编制专项施工方案，严格审批程序，并在施工过程中予以严格执行。

(5) 加大施工现场的安全检查监督力度，加强对危险源和不安全因素的监控，对安全缺陷和事故隐患进行及时、彻底的整改，并予以复查验证。

(6) 加强对职工的自我保护意识和安全防范意识的教育培训，做到“不伤害自己，不伤害他人，不被他人伤害”，确保安全生产。

特别提示

建筑工程的基坑支护的安全检查，应以《建筑施工安全检查标准》(JGJ 59—2011)中“表B.11基坑支护安全检查评分表”为依据(表4-9)。

表4-9　基坑支护安全检查评分表

序号	检查项目		扣分标准	应得分数	扣减分数	实得分数
1	保证项目	施工方案	基坑工程未编制专项施工方案，扣10分 专项施工方案未按规定审核、审批，扣10分 超过一定规模条件的基坑工程专项施工方案未按规定组织专家论证，扣10分 基坑周边环境或施工条件发生变化，专项施工方案未重新进行审核、审批，扣10分	10		

续表

序号	检查项目		扣分标准	应得分数	扣减分数	实得分数
2	保证项目	安全防护	人工开挖的狭窄基槽，开挖深度较大或存在边坡塌方危险未采取支护措施，扣10分 自然放坡的坡率不符合专项施工方案和规范要求，扣10分 基坑支护结构不符合设计要求，扣10分 支护结构水平位移达到设计报警值未采取有效控制措施，扣10分	10		
3		基坑支护	基坑开挖深度范围内有地下水未采取有效的降排水措施，扣10分 基坑边沿周围地面未设排水沟或排水沟设置不符合规范要求，扣5分 放坡开挖对坡顶、坡面、坡脚未采取降排水措施，扣5～10分 基坑底四周未设排水沟和集水井或排除积水不及时，扣5～8分	10		
4		降排水	支护结构未达到设计要求的强度提前开挖下层土方，扣10分 未按设计和施工方案的要求分层、分段开挖或开挖不均衡，扣10分 基坑开挖过程中未采取防止碰撞支护结构或工程桩的有效措施，扣10分 机械在软土场地作业，未采取铺设渣土、砂石等硬化措施，扣10分	10		
5		坑边荷载	基坑边堆置土、料具等荷载超过基坑支护设计允许要求，扣10分 施工机械与基坑边沿的安全距离不符合设计要求，扣10分	10		
6		基坑开挖	开挖深度2m及以上的基坑周边未按规范要求设置防护栏杆或栏杆设置不符合规范要求，扣5～10分 基坑内未设置供施工人员上下的专用梯道或梯道设置不符合规范要求，扣5～10分 降水井口未设置防护盖板或围栏，扣10分			
小计				60		

续表

序号	检查项目		扣分标准	应得分数	扣减分数	实得分数
7	一般项目	基坑监测	未按要求进行基坑工程监测，扣10分 基坑监测项目不符合设计和规范要求，扣5～10分 监测的时间间隔不符合监测方案要求或监测结果变化速率较大未加密观测次数，扣5～8分 未按设计要求提交监测报告或监测报告内容不完整，扣5～8分	10		
8	一般项目	支撑拆除	基坑支撑结构的拆除方式、拆除顺序不符合专项施工方案要求，扣5～10分 机械拆除作业时，施工荷载大于支撑结构承载能力，扣10分 人工拆除作业时，未按规定设置防护设施，扣8分 采用非常规拆除方式不符合国家现行相关规范要求，扣10分	10		
9	一般项目	作业环境	基坑内土方机械、施工人员的安全距离不符合规范要求，扣10分 上下垂直作业未采取防护措施，扣5分 在各种管线范围内挖土作业未设专人监护，扣5分 作业区光线不良，扣5分	10		
10	一般项目	应急预案	未按要求编制基坑工程应急预案或应急预案内容不完整，扣5～10分 应急组织机构不健全或应急物资、材料、工具机具储备不符合应急预案要求，扣2～6分	10		
小计				40		
检查项目合计				100		

小结

本项目重点讲授了以下3个模块。

（1）基坑支护安全施工中应重点实施和检查的保证项目，包括施工方案、安全防护、基坑支护、降排水措施、坑边荷载、基坑开挖等方面的安全知识和技能。

（2）基坑支护安全施工中应常规实施和检查的一般项目，包括基坑监测、支撑拆除、作业环境、应急预案等方面的安全知识和技能。

（3）基坑支护安全事故案例的分析处理与预防。

通过本项目的学习，学生应学会如何在建筑工程基坑支护施工过程中各个环节采取安全措施，并进行检查，以确保施工过程的安全。

习题

1. 基坑支护安全施工的保证项目和一般项目分别是哪些?
2. 在基坑开挖中造成坍塌事故的主要原因是什么?
3. 人工挖孔桩施工的安全技术措施有哪些?
4. 基坑周边搭设的防护栏杆，在选材、搭设方式及牢固程度等方面应符合哪些要求?
5. 基坑施工要设置有效的降排水措施，对地下水的控制一般有哪些方法?
6. 基坑施工中，对坑边荷载有哪些规定?
7. 基坑开挖过程中要特别注意监测哪些内容?

项目 5

模板工程安全管理

教学目标

掌握模板工程施工过程中安全保障的保证项目：施工方案、支架基础、支架构造、支架稳定、施工荷载、交底与验收等方面的安全知识和技能，熟悉模板工程施工过程中安全保障的一般项目：杆件连接、底座与托撑、构配件材质、支架拆除等方面的安全知识和技能。通过本项目的学习，学生应具备基本的预防、分析、处理模板工程施工中安全问题和事故的知识与技能。

教学步骤

目　标	内　容	权重
知识点	1. 保证项目：施工方案、支架基础、支架构造、支架稳定、施工荷载、交底与验收等方面的安全概念、注意事项、解决方法和措施 2. 一般项目：杆件连接、底座与托撑、构配件材质、支架拆除等方面的安全概念、注意事项、解决方法和措施	35%
技能	针对上述知识点创设相关实训场景以培养学生思考和动手解决实际问题的能力	35%
分析案例	实际工程模板安装施工中的安全事故分析处理和经验教训	30%

章节导读

1. 模板工程的概念

模板工程指新浇混凝土成型的模板以及支撑模板的一整套构造体系，其中，接触混凝土并控制预定尺寸、形状、位置的构造部分称为模板，支持和固定模板的杆件、桁架、联结件、金属附件、工作便桥等构成支撑体系。对于滑动模板、自升模板，则由增设提升动力以及提升架、平台等构成。模板工程在混凝土施工中是一种临时结构。

2. 模板的分类

模板的分类有各种不同的方法。按照形状分为平面模板和曲面模板两种；按受力条件分为承重和非承重模板(即承受混凝土的重量和混凝土的侧压力)；按照材料分为木模板、钢模板、钢木组合模板、重力式混凝土模板、钢筋混凝土镶面模板、铝合金模板、塑料模板等；按照结构和使用特点分为拆移式、固定式两种；按其特种功能有滑动模板、真空吸盘或真空软盘模板、保温模板、钢模台车等。

3. 模板的基本安全要求

模板及其支撑应具有足够的承载能力、刚度和稳定性，能可靠地承受模板自重、钢筋和混凝土的重量、运输工具及操作人员等活荷载和新浇注混凝土对模板的侧压力和机械振动力等。因此，模板工程安全技术非常重要。

4. 模板工程施工现场

模板工程施工现场如图 5.1 和图 5.2 所示。

图 5.1　建筑工程模板工程施工现场(一)

图 5.2　建筑工程模板工程施工现场(二)

案例引入

模板支撑系统失稳，×市电视台演播中心工程坍塌事故

×市电视台演播中心工程由市电视台投资兴建，×大学建筑设计院设计，×建设监理公司对工程进行监理。该工程在市招标办公室进行公开招投标，该市×建筑公司于2000年1月13日中标，并于3月31日与市电视台签订了施工合同。该建筑公司组建了项目经理部，史某任项目经理，成某任项目副经理。4月1日工程开工，计划竣工日期为第二年7月31日。工地总人数约250人，民工主要来自南方各地。

×市电视台演播中心工程地下二层、地上十八层，建筑面积 34000m^2，采用现浇框架剪力墙结构体系。演播中心工程的大演播厅总高 38m(其中地下 8.70m，地上 29.30m)，面积为 624m^2。7 月份开始搭设模板支撑系统支架，支架钢管、扣件等总吨位约 290t，钢管和扣件分别由甲方、市建工局材料供应处、×物资公司提供或租用。原计划 9 月底前完成屋面混凝土浇筑，预计 10 月 25 日下午 4 时完成混凝土浇筑。

在大演播厅舞台支撑系统支架搭设前，项目部在没有施工方案的情况下，按搭设顶部模板支撑系统的施工方法，先后完成了 3 个演播厅、门厅和观众厅的搭设模板和浇筑混凝土施工。1 月，该项目经理部项目工程师茅某编制了《上部结构施工组织设计》，并于当月 30 日经项目副经理成某和分公司副主任工程师赵某批准实施。

7 月 22 日开始搭设施工后，时断时续。搭设时没有施工方案，没有图纸，没有进行技术交底。由项目副经理成某决定支架立杆、纵横向水平杆的搭设尺寸，按常规(即前 5 个厅的支架尺寸)进行搭设，由项目部施工员丁某在现场指挥搭设。搭设开始约 15 天后，分公司副主任工程师赵某将《模板工程施工方案》交给丁某。丁某看到施工方案后，向项目副经理成某作了汇报，成某答复还按以前的规格搭架子，到最后再加固。模板支撑系统支架由该建筑公司的劳务公司组织进场的朱某工程队进行搭设(朱某是市标牌厂职工，以个人名义挂靠在该建筑公司劳务公司，6 月份进入施工工地从事脚手架搭设，事故发生时朱某工程队共 17 名民工，其中 5 人无特种作业人员操作证)，地上 25～29m 最上边一段由木工工长孙某负责指挥木工搭设。10 月 15 日完成搭设，支架总面积约 624m^2，高度 38m。搭设支架的全过程中，没有办理自检、互检、交接检、专职检的手续，搭设完毕后未按规定进行整体验收。

10 月 17 日开始进行模板安装，10 月 24 日完成模板安装。23 日木工工长孙某向项目部副经理成某反映水平杆加固没有到位，成某即安排架子工加固支架，25 日浇筑混凝土时仍有 6 名架子工在继续加固支架。

10 月 25 日 6 时 55 分开始浇筑混凝土，8 时多，项目部资料质量员姜某才补填混凝土浇捣令，并送监理公司总监韩某签字，韩某将日期签为 24 日。浇筑现场由项目部混凝土工长邢某负责指挥。该建筑公司的混凝土分公司负责为本工程供应混凝土，为 B 区屋面浇筑 C40 混凝土，坍落度 16～18cm，用两台混凝土泵同时向上输送(输送高度约 40m、泵管长度约 60m×2)。浇筑时，现场有混凝土工工长 1 人、木工 8 人、架子工 8 人、钢筋工 2 人、混凝土工 20 人，以及电视台 3 名工作人员(为拍摄现场资料)等。自 10 月 25 日 6 时 55 分开始至 10 时 10 分，输送机械设备一直运行正常。到事故发生时止，输送至屋面混凝土约 139m^3，重约 342t，占原计划输送屋面混凝土总量的 51%。

10 时 10 分，当浇筑混凝土由北向南单向推进，浇至主次梁交叉点区域时，模板支架立杆失稳，引起支撑系统整体倒塌。屋顶模板上正在浇筑混凝土的工人纷纷随塌落的支架和模板坠落，部分工人被塌落的支架、模板和混凝土浆掩埋。

事故发生后，该建筑项目经理部向有关部门紧急报告事故情况。闻讯赶到的领导，指挥公安民警、武警战士和现场工人实施了紧急抢险工作，将伤者立即送往医院进行救治。最后，造成正在现场施工的民工和电视台工作人员共计 6 人死亡、35 人受伤(其中重伤 11 人)，直接经济损失 70.7815 万元。

【案例思考】

针对上述案例，试分析该事故发生的可能原因，事故的责任划分，可预先采取哪些防范措施?

混凝土结构工程在土木工程中占主导地位，其施工方案的优劣、安全技术措施的合理全面与否，对工程的质量与安全影响很大。混凝土结构工程按施工方法，分为现浇钢筋混凝土结构和装配式预制混凝土构件结构两个方面；按钢筋是否预先施加应力，分有混凝土结构和预应力混凝土结构两类。

混凝土结构工程包括模板工程、钢筋工程和混凝土工程等。因混凝土结构工程是由多个工种工程组成，且施工过程多，施工周期长，因此，在安排计划、组织生产的同时，要考虑安全生产的因素，从而保证在安全生产的基础上达到高质量、高速度和低造价的项目管理目标。

5.1 模板工程安全技术

模板是新浇混凝土成形用的模型。在拆模之前，模板承受着浇筑过程中施工人员与施工机具等施工荷载，承受着钢筋与混凝土的自重。因此，如果模板体系选择不当、模板设计不合理、模板安装不符合有关规定等，均有可能造成支撑杆件失稳、模板系统倒塌等安全事故。

1. 模板设计

模板及其支架应根据工程结构形式、荷载大小、地基土类别、施工设备和材料供应等条件进行设计。模板及其支架应具有足够的承载能力、刚度和稳定性，能可靠地承受浇筑混凝土的重量、侧压力以及施工荷载。

1）模板设计荷载

模板及其支架设计时考虑的荷载包括恒荷载和活荷载两类。恒荷载有模板及支架自重、新浇混凝土自重及侧压力和钢筋自重；活荷有施工人员及设备自重、浇筑混凝土的振捣荷载和混凝土的倾倒荷载。荷载组合的分项系数恒荷载为 1.2，活荷载为 1.4。

（1）恒荷载标准值取值包括模板及支架自重标准值、新浇混凝土自重标准值、钢筋自重标准值及新浇混凝土对模板侧面的压力标准值的取值。

① 模板及支架自重标准值。按图纸或实物计算确定，或参考表 5－1 取定。

表 5－1　楼板模板自重标准值　　单位：/（kN/m^2）

模板构件的名称	木模板	定型组合钢模板
平板的模板及小楞	0.3	0.5
楼板模板(包括梁模板)	0.5	0.75
楼板模板及其支架自重(楼层高度 4m 以下)	0.75	1.1

② 新浇混凝土自重标准值。普通混凝土为 $24kN/m^3$，其他混凝土根据实际重力密度确定。

③ 钢筋自重标准值。按设计图纸确定或通常楼板取 $1.1kN/m^3$，梁取 $1.5kN/m^3$。

④ 新浇混凝土对模板侧面的压力标准值。采用内部振动器时，可按下列公式计算，并取两式计算结果的较小值。

$$F = 0.22\gamma_c t_0 \beta_1 \beta_2 V^{\frac{1}{2}} \tag{5-1}$$

$$F = \gamma_c H \tag{5-2}$$

式中，F——新浇混凝土对模板的侧压力标准值(kN/m^2)。

γ_c——混凝土的重力密度(kN/m^3)。

t_0——新浇混凝土的初凝时间(h)；可按实测确定。当缺乏试验资料时，可采用 $t_0 = 200(T+15)$计算；T 为混凝土入模时的温度(℃)。

V——混凝土的浇筑速度(m/h)。

H——混凝土侧压力计算位置处至新浇混凝土顶面的总高度(m)。

β_1——外加剂影响修正系数，不掺外加剂时取 1.0，掺具有缓凝作用的外加剂时取 1.2。

β_2——混凝土坍落度影响修正系数，当坍落度小于 30mm 时，取 0.85；当坍落度为 50～90mm 时，取 1.0；当坍落度为 110～150mm 时，取 1.15。

在桥梁模板设计中，当采用内部振捣器，并且混凝土的浇筑速度在 6m/h 以下时，新浇筑的混凝土作用于模板最大侧压力可按下式计算

$$P_{max} = K\gamma H \tag{5-3}$$

式中，P_{max}——新浇混凝土对模板的最大侧压力(kN/m^2)。

H——有效压头高度(m)；当 $v/T < 0.035$ 时，$H = 0.22 + 24.9v/T$；当 $v/T > 0.035$ 时，$H = 1.53 + 3.8v/T$。

v——混凝土的浇筑速度(m/h)。

T——混凝土入模时的温度(℃)。

γ——混凝土的容重(kN/m^3)。

K——外加剂影响修正系数，不掺外加剂时取 1.0，掺具有缓凝作用外加剂时取 1.2。

(2) 活荷载标准值取值包括施工人员及设备荷载标准值、倾倒(见表 5-2)或振捣混凝土时产生的荷载标准值的取值。

① 施工人员及设备荷载标准值。计算模板及直接支撑模板的小楞时，考虑均布活荷载 $2.5kN/m^2$，另以集中荷载 2.5kN 进行验算，取两者中较大的弯矩值；计算支撑小楞构件时，均布活荷载取 $1.5kN/m^2$；计算支架立柱及其他支撑结构构件时，均布活荷载取 $1.0kN/m^2$；对大型浇筑设备、混凝土泵等置于模板之上时的活荷载应按实际情况计算。

表 5-2　向模板中倾倒混凝土时产生的水平荷载标准值　　单位：kN/m^3

项次	向模板中供料方法	定型组合钢模板
1	用溜槽、串筒或由导管输出	2
2	用容量为小于 $0.2m^3$ 的运输器具倾倒	2
3	用容量为 $0.2 \sim 0.8m^3$ 的运输器具倾倒	4
4	用容量为大于 $0.8m^3$ 的运输器具倾倒	6

注：作用范围在有效压头高度以内。

② 倾倒混凝土时产生的荷载标准值。倾倒混凝土时对垂直面模板产生的水平荷载标准值，按表5-2采用。

③ 振捣混凝土时产生的荷载标准值。水平面模板的振捣荷载按2.0kN/m^{2}考虑，垂直面模板则取4.0kN/m^2。

2）模板设计的有关计算规定

计算钢模板、木模板及支架时都要遵守相应结构的设计规范。

验算模板及其支架的刚度时，其最大变形值不得超过下列允许值。

（1）对结构表面外露的模板，为模板构件计算跨度的1/400。

（2）对结构表面隐蔽的模板，为模板构件计算跨度的1/250。

（3）对支架的压缩变形值或弹性挠度，为相应的结构计算跨度的1/1000。

支架立柱或桁架应保持稳定，并用撑位杆件固定。验算模板及其支架在自重和风荷载作用下的抗倾倒稳定性时，应符合有关的规定。

2. 模板安装

模板的安装是以模板工程施工设计为依据，按预定的安装方案和程序进行。在模板安装之前及安装过程中应注意如下安全技术。

（1）当模板高度在3m及3m以上时，应遵守高空作业的有关规定。如工人必须站在脚手架或工作平台上作业，周围应设有防护栏杆和安全网等。

（2）在雷雨季节施工，当钢模板高度超过15m时，要考虑安设避雷设施，避雷设施的接地电阻不得大于4Ω；遇有5级及5级以上大风时，不宜进行预拼大块钢模板、台模架等大件模具的露天吊装作业；遇有大雨、下雪、大雾及6级以上大风等恶劣天气时，应停止露天的高空作业；雨雪停止后，要及时清除模板、支架及地面的冰雪和积水。

（3）在架空输电线路下面安装钢模板时，要停电作业，不能停电时，应有隔离防护措施。在夜间施工时，要有足够的照明设施，并制定夜间施工的安全措施。

（4）多人共同操作或扛抬模板时，要密切配合，协调一致。支模过程中如中途停歇，应将已就位的钢模板或支撑件连结稳固，不得空架浮搁。

（5）预拼装大模板应在专用的工作台或平整坚硬的地面上进行。大块钢模板的长宽尺寸，要根据运输、起重及施工等条件和安全要求确定。安装时，应边就位、边校正和插置连接件，边安设支撑件或加设临时支撑固定，防止大模板倾覆。塔式起重机吊钩必须在大模块就位固定可靠后方可脱钩。在两块大模板的接缝处，应根据设计规定增设纵横附加钢楞。大模板的堆放场地必须平整夯实，不得堆放在松土或坑洼不平的地方。

（6）模板属于周转性材料，每次拆下或安装前，均应检查其板块、钢楞及支撑件是否符合质量与安全要求，发现严重锈蚀、弯曲、压扁及裂纹等疵病的严禁使用。对钢模板的连接紧固件每使用一段时间后应取样进行荷载试验，经试验不符合标准要求的，应降低标准使用或不用。采用木杆支撑时，应选用松木或杉木，不得采用杨木、柳木、桦木、椴木等易变形和开裂的材种，有腐朽、折裂、枯节等疵病的木杆不能使用。采用竹杆支撑时，竹杆的小头直径不宜小于80mm，青嫩、枯脆、裂纹、白麻及虫蛀等竹竿严禁使用。

3. 模板在施工中的安全检查

模板安装完工后，在绑扎钢筋、灌筑混凝土及养护等过程中，须有专职人员进行安全检查，若发现问题，应立即整改。遇有险情，应立即停工并采取应急措施，修复或排除险情后，方可恢复施工。一般对模板工程的安全检查内容有以下几点。

(1) 模板的整体结构是否稳定。

(2) 各部位的结合及支撑着力点是否有脱开和滑动等情况。

(3) 连接件及钢管支撑的机件是否有松动、滑丝、崩裂、位移等情况，灌筑混凝土时，钢模板是否有倾斜、弯曲、局部鼓胀及裂缝漏浆等情况。

(4) 模板支撑部位是否坚固、地基是否有积水或下沉。

(5) 其他工种作业时，是否有违反模板工程的安全规定，是否有损模板工程的安全使用。

(6) 施工中突遇大风大雨等恶劣气候时，模板及其支架的安全状况是否存在安全隐患等。

4. 拆除模板

模板拆除应按施工设计及安全技术措施规定的施工方法和顺序进行，同时还必须遵守安全技术操作规程的有关规定。

模板的底板及其支架拆除时，混凝土的强度必须符合设计要求，当设计无具体要求时，混凝土强度应符合《混凝土结构工程施工质量验收规范(2011 年版)》(GB 50204—2002)的规定，见表 5-3。对后张法预应力混凝土结构构件，侧模宜在预应力张拉前拆除，而其底模支架的拆除应按施工技术方案执行；当无具体要求时，不应在结构构件建立预应力前拆除。

拆除模板的周围应设安全网，在临街或交通要道地区，应设警示牌，并设有专人维持安全，防止伤及行人。高空作业拆除模板时，作业人员必须系好安全带，拆下的模板、扣件等应及时运至地面，严禁空中抛下，若临时放置在脚手架或平台上，要控制其重量不得超过脚手架或工作平台的设计控制荷载，并放平放稳，防止滑落。拆模时若间歇片刻，应将已松扣的钢模板、支撑件拆下运走后方能休息，以避其坠落伤人或操作人员扶空坠落。

表 5-3 底模拆除时的混凝土强度要求

构件类型	构件跨度/m	达到设计的混凝土立方体抗压强度标准值的百分比(%)
板	≤2	≥50
	>2，≤8	≥75
	>8	≥100
梁、拱、壳	≤8	≥75
	>8	≥100
悬臂构件	—	≥100

5.2 模板工程安全管理保证项目

为保证建筑工程的模板工程的施工安全，施工企业必须做好：施工方案的编制与审批、支架基础、支架构造、支架稳定、施工荷载限制、交底与验收等安全保证工作。

1. 施工方案

施工方案内容应该包括模板及支撑的设计、制作、安装和拆除的施工程序、作业条件以及运输、堆放的要求等。模板工程施工应针对混凝土的施工工艺(如采用混凝土喷射机、混凝土泵送设备、塔式起重机浇注罐、小推车运送等)和季节施工特点(如冬季施工保温措施等)制定出安全、防火措施，一并纳入施工方案之中。

模板工程专项安全施工组织设计(方案)的主要内容有以下四点。

(1) 工程概况。要充分了解设计图纸、施工方法和作业特点以及作业的环境、相关的技术资源、施工现场与模板工程相关的高处作业临边防护措施和季节性施工特点等。

(2) 模板工程安装和拆除的技术要求。主要是对模板及其支撑系统的安装和拆除的顺序，作业时应遵守的规范、标准和设计要求，有关施工机具设备的要求，作业时对施工荷载的控制措施，模板及其支撑系统安装后的验收要求，浇捣混凝土时应注意的事项，浇捣大型混凝土时对模板支撑系统及模板进行变形和沉降观测的要求，模板拆除前混凝土强度应达到的标准，模板拆除前应履行的手续等作出明确具体的规定。

(3) 模板工程安全技术措施编制。模板工程的安全技术措施要和现场的实际情况(如现场已有的安全防护设施)相配合。重点是登高作业的防护和操作平台的设置，立体交叉作业的隔离防护，作业人员上、下作业面通道的设置或登高用具的配置，洞口及临边作业的防护，悬空作业的防护，有关施工机具设备的使用安全，有关施工用电的安全和高层大钢模板的防雷，夜间作业时的照明问题等。

(4) 绘制有关支撑系统的施工图纸。主要有支撑系统的平面图、立面图，有关关键、重点部位细部构造的节点详图等施工图纸。如对支撑模板及其支撑系统的楼、地面有加强措施的，也应按要求绘制相应的施工图纸。

2. 支架基础

基础应坚实、平整，承载力应符合专项施工方案要求，并应能承受支架上部全部荷载；支架底部应按规范要求设置底座、垫板，垫板的规格应符合规范要求；支架底部纵、横向应按规范要求设置扫地杆；基础应采取排水措施，并应排水畅通；当支架设在楼面结构上时，应对楼面结构的承载力进行验算，必要时对楼面结构采取加固措施。

3. 支架构造

立杆纵、横间距应符合设计和规范要求；水平杆步距小于设计和规范要求，水平杆应连续设置；按规范要求设置竖向、水平向剪刀撑或专用斜杆；按规范要求设置水平剪刀撑或专用水平斜杆，剪刀撑或斜杆设置应符合规范要求。

4. 支架稳定

支架高宽比超过规范要求时，应按规定设置连墙件或采用增加架体宽度的加强措施；立杆伸出顶层水平杆中心线至支撑的长度应符合规范要求；浇筑混凝土时应对支架的基础沉降、架体变形采取监测，基础沉降、架体变形应在规定允许的范围内。

5. 施工荷载

现浇式整体模板上的施工荷载一般按 2.5kN/m^{2}计算，并以 2.5kN 的集中荷载进行验算，新浇的混凝土按实际厚度计算重量。当模板上荷载有特殊要求时，按施工方案设计要求进行检查。

模板上堆料和施工设备应合理分散堆放，不应造成荷载的过多集中。尤其是滑模、爬模等模板的施工，应使每个提升设备的荷载相差不大，保持模板平稳上升。

6. 交底与验收

支架搭设、拆除前应进行交流，并应有交底记录；架体搭设完毕后应办理验收手续，验收内容应进行量化，并经责任人签字确认。对验收结果应逐项认真填写，并记录存在的问题和整改后达到合格的情况。

5.3 模板工程安全管理一般项目

为保证建筑工程的模板工程的施工安全，施工企业除必须做好上述保证项目的安全保证工作外，在其他几个一般项目的安全管理方面也应给予重视。这些一般项目包括：杆件连接、底座与托架、构配件材质、支架拆除等。

1. 杆件连接

立杆应采用对接、套接或承插式连接方式，并应符合规范要求；水平杆得连接应符合规范要求；当剪刀撑斜杆采用搭接时，搭接长度不应小于1m；杆件各连接点的紧固应符合规范要求。

2. 底座与托撑

可调底座、托撑螺杆直径与立杆内径匹配，配合间隙应符合规范要求；螺杆旋入螺母内的长度不应少于5倍的螺距。

3. 构配件材质

钢管、构配件的规格、型号、材质应符合规范要求；杆件弯曲、变形、锈蚀量应在规范允许范围内。

4. 支架拆除

支架拆除前结构的混凝土强度达到设要求；按规定设置警戒区，并设置专人监护。

模板支撑系统失稳，×建筑坍塌事故

1. 事故概况

事故概况请详见“案例引入”。

2. 事故原因分析

(1) 支撑系统搭设不合理。在主次梁交叉点区域的每平方米钢管支撑的立杆数应为6根，而实际上只有3根立杆受力；又由于梁底模下木枋呈纵向布置，使梁下中间排立杆的受荷过大，有的立杆受荷最大达4t多；有部分立杆底部无扫地杆、步距过大达2.6m，造成立杆弯曲；加之输送混凝土管的冲击和振动等影响，使节点区域的中间单立杆首先失稳并随之带动相邻立杆失稳。

(2) 模板支撑与周围结构连结点不足，在浇筑混凝土时造成了顶部晃动，加快了支撑失稳的速度。

(3) 未按《中华人民共和国建筑法》的要求对专业性较强的分项工程——现浇混凝土屋面板的模板支撑体系的施工编制专项施工方案；施工过程中，有了施工方案后也未按要求进行搭设。

(4) 没有按照规范的要求，对扣件或钢管支撑进行设计和计算，因此，在后补的施工方案中模板支架设计方案过于简单，且无计算书，缺乏必要的细部构造大样图和相关的详细说明。即使按照施工方案施工，现场搭设时也是无规范可循。

(5) 监理公司驻工地总监理工程师无监理资质，工程监理组没有对支架搭设过程严格把关，在没有对模板支撑系统的施工方案审查认可的情况下同意施工，没有监督对模板支撑系统的验收，就签发了浇筑令，工作严重失职，导致工人在存在重大事故隐患的模板支撑系统上进行混凝土浇筑施工，是造成这起事故的重要原因。

(6) 在上部浇筑屋盖混凝土的情况下，民工在模板支撑下部进行支架加固是造成事故伤亡人员扩大的原因之一。

(7) 该建筑公司领导安全生产意识淡薄，个别领导不深入基层，对各项规章制度执行情况监督管理不力，对重点部位的施工技术管理不严，有法有规不依。施工现场用工管理混乱，部分特种作业人员无证上岗作业，对民工未进行三级安全教育。

(8) 施工现场支架钢管和扣件在采购、租赁过程中质量管理把关不严，部分钢管和扣件不符合质量标准。

(9) 建筑安全管理部门对该建筑工程执法监督和检查指导不力，对监理公司的监督管理不到位。

3. 事故责任划分及处理意见

(1) 该建筑公司项目部副经理成某，具体负责大演播厅舞台工程，在未见到施工方案的情况下，决定按常规搭设顶部模板支架，在知道支撑系统的立杆、纵横向水平杆的尺寸与施工方案不符时，不与工程技术人员商量，擅自决定继续按原尺寸施工，盲目自信，对事故的发生应负主要责任，送交司法机关追究其刑事责任。

(2) 监理公司驻工地总监韩某，违反“市项目监理实施程序”中的规定，没有对施工方案进行审查认可，没有监督对模板支撑系统的验收，对施工方的违规行为没有下达停工令，无监理工程师资格证书上岗，对事故的发生应负主要责任，送交司法机关追究其刑事责任。

(3) 该建筑公司项目部施工员丁某，在未见到施工方案的情况下，违章指挥民工搭设支架，对事故的发生应负重要责任，送交司法机关追究其刑事责任。

(4) 朱某，违反国家关于特种作业人员必须持证上岗的规定，私招乱雇部分无上岗证的民工搭设支架，对事故的发生应负直接责任，送交司法机关追究其刑事责任。

(5) 该建筑分公司兼项目部经理史某，负责电视台演播中心工程的全面工作，对该工程的安全生产负总责，对工程的模板支撑系统重视不够，未组织有关工程技术人员对施工方案进行认真的审查，对施工现场用工混乱等管理不力，对这起事故的发生应负直接领导责任，给予史某行政撤职处分。

(6) 监理公司总经理张某，违反住房和城乡建设部“监理工程师资格考试和注册试行办法”(第 18 号令)的规定，严重不负责任，委任没有监理工程师资格证书的韩某担任电视台演播中心工程的总监理工程师；对驻工地监理组监管不力，工作严重失职，应负有监理方的领导责任。有关部门按行业管理规定对该监理公司给予在某市停止承接任务一年的处罚和相应的经济处罚。

(7) 该建筑公司总工程师郎某，负责公司的技术质量全面工作，并在公司领导内部分工负责电视台演播中心工程，深入工地解决具体的施工和技术问题不够，对大型或复杂重要的混凝土工程施工缺乏技术管理，监督管理不力，对事故的发生应负主要领导责任，给予他行政记大过处分。

(8) 该建筑公司安技处处长李某，负责公司的安全生产具体工作，对施工现场安全监督检查不力，安全管理不到位，对事故的发生应负安全管理上的直接责任，给予他行政记大过处分。

(9) 该建筑公司某分公司副主任工程师赵某，负责分公司技术和质量工作，对模板支撑系统的施工方案的审查不严，缺少计算说明书、构造示意图和具体操作步骤，未按正常手续对施工方案进行交接，对事故的发生应负技术上的直接领导责任，给予赵某行政记过处分。

(10) 项目经理部项目工程师茅某，负责工程项目的具体技术工作，未按规定认真编制模板工程施工方案，施工方案中未对“施工组织设计”进行细化，未按规定组织模板支架的验收工作，对事故的发生应负技术上重要责任，给予茅某行政记过处分。

(11) 该建筑公司副总经理万某，负责该建筑公司的施工生产和安全工作，深入基层不够，对现场施工混乱、违反施工程序缺乏管理，对事故的发生应负领导责任，给予万某行政记过处分。

(12) 该建筑公司总经理刘某，负责公司的全面工作，对公司安全生产负总责，对施工管理和技术管理力度不够，对事故的发生应负领导责任，给予刘某行政警告处分。

4. 事故预防措施与对策

1) 组织措施

(1) 决定召开全市大会，通报事故情况、公布对责任者的处理意见、对全市建筑行业下一步安全生产工作提出具体明确的要求。

(2) 市建工局、市建委认真吸取事故教训，举一反三，按国家行业管理的各项法律法规的要求，强化行业管理，采取有力措施，加强技术管理工作，针对薄弱环节和存在的问题，完善各项规章制度和责任制。

(3) 加强对施工企业的管理力度，规范企业的施工现场管理、技术管理、用工管理，坚决制止私招乱雇现象；新工人入场，必须进行严格的三级安全教育；特别是对特种作业人员持证上岗情况，一定要严格履行必要的验证手续，如审查备案证书的原件；对民工应加强对施工现场危险、危害因素和紧急救援、逃生方面知识的教育。

(4) 加强对监理单位的管理工作，严格规范建设监理市场，严禁无证监理；禁止将监理业务转包或分包；监理人员必须持证上岗；监理公司应充实安全技术专业监理人员，对施工过程中的每个环节，特别是对技术性强、工艺复杂、危险性较大的项目监理工作一定要到位。

2）技术措施

(1) 按照《中华人民共和国建筑法》的规定，对专业性较强的分部分项工程，必须编制专项施工方案，在施工中遵照执行。

(2) 专项施工方案必须具有按规范规定的计算方法的设计计算书，具有符合实际的、有可操作性的构造图及保证安全的实施措施。

(3) 对特殊、复杂、技术含量高的工程，技术部门要严格审查、把关；健全检查、验收制度，提高防范事故的能力。

(4) 严格履行现场施工技术管理程序，认真执行签字验收责任制度，依法追究责任。

(5) 在购买和使用建筑用材料、设备时，必须有产品合格证、检测报告书、生产许可证(若需要时)等，签订购置、租赁合同时要明确产品质量责任，必要时委托有资质的单位进行检验。

应用案例5-2

高支模支撑体系突然局部坍塌，造成支撑体系倾斜

1. 事故概况

深圳市龙岗区×花园10区商业街工程，于2003年6月24日上午9时30分开始浇筑屋面混凝土，浇筑采用梁、板、柱一次现浇的方式。下午1时30分，已浇筑混凝土120m^3，此时高8.8m的高支模支撑体系突然局部坍塌，造成支撑体系倾斜。现场18名作业人员中，工程师熊某被压在混凝土下，经抢救无效死亡，另有2名工人受轻伤。

2. 事故原因分析

1）直接原因

高支模支撑体系未按施工方案要求搭设，立杆间距过大，横杆步距过大，无剪刀撑，无扫地杆，脚手架与建筑物无连接，导致支撑体系失稳。

2）间接原因

(1) 施工企业安全管理体系不健全，对项目缺乏有效管理。

(2) 项目安全管理制度不落实，高支模搭设未履行必要的验收手续。

(3) 监理公司在高支模专项方案审批和验收方面监理不到位。

3. 事故教训

(1) 高支模支撑体系的搭设必须严格按照施工方案进行，严格控制立杆间距、横杆步距、剪刀撑、扫地杆，做好架体与建筑物的连接，保证支撑体系的稳定性。

(2) 高支模支撑体系搭设完毕必须履行验收手续，未经验收或验收不合格的，不准使用。

(3) 加强现场安全检查力度，及时发现隐患及时整改。

(4) 监理公司必须履行监理单位的安全责任，加强对施工现场的安全监理，及时发现问题，及时解决问题。

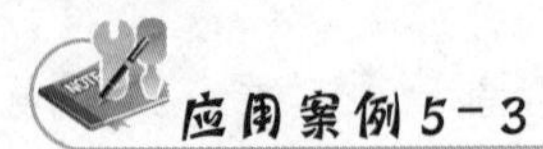

南京“10.25”高支模坍塌事故

1. 事故概况

2000年10月25日上午9：30左右，南京市×大厅在屋盖混凝土浇筑时发生了高支模整体坍塌的重大事故(简称南京“10.25”事故)，造成6人死亡，11人重伤，24人轻伤。见图5.3和图5.4。

图5.3　南京“10.25”高支模坍塌

图5.4　南京“10.25”高支模支架

该屋盖的平面尺寸为24m×26.8m，双向预应力梁井式楼盖。Y向预应力大梁有两根，截面尺寸为500mm×1600mm～500mm×1850mm；X向有大梁5根，截面尺寸为400mm×1600mm。屋盖板厚130mm。屋盖顶面标高29.30～29.575m，大梁梁底的支模高度约为36m(地下室分两层，高度为－8.7m)。

2. 事故原因分析

发生该事故的技术原因有以下几点。

(1) 对超高支模的重要性和严重性认识不足是事故产生的深层次原因。

大演播厅的屋盖支模高度达36m，双向井式楼盖的跨度达25m左右，其大梁高度为1800mm左右，这些重要的高支模技术参数，有一定工程经验的项目施工人员和监理人员都会给予足够的重视。但该工程的项目部人员的警觉明显不够，监理人员的警觉也不够。

(2) 对扣件式钢管排架支撑承载力的决定因素认识不足，是事故产生的主要技术原因。

该工程的楼盖施工有简单的模板支架方案，一般板下立杆间距为800mm×800mm，步高为1800mm；大梁下立杆间距增为400mm，步高为900mm。但实际搭设时有变动，立杆的基本尺寸临时改为1000mm×1000mm，步高统一为1800mm，地下室地坑处局部步高达2.6m。大梁下虽增设间距为@500mm的立杆，但凡增设的立杆均缺与之垂直交叉的水平杆连结，支架的承载力没有得到根本的提高，如图5.4所示。

(3) 搭设的支架构造不合理是事故产生的又一主要原因。

事故现场残存的支架，无扫地杆，相邻的连续5根立杆的钢管接头对接在同一高度，未见设置剪刀撑，大梁底模下也未设置必要的均匀分配荷载的横向水平木枋等。

建筑工程的模板工程施工的安全检查，应以《建筑施工安全检查标准》(JGJ 59—2011)中“表B.12模板工程安全检查评分表”为依据(表5-4)。

表5-4 模板工程安全检查评分表

序号	检查项目		扣分标准	应得分数	扣减分数	实得分数
1	保证项目	施工方案	未按编制专项施工方案或结构设计未经计算，扣10分 专项施工方案未经审核、审批，扣10分 超规模模板支架专项施工方案未按规定组织专家论证，扣10分	10		
2		支架基础	基础不坚实平整、承载力不符合专项施工方案要求，扣5～10分 支架底部未设置垫板或垫板的规格不符合规范要求，扣5～10分 支架底部未按规范要求设置底座，每处扣2分 未按规范要求设置扫地杆，扣5分 未采取排水措施，扣5分 支架设在楼面结构上时，未对楼面结构的承载力进行验算或楼面结构下方未采取加固措施，扣10分	10		
3		支架构造	立杆纵、横间距大于设计和规范要求，每处扣2分 水平杆步距大于设计和规范要求，每处扣2分 水平杆未连续设置，扣5分 未按规范要求设置竖向剪刀撑或专用斜杆，扣10分 未按规范要求设置水平剪刀撑或专用水平斜杆，扣10分 剪刀撑或斜杆设置不符合规范要求，扣5分	10		
4		支架稳定	支架高宽比超过规范要求未采取与建筑结构刚性连接或增加架体宽度等措施，扣10分 立杆伸出顶层水平杆的长度超过规范要求，每处扣2分 浇筑混凝土未对支架的基础沉降、架体变形采取监测措施，扣8分	10		
5		施工荷载	荷载堆放不均匀，每处扣5分 施工荷载超过设计规定，扣10分 浇筑混凝土未对混凝土堆积高度进行控制，扣8分	10		
6		交底与验收	支架搭设、拆除前未进行交底或无文字记录，扣5～10分 架体搭设完毕未办理验收手续，扣10分 验收内容未进行量化，或未经责任人签字确认，扣5分			
小计				60		

续表

序号	检查项目		扣分标准	应得分数	扣减分数	实得分数
7	一般项目	杆件连接	立杆连接不符合规范要求，扣3分 水平杆连接不符合规范要求，扣3分 剪刀撑斜杆接长不符合规范要求，每处扣3分 杆件各连接点的紧固不符合规范要求，每处扣2分	10		
8		底座与托撑	螺杆直径与立杆内径不匹配，每处扣3分 螺杆旋入螺母内的长度或外伸长度不符合规范要求，每处扣3分	10		
9		构配件材质	钢管、构配件的规格、型号、材质不符合规范要求，扣5～10分 杆件弯曲、变形、锈蚀严重，扣10分	10		
10		支架拆除	支架拆除前未确认混凝土强度达到设计要求，扣10分 未按规定设置警戒区或未设置专人监护，扣5～10分	10		
小计				40		
检查项目合计				100		

小结

本项目重点讲授了如下3个模块。

(1) 模板工程安全施工中应重点实施和检查的保证项目，包括施工方案、支架基础、支架构造、支架稳定、施工荷载、交底与验收等方面的安全知识和技能。

(2) 模板工程安全施工中应常规实施和检查的一般项目，包括杆件连接、底座与托撑、构配件材质、支架拆除等方面的安全知识和技能。

(3) 模板工程施工安全事故案例的分析处理与预防。

通过本项目的学习，学生应学会如何在建筑工程模板工程施工过程中各个环节采取安全措施，并进行检查，以确保施工过程的安全。

习题

1. 模板的基本安全要求有哪些？
2. 模板工程专项安全施工组织设计(方案)的主要内容有哪些？
3. 模板上的施工荷载有哪些规定？

项目 6

高处作业防护安全

教学目标

掌握高处作业防护安全的保障项目，即安全帽、安全网、安全带防护，临边防护，洞口防护，通道口防护，攀登作业，悬空作业，移动式操作平台，悬挑式物料钢平台等方面的安全知识和技能。通过本项目的学习，学生应具备基本的预防、分析、处理高处作业防护中安全问题及事故的知识与技能。

教学步骤

目　标	内　容	权重
知识点	高处作业安全保障项目：安全帽、安全网、安全带防护，临边防护，洞口防护，通道口防护，攀登作业，悬空作业，移动式操作平台，悬挑式物料钢平台等方面的安全概念、注意事项、解决方法和措施	35%
技能	针对上述知识点创设相关实训场景以培养学生思考和动手解决实际问题的能力	35%
分析案例	实际工程中高处作业防护的安全事故分析处理和经验教训	30%

章节导读

1. 高处作业、“三宝”“四口”“五临边”的概念

“三宝”是施工中必须使用的防护用品。“四口”和“五临边”是建筑施工中不可少和经常出现的场所。

为了预防高处坠落，以及从“口”“边”处坠落及物体打击事故的发生，在施工中被广泛使用的三种防护用具——安全帽、安全带、安全网通称“三宝”；楼梯口、电梯口、预留洞口、通道口称为“四口”；基坑周边、二层以上楼层周边、阳台边，各种垂直运输接料平台边、井架与施工用电梯和脚手架等与建筑物通道的两侧边称为“五临边”。

2. “三宝”“四口”“五临边”安全防护的必要性

在“四口”“五临边”作业时，容易发生高坠事故，而无“三宝”保护，又容易遭物体打击和碰撞事故。

3. “三宝”“四口”“五临边”施工现场

“三宝”“四口”“五临边”施工现场如图6.1和图6.2所示。

图6.1 “三宝”“四口”“五临边”施工现场(一)

图6.2 “三宝”“四口”“五临边”施工现场(二)

案例引入

研究生公寓工程9.21高空坠落死亡事故

该项目建设单位为园区教投公司，监理单位为建科监理公司，由建设集团承建。建筑结构为框架16层，面积为33159m²，工程开竣工日期为2005年12月15日至2006年8月9日。事故发生时该工程已进入竣工阶段，脚手架已拆除，室内已经清理结束，正在进行楼层过道清理工作。工作面已经全部移交给甲方直接分包的精装修队伍施工。

2006年9月21日下午1点30分，瓦工班长唐某安排冶某、薄某清理9层过道建筑垃圾，约3点30分2人在9层洁扫结束。唐某又安排在11层已经清扫结束的薄其发与冶某、薄某一起共同清理12层过道的垃圾，薄某、薄其发2人负责清理装车，冶某负责用车运垃圾。冶某将第一车垃圾拖走，薄某、薄其发2人继续清扫，约15点钟左右12层过道垃圾清扫结束，薄某将垃圾装车推出，走到3号门发现原先由冶某推的装满垃圾的车仍然停在过道里，挡住了薄某的路，薄某正准备将垃圾车拖开，只见工地管理人员史某急匆

匆地上前询问薄某："有人坠落下去了，是否是和你一起干活的?"薄某回答说："和我一起干活的冶某不见了。"当时该段面只有他们3人在清理，没有其他人员施工。冶某约16点10分左右从12层第三间的西侧阳台高空坠落，坠落处是正在拆除中的南北向安全通道的水平钢管，然后再摔落在地面上，阳台的防护栏杆同时落在防护架上，未造成其他人员伤亡。

【案例思考】

针对上述案例，试分析该事故发生后应采取哪些应急救援措施?

开工前施工组织设计中要编制安全防护用具及临时设施费用使用计划，工地应积极开展施工现场防护用具打假工作。

6.1 高处作业安全技术

随着我国城市化进程的不断发展，土地资源日益紧缺，高层、超高层建筑物日趋增多，如已建成的88层(高420.5m)的金茂大厦，101层(高508m)的台北金融大厦，101层(高492m)的上海环球金融中心等；高耸构筑物不断涌现，如杨浦大桥、东方明珠电视塔等；深基坑工程也随之增多，目前上海最深的基础达22m。

由于建筑物向高、深发展，使得建筑工程施工高处作业越来越多，高处坠落事故发生频率加大，已居建筑工程安全事故的首位，占建筑工程事故发生总数的40%左右。而架上坠落、悬空坠落、临边坠落和洞口坠落4个方面，占到高处坠落事故的近90%。

为降低高处作业安全事故发生的频率，确保在安全状态下从事高处作业，需要研究和制定高处作业的安全技术；此外，采用新技术、新工艺、新材料和新结构的高处作业施工，也需要研究和制定安全的施工方案和安全技术措施。

6.1.1 高处作业的等级及坠落范围

凡在坠落高度基准面2m以上(含2m)，有可能坠落的高处进行的作业称为高处作业。根据作业面所处的高度至最低着落点的垂直距离(作业高度)分为四个等级的高处作业，见表6-1。

物体从高处坠落时往往呈抛物线轨迹落下，所以应根据物体坠落高度合理确定坠落范围半径，在坠落范围内做好有效的安全防护措施。一般情况下，坠落范围半径可参考表6-2确定。

表6-1 高处作业等级划分

作业高度/m	高处作业等级
≥2且≤5	一级高处作业
>5且≤15	二级高处作业
>15且≤30	三级高处作业
>30	特级高处作业

表 6-2 坠落范围半径

坠落高度 H/m	坠落范围半径 R/m
≥2 且≤5	2
>5 且≤10	3
>10 且≤30	4
>30	≥5

注：悬空作业属于特级高处作业。

6.1.2 高处作业的范围

高处作业包括临边、洞口、攀登、悬空、操作平台及交叉作业，也包括各类基坑、沟槽边等工程的施工作业。

6.1.3 高处作业安全的基本要求

据统计高处作业安全事故发生频率是在土木工程安全事故中历年来一直处于首位，其原因除施工现场主观上安全管理问题外，与高层建筑的作业面宽、楼层多，涉及的工种、机具及设施种类多有关，施工中稍有疏忽，就会酿成事故。因此，针对高处作业施工特点，制定有效的安全管理与技术措施。

(1) 落实安全生产的岗位责任制。

(2) 实行安全技术交底。

(3) 做好安全教育工作，特殊工种作业人员必须持有相应的操作证，并严格按规定定期复查。

(4) 定期或不定期地进行安全检查，并对查出的安全隐患落实整改。

(5) 施工现场安全设施齐全，且处于良好的安全运行状态，同时应符合国家和地方有关规定。

(6) 施工机械(特别是起重设备)必须经安全专业验收合格后方可使用。

6.2 高处作业安全防护

高处作业安全防护主要包括安全帽佩戴，安全网设置，安全带系挂，等临边防护，洞口防护，通道口防护，攀登作业，悬空作业，移动式操作平台，悬挑式物料钢平台等范围。总的防护指导思想有以下 4 点。

(1) 加强领导，建立以项目经理、采购员、安全员等为主的打假领导小组，分工明确，责任到人。严格把好采购供应关，企业购买防护用具及机械设备应到省、地市安全管理部门指定地点购买推荐产品，凡是没有参加部、省、市评审推荐的安全防护用品，一律禁止采购使用。全面检查，对假冒伪劣产品坚决予以更换。防止假冒伪劣产品流入工地，杜绝施工现场使用假冒伪劣产品。

(2) 加强监督，对工地采购、使用环节进行正确监督指导，做到使用合格防护用品，正确使用防护用品。大力宣传使用合格安全防护用品。坚持三证[生产许可证、产品合格证、安全准用证(推荐证)]齐全，坚持实行一票(材料采购原始票据)制。施工单位在施工中所需用的安全网、安全带、安全帽一律由需用单位根据实际需要，编制用量计划，报有关部门审批，劳资处在审批的基础上，汇总编制采购计划，由材料供销处统一购置。采购人员必须从政府认可的劳保商店或其他持有劳保用品营业执照的定点单位择优采购。所采购的安全网必须符合《安全网》(GB 5725—2009)标准，安全带必须符合《安全带》(GB 6095—2009)标准，安全帽必须符合《安全帽》(GB 2811—2007)标准。采购人员必须要认真负责。采购前应先看样品后购买，并及时索取出厂合格证等有关证件。凡是不符合标准规定和技术要求的一律不得采购。

(3) 不买、不租、不使用无准用证的安全防护用具及机械设备；对假冒伪劣防护用具及机械设备要积极抵制，配合安全管理主管部门进行打假；安全防护用具及机械设备的采购、租赁、使用，要定人、定责任，把好各个关口，做好预防事故工作。

(4) 把好使用关，要正确使用安全防护用品和安全设施，确保施工人员的安全；按规定及时填写“安全防护及临时设施费用统计表”，该表由防护用具管理人员填写，安全员负责监督。

6.2.1 安全帽

1. 安全帽的标准

(1) 安全帽的质量必须符合国家标准的要求，它由采用具有一定强度的帽壳和帽衬缓冲结构组成，可以承受和分散落物的冲击力，并保护或减轻高处坠落时头部先着地面的撞击伤害。

(2) 国标规定：用5kg钢锤自1m高度落下进行冲击试验，头模所受冲击力的最大值不应超过500kg；耐穿透性能用3kg钢锥自1m高度落下进行试验，钢锥不应与头模接触。

(3) 帽壳采用半球形，表面光滑，易于滑走落物。前部的帽舌尺寸为10～55mm，其余部分的帽檐尺寸为10～35mm。

(4) 帽衬顶端至帽壳顶内面的垂直间距为20～25mm，帽衬至帽壳内侧面的水平间距为5～20mm。

(5) 安全帽在保证承受冲击力的前提下，要求越轻越好，重量不应超过400g。

(6) 每顶安全帽上应有制造厂名称、商标、型号，制造年、月，许可证编号。每顶安全帽出厂时，必须有检验部门批量验证和工厂检验合格证。

2. 安全帽的使用

佩戴安全帽时，必须系紧下颚带，按工种分色佩戴，不同头型或冬季佩戴在防寒帽外时，应随头型大小调节紧牢帽箍，保留帽衬与帽壳之间缓冲作用的空间。

(1) 为了防止头部受伤，根据发生事故因素，头部的安全防护大体上分为以下几类。

① 对飞来物体击向头部时的防护。

② 当作业人员从2m以上高处坠落时对头部的防护。

③ 对头部触电时的防护。

(2) 头部的防护一般采用安全帽。按其防护目的安全帽有以下几种。

① 防护物体坠落和飞来冲击的安全帽。

② 装卸时防止人员从高处坠落时的安全帽。

③ 电气工程应用的耐电安全帽。

(3) 安全帽应具备如下 4 个条件。

① 要用尽可能轻的材料制作，能够缓冲落物的冲击，且能够适用于不同的防护目的，并有足够的强度。

② 戴着感到舒适，即使在室外阳光下工作，也不感到闷热，通气性能好。

③ 帽体要具有足够的冲击吸收性能和耐穿透性能，根据环境要求，还可以有耐燃烧性、耐低温性、侧向刚性和电绝缘性等。

④ 颜色鲜明、样式美观、经久耐用、价格低廉。

(4) 安全帽的构造及规格要求。

安全帽主要由帽壳、帽衬、下颚带、吸汗带、通气孔组成。

安全帽的规格要求主要有以下几方面。

① 帽的尺寸分三个号码，小号，帽周 51～56cm；中号，帽周 57～60cm；大号，帽周 61～64cm。

② 帽重符合标准《安全帽》(GB 2811—2007)的安全帽，在符合各项技术性能同时越轻越好，其重量不应大于 400g。

③ 帽的颜色一般有白色、蓝色、黄色、红色。颜色鲜艳、明显为好。

(5) 安全帽的种类有以下 3 种。

① 玻璃钢安全帽：用 196# 不饱和聚酯和维纶纤维模压而成。

② 聚碳酸酯塑料安全帽：用聚碳酸酯塑料筑塑而成。

③ 高密聚乙烯或改性聚丙烯安全帽：由高密聚乙烯或改性聚丙烯塑料筑塑而成。

(6) 安全帽的正确使用。

要正确使用安全帽才能起到应有的防护作用，否则其防护能力会降低。

① 缓冲衬垫的松紧要由带子调节。人的头顶和帽体内部的空间至少要有 32mm 才能使用。这样遭冲击时有空间供变形，也有利于通风。

② 不要把帽歪戴在脑后，否则会降低安全帽对于冲击的防护作用。

③ 进入现场要戴安全帽，并要系好系紧下颚带，否则会因物体坠落(或人体下坠)时安全帽掉落而起不到防护作用。

④ 要定期检查，千万不要用不合格(伪劣产品)或有缺陷的帽子，如果帽子出现龟裂、下凹、裂痕和磨损就不能用了，必须更换新帽。

⑤ 安全帽有老化(硬化)、变脆、失去安全帽的性能时，也不要继续使用。

机械女工(搅拌机、卷扬机、砂轮机，或其他拥有皮带、转轮的机械设备)工作时，按要求要戴好安全帽，防止长发被卷进，发生意外事故。

6.2.2 安全网

安全网是用来防止高处作业人员或物体坠落，避免或减轻坠落伤亡及物击伤害的网具，是对高处作业人员和作业面的整体防护用品。被广泛用于建筑业和其他高空高架作业场所。

1. 在建工程外侧要用密目式安全网封闭

使用安全网要向建筑安全监督管理部门申请备案，规格、材质符合建设部的要求。工程施工过程中，为防止落物和减少污染，必须采用密目式安全网对建筑物进行全封闭。

（1）外脚手架施工时，在落地式单排或双排脚手架的外排杆，随脚手架的升高用密目网封闭。

（2）脚手架施工时随建筑物升高用密目网封闭。当距离建筑物尺寸较大时，应同时做好脚手架与建筑物每层之间的水平防护。

（3）当采用升降脚手架或悬挑脚手架施工时，除用密目网将升降脚手架或悬挑脚手架进行封闭外，还应对下部暴露出的建筑物的门窗等孔洞及框架柱之间的临边，按临边防护的标准进行防护。

2. 关于密目式安全立网

（1）密目式安全网用于立网，其构造为网目密度应不低于 2000 目/100cm^2。

（2）耐贯穿性试验。用长 6m、宽 1.8m 的密目网紧绑在与地面倾斜 30°的试验框架上，网面绷紧，将直径 48～50mm、重 5kg 的脚手管距框架中心 3m 高度自由落下，钢管不贯穿为合格标准。

（3）冲击试验。用长 6m、宽 1.8m 的密目网紧绷在刚性试验水平架上。将重 100kg 的人形砂包 1 个，自高度 2m 处自由落下，网绳不断裂，网边撕裂口不超过 200mm 为合格。

（4）每张安全网出厂前，必须有国家指定的监督检验部门批量验证和工厂检验合格证。

3. 质量保证

由于目前安全网厂家多，有些厂家不能保障产品质量，以致给安全生产带来隐患。为此，强调各地建筑安全监督部门应加强管理。

1）安全网分类

目前国内广泛使用的大体上分为安全立网、安全平网（也称大眼网）和密目式安全立网。平网主要是用来接住坠落人和物的安全网，立网则是挡住人和物飞出坠落的安全网。

安全平网、安全立网和密目式安全立网执行的国家标准是《安全网》（GB 5725—2009）。

2）安全网的代号

安全平网、立网的代号由三段组成，第一段用中文给出名称和材料，第二段用大写的英文字母给出安全网的类别，第三段用数字给出安全网的规格尺寸，并在代号之后给出执行标准的代号。例如，宽（高）4m、长 6m 的棉纶安全网就记作：锦纶安全网－P－4×6GB 5725；宽（高）4m、长 6m 的阻燃维纶安全网记作：阻燃维纶安全网－L－4×6GB 5725。

密目式安全立网的代号由两段组成，第一段用大写英文字母 ML 表示，第二段用数字表示网的规格，并在代号后面给出执行标准的代号。例如，宽（高）1.8m、长 6m 的密目式安全立网记作：ML－1.8×6.0GB 5725。

3）安全网的组成

（1）安全平网、立网一般由网体、边绳、系绳、筋绳等组成。

① 网体：由丝束、线或绳编制或采用其他工艺制成的网状物，构成安全网的主体。其防护作用是用来接住坠落物或人。

② 边绳：沿网边缘与网体有效连接在一起的绳，构成网的整体规格，在使用中起固定和连接作用。

③ 系绳：连接在安全网的边绳上，使网在安装时能绑系固定在支撑点上，在使用中

起连接和固定作用。

④ 筋绳：指按照设计要求有规则地分布在安全网上，与网体及边绳连接在一起的绳。在使用中起增加网体强度的作用。

（2）密目式安全立网一般由网体、开眼环扣、边绳和附加系绳组成。

① 网体：以聚乙烯为原料，网目密度大于 800 目/100cm^2，用编织机制成的网状体，构成网的主体。其防护作用是挡住作业面上人和物体的坠落。

② 边绳：经加工设置在网体边缘内的绳。起加强网边强度的作用。

③ 开眼环扣：具有一定强度，安装在网边缘上环状部件(铁质)，在使用中网体通过系绳和开眼环扣连接在支撑点上。

④ 附加系绳：能通过开眼环扣把网固定在支撑点上的连接绳。

4）安全网的技术要求

（1）安全平网、立网的技术要求如下。

① 安全平网、立网的材料、结构、尺寸、外观、重量要求见表 6－3。

表 6－3　安全平网、立网的材料、结构、尺寸、外观、重量要求

序号	项目名称	技术要求
1	材料	可采用锦纶、维纶、涤纶或其他耐候性不低于上述几种材料的原材料
2	结构和外观	(1) 同一张安全网上的同种构件的材料、规格、制作方法一致，外观应平整 (2) 安全网上的所有节点必须固定 (3) 系绳应沿网边均匀分布。相邻两根系绳的间距应不大于 0.75m，系绳的长度不小于 0.8m，当系绳和筋绳是一根绳时，系绳部分必须加长。至少制成双根，并与边绳连接牢固 (4) 筋绳应分布合理，平网上两根相邻筋绳间的距离不能小于 30cm
3	网的宽(高)度	平网不小于 3m，立网不小于 1.2m。产品规格允许偏差为±2%以下
4	网目	网目形状为菱形或方形，网目边长为 30mm×30mm～80mm×80mm
5	重量	每张安全网的重量一般不宜超过 15kg

② 安全立网、平网的绳断裂强度和冲击要求见表 6－4。

表 6－4　安全平网、立网的绳断裂强度和冲击要求

项目名称		技术要求	
冲击性能	冲击高度	经冲击物(重 100kg±2kg，长 100cm，底面积 2800cm^2 模拟人形砂包)冲击后网绳(网体)、边绳、系绳不允许有断裂	
	平网 10m		
	立网 2m		
断裂强力	边绳	平网不大于 7000N	立网不小于 3000N
	网体	应符合相应的产品标准要求	
	筋绳	平网不大于 3000N	
阻燃性能		阻燃型安全网必须具有阻燃性能，其续燃、阻燃时间均应不大于 4s	

（2）密目式安全立网的技术要求如下。

① 密目式安全立网的规格、外观、构造要求见表6-5。

表6-5 密目式安全立网的规格、外观、构造要求

<table>
<tr><th>序号</th><th>项目名称</th><th colspan="4">技术要求</th></tr>
<tr><td rowspan="4">1</td><td rowspan="4">规　格</td><td>长×宽</td><td>允许公差</td><td>环扣间距</td><td rowspan="4">（1）密目网最小宽度不得低于1.2m
（2）生产者可根据网体的强度自行决定是否在网边缘增加边绳及边绳的规格
（3）用户可根据需要自己配备系绳</td></tr>
<tr><td>3.6m×1.8m</td><td rowspan="3">±2%</td><td rowspan="3">≤0.45m</td></tr>
<tr><td>5.4m×1.8m</td></tr>
<tr><td>6.0m×1.8m</td></tr>
<tr><td>2</td><td>外观</td><td colspan="4">（1）缝线应均匀，不得有跳针、漏针，缝边宽窄一致
（2）每张密目网上只允许有一个接缝，接缝部位应端正牢固；网体上不得有断纱、破洞、变形或其他影响性能及使用的缺陷</td></tr>
<tr><td>3</td><td>构造</td><td colspan="4">（1）网目密度不得低于800目/100cm²
（2）密目网各边缘上安装的开眼环扣必须牢固可靠
（3）环扣的孔径不得低于8mm</td></tr>
</table>

② 密目式安全立网的安全性能、强度和其他要求见表6-6。

表6-6 密目式安全立网的安全性能、强度和其他要求

序号	项目名称	性能要求
1	断裂强力×断裂伸长/(kN·mm)	不小于49，低于49的试样允许有一片，最低值不小于44
2	接缝部位抗拉强力/kN	同断裂强力
3	梯形撕裂强力/N	不小于对应方向断裂强力的5%，最低值不小于49
4	开眼环扣强力/N	不小于2.45L
5	耐贯穿性能	不发生穿透或网体明显损伤
6	抗冲击性能	网边(或边绳)不允许断裂，网体断裂直线长度不大于200mm，曲(折)线长度不大于150mm
7	系绳断裂强力/N	不小于1960
8	老化后断裂强力保留率	不小于80%
9	阻燃性能/s	续燃时间不大于4，阻燃时间不大于4

注：1. *L*——环扣间距，mm。

2. 明显损伤指试验后网体被切断的曲(折)线长度大于60mm，直线长度大于10mm。

3. 密目式安全立网的冲击高度为1.5m，冲击物同安全平网和立网。

4. 贯穿性能试验的高度是3m，贯穿物体的重量是5kg±0.02kg，贯穿点是网中心，网面与水平面成30°。

5）安全网的安装要求

未安装前要检查安全网是否是合格产品，有无准用证，产品出厂时，网上都要缝上永久性标记，其标记应包括以下内容。

（1）产品名称及分类标记。

（2）网目边长（指安全平网、立网）。

（3）出厂检验合格证和安鉴证。

（4）商标。

（5）制造厂厂名、厂址。

（6）生产批号、生产日期（或编号和有效期）。

（7）工业生产许可证编号。

产品销售到使用地，应到当地国家指定的监督检验部门认证，确定为合格产品后，发放准用证，施工单位凭准用证方能使用。

安装前要对安全网和支撑物进行检查，网体是否有影响使用的缺陷，支撑物是否有足够的强度、刚性和稳定性。

安装时，安全网上每根系绳都应与支撑点系结，网体四周的连绳应与支撑点贴紧，系结点沿网边均匀分布，系结应符合打结方便，连接牢固，防止工作中受力散脱。

安装平网时，网面不宜绷得过紧，应有一定的下陷，网面与下方物体表面的最小距离为3m。当网面与作业面的高度差大于5m时，网体应最少伸出建筑物（或最边缘作业点）4m；当网面与作业面的高度差小于5m时，伸出长度应大于3m。两层平网间距离不得超过10m。

立网的安装平面与水平面垂直，网平面与作业面边缘的间隙不能超过10cm。

安装后的安全网，必须经安全专业人员检查，合格后方可使用。

6）安全网在使用中应避免发生的现象

（1）随意拆除安全网的部件。

（2）把网拖过粗糙的表面或锐边。

（3）人员跳入和撞击或将物体投入和抛掷到网内和网上。

（4）大量焊接火星和其他火星落入和落上安全网上。

（5）安全网周围有严重的腐蚀性酸、碱烟雾。

（6）安全网要定期检查，并及时清理网上的落物，保持网表面清洁。

（7）当网受到脏物污染或网上嵌入砂浆、泥灰粒及其他可能引起磨损的异物时，应进行冲洗，自然干燥后再用。

（8）安全网受到很大冲击，发生严重变形、霉变、系绳松脱、搭接处脱开，则要修理或更换，不可勉强使用。

7）安全网的拆除和保管

（1）在保护区的作业完全停止后，才可拆网。

（2）拆除工作应在有关人员的严格监督下进行，拆除人员必须在有保护人身安全的措施下拆网。

（3）拆除工作应从上到下进行。

（4）拆下的安全网由专人保管，入库，存放地点要注意通风、遮光、隔热，避免化学物品的侵袭。

（5）搬运时不能用钩子勾拉或在地下拖拉。

6.2.3 安全带

为了防止高处作业人员坠落，应使用安全带加以防护。安全带主要用于防止人体坠落的防护用品，它同安全帽一样是适用于个人的防护用品，2m 以上登高作业必须系好安全带。

1. 安全带的组成

安全带由带、绳、金属配件三部分组成。安全带主要有单腰带式、单腰带加单背带式及单腰带、双背带加双腿带式。

当前，施工现场主要是架子工使用安全带较多，一般多使用单腰带式和加单背带式，由腰带、背带、挂绳和金属配件组成，其规格为腰带 1250mm×40mm×4mm，背带 1260mm×30mm×2.5mm，挂绳长 2.12m，锦纶线绳直径 14mm，维纶线绳直径 16mm。锦纶带重量为 720g，维纶带重量为 1000g。

2. 安全带必须具备的条件

(1) 必须有足够的强度，承受人体掉下来的冲击力。

(2) 可防止人体坠落致伤的某一限度(即它应在一限度前就能拉住人体使之不再往下坠落)。绳不能过长，一般安全带的绳长为 1.5～2m 为宜。

(3) 必须满足以下安全带的负荷试验。

① 冲击试验，对架子工安全带，抬高 1m 试验，以 100kg 重量拴挂，自由坠落不破断为合格。

② 腰带和吊绳断力应不低于 1.5kN。

(4) 安全带的带体上应缝有永久性字样的商标、合格证和检验证。合格证上应注明产品名称、生产年月、拉力试验、冲击试验、制造厂名和检验员姓名。

(5) 安全带一般使用 5 年应报废。使用 2 年后，按批量抽验，以 80kg 重量做自由坠落试验，不破断为合格。

3. 安全带的正确悬挂使用

(1) 安全带在使用时应将钩、环挂牢，卡子扣紧。应采用垂直悬挂，高挂低用的方法，尽可能避免平行拴挂，切忌低挂高用(增加冲击力，容易发生危险)。当做水平位置悬挂使用时，要注意摆动碰撞；不应将绳打结使用，以免绳结受力后剪断；不应将钩直接挂在不牢固物和直接挂在非金属绳上，防止绳被割断。吊带应放在腿的两侧，不要放在腿的前后；挂钩必须挂在连接环上，不应将它直接挂在安全绳上。

(2) 安全带应避开尖刺、钉子等，并不得接触明火。

(3) 安全带上的各种部件不得任意拆掉。

(4) 安全带严重磨损或开丝、断绳股不得使用。工作时不准只佩不挂。

6.2.4 临边防护

基坑周边，尚未安装栏杆或栏板的阳台、料台与挑平台周边，雨篷与挑檐边、无外脚手架的楼层周边，都必须设置防护栏杆。头层墙高度超过 3.2m 的二层楼面，无外脚手架的高度超过了 3.2m 的楼层周边，应在外围架设安全平网一道或在楼层周边柱间搭设防护栏杆。

坡度大于 1:22 的屋面，防护栏杆应高于 1.5m，并加挂安全立网。横杆长度大于 2m 时，必须加设栏杆。《建筑施工高处作业安全技术规范》规定：施工现场中，工作面边沿无防护设施或围护设施高度低于 80cm 时，都要按规定搭设临边防护栏杆。

井架与施工用电梯和脚手架等与建筑物通道的两侧边，必须设防护栏杆，并用网封住。

搭设临边防护应符合下列要求。

(1) 临边防护一定要严密、牢固。

(2) 钢管横杆及栏杆柱均采用 $\phi 48 \times 3.5$ 的钢管，以扣件固定。

临边防护栏杆搭设要求：防护栏杆由上、下两道横杆及栏杆柱组成，上杆离地高度为 1.0～1.2m，下杆离地高度为 0.5～0.6m。横杆长度大于 2m 时，必须加设栏杆柱。

栏杆柱的固定及其与横杆的连接，其整体构造应使防护栏杆在上杆任何处能经受任何方向的 1000N 外力。

当临边外侧临街道时，除设置防护栏杆外，敞口立面必须采取满挂密目网作全封闭处理。

当在基坑四周固定时，可采用钢管并打入地下 50～70cm 深。钢管离边口的距离不应小于 50cm(硬土)，如土质较松应大于 1m。当基坑周边采用板桩时，钢管可打入板桩外侧。

当在混凝土楼面、屋面或墙面固定时，可用预埋件与钢管或钢筋焊牢。采用竹竿时，可在预埋件上焊 30cm 长的 50mm×5mm 角钢，其上下各钻一孔，然后用 10mm 螺栓与竹竿件拴牢。

当在砖或砌块等砌体上固定时，可预先砌入规格相适应的 80mm×6mm 弯转扁钢作预埋铁的混凝土块，然后用上项方法固定。

防护栏杆必须自上而下用安全立网封闭或在栏杆下边设置严密固定的高度不低于 18cm 的挡脚板或 40cm 的挡脚笆。板和笆上如有孔眼，孔眼不应大于 25mm，板与笆下边距底面的空隙不应大于 10mm。

接料平台两侧栏杆，必须自上而下加挂安全立网或满扎竹笆。

6.2.5 洞口防护

《建筑施工高处作业安全技术规范》规定：进行洞口作业以及因工程工序需要而产生的，使人与物有坠落危险或危及人身安全的其他洞口进行高处作业时，必须按规定设置防护设施。

1. 楼梯口防护

建筑结构分层施工的楼梯口的梯段边，凡是供人通行的必须安装临时栏杆。不走人的楼梯要封死，顶层楼梯口应随工程结构进度安装正式防护栏杆。楼梯层间必须设有足够的照明，一般取 60W 灯泡。

2. 电梯口及电梯井筒防护

电梯口必须设防护栏杆或固定栅门；电梯井筒内应每隔两层并最多隔 10m 设一道安全网或全板封闭，防止人误走入井而受到伤害。同时要求施工单位设计和加工防护设施(如栏、门、网、板等)要定型化、工具化，安装快捷、实用、互用性强，使用中保证能将口、洞封严、封牢，易于锁定。

3. 预留洞口、坑与井防护

进行洞口(短边20cm以上)、坑井作业以及在因工程和工序需要而产生的，使人与物有坠落危险或危及人身安全的其他洞口及坑井进行高处作业(距地平面±2m或±2m以上)时，必须按下列规定设置防护设施。

(1) 板与墙的洞口，必须设置牢固的盖板、防护栏杆、安全网或其他防坠落的防护设施。

(2) 钢管桩、钻孔桩、人工挖孔桩等桩孔上口，杯形、条形基础上口，未填土的坑、槽，以及人孔、天窗、地板门等处，均应按洞口防护，设置稳固的盖件。施工现场附近的各类洞口与坑槽等处，除设置防护设施与安全标志外，夜间还应设红灯示警。

施工单位在设计、加工防护措施(网、盖、杆)时，应考虑定型化、工具化、实用化，安装、拆除方便，并可以周转使用。

按照《建筑施工高处作业安全技术规范》规定，对孔洞口(水平孔洞短边尺寸大于2.5cm的，竖向孔洞高度大于75cm的)都要进行防护。楼板、屋面和平台等面上短边尺寸小于25cm，但长边大于25cm的孔口，必须用坚实盖板盖设，盖板应能防止挪动移位。楼板面等处边长为25～50cm的洞口，安装预制构件时的洞口以及缺件临时形成的洞口，可用竹、木等作盖板，盖住洞口。盖板须能保持四周搁置均衡，并有固定其位置的措施。边长为50～150cm的洞口，必须设置以扣件扣接钢管而成的网格，四周设防护栏杆并在其上铺满竹笆或脚手板，洞口下张设安全网，也可以采用贯穿于混凝土板内的钢筋构成防护网，钢筋网间距不得大于20cm。

垃圾井道和烟道，应随楼层的砌筑或安装而消除洞口，或参照预留洞口作防护。

位于车辆行驶道旁的洞、深沟与管道坑、槽，所加盖板应坚固，应能承受后车轮有效承载力两倍的荷载。

墙面等处的竖向洞口，凡落地的洞口应加装开关式、工具式或固定式的防护门，门栅网格的距离不应大于15cm，也可以采用防护栏杆，下设挡脚板(笆)。

下边沿至楼板或底面低于80cm的窗台等竖向洞口，如侧边落差大于2m时，应加设1.2m高的临时栏杆。

对邻近人和物有坠落危险性的其他竖向的孔、洞口，均应加设盖板或加以防护，并有固定其位置的措施。各类洞口的防护具体做法，应针对洞口大小及作业条件，在施工组织设计中分别进行设计规定，在施工现场中形成定型化，不允许有作业人员随意找材料盖上的临时做法，防止由于不严密或不牢固而存在事故隐患。较小的洞口可临时砌死或用定型盖板盖严；较大的洞口可采用贯穿于混凝土板内的钢筋构成防护网，上面满铺竹笆或脚手板。

6.2.6 通道口防护

结构施工自二层起，凡人员进出的通道口(包括井架、施工用电梯)均应搭设安全防护棚；建筑物临街有碍行人和车辆安全的，要按其建筑面长度顺街搭设安全防护棚；建筑物之间小于10m距离并经常走人的，也要搭设安全防护棚；设备回转范围内下方操作人员工作时避不开，受其影响的场所也有必要搭设安全防护棚。

安全防护棚的搭设应根据高处作业分级(见表6-7)及坠落范围来设计、加工、搭设。

30m以上层次交叉作业应设双层防护。

防护棚应搭在通道或通道口的正上方0.5～1m处，其宽度为低层建筑门竖边两侧各延0.8m；高层建筑门竖边两侧各延1m，如图6.3所示。

表6-7 高处作业分级

高度/m	高处作业级别	高坠范围半径/m
2～5	一	2
5～15	二	3
15～30	三	4
30以上	四	5

高处作业达到30m和4级应搭设双层防护棚，其层距为700mm。

为防止掉物下滑，棚外沿应按水平面抬高15°。

棚顶铺设材料应能承受10kPa的均匀静荷载，其材料可用竹脚手板、厚50mm木板、两层竹笆，也可用竹笆加安全网。

安全防护棚杆件搭设只能下撑、不可上拉。

安全防护棚一定要搭设牢固、防护严密，采用符合材质要求的材料搭设。

图6.3 通道口防护棚

6.2.7 攀登作业

借助登高机具或结构体本身，在攀登条件下进行的高处作业称为攀登作业。登高机具一般有梯子、脚手架、载人垂直运输设备等。登高作业时必须利用符合安全要求的登高机具操作，严禁利用吊车车臂或脚手架杆件等施工设施进行攀登，也不允许在阳台之间等非正规通道登高或跨越。登高作业中一般有利用梯子登高和利用结构构件登高两种方式。

1）利用梯子登高

梯子就其材料不同分类，可分为竹梯、木梯、钢梯和铝合金梯；就其形式分类，可分为人字梯、一字梯、折叠式伸缩梯和支架梯等；就其来源不同分类，可分为成品梯子和临时搭设梯子；就其可否移动分类，可分为固定式梯子和可搬移梯子等。

梯子作为登高用工具，必须保证使用的安全性。结构构造必须牢固可靠，踏步板必须稳定坚固。一般情况下，梯子的使用荷载不超过1100N。若梯面上有特殊作业，压在踏板上的重量有可能超过上述荷载时，应按实际情况对梯子踏步板进行验算。

梯脚的立足点应坚实可靠，为防止梯子滑动，在梯脚上采取钉防滑材料的措施，或对梯子进行临时固定或限位，以防其滑跌倾倒。梯子不得垫高使用，以防止其受荷后的不均匀下沉或垫脚与垫物松脱而发生安全事故。梯子上端应有固定措施。立梯工作角度以75°±5°为宜，踏步间距以30cm为宜。作业人员上下梯子时，必须面对梯子，且不得双手持器物。梯子长度不够需接长时，一定要有可靠的连接措施，且只允许接长一次。使用折梯时，上节梯角度以35°～45°为宜，铰链必须牢固，并应设置可靠的拉、撑措施。固定式钢爬梯的埋设与焊接均需牢固，梯子顶端的踏板应与攀登的顶面齐平，并加设1.0～1.5m高的扶手。使用直爬梯进行攀登作业时，攀登高度以5m为宜，超过2m，宜加设护笼，超过8m，须设梯间平台，以备工人稍歇之用。

2）利用结构构件登高

利用梯子登高作业往往是在主体结构已经完成的情况下进行后道工序的施工，而利用结构构件登高通常是对主体结构的施工，此时脚手架还没有及时搭设完成，如钢结构工程的吊装。利用结构构件登高有以下三种情况。

（1）利用钢柱登高。

在钢柱上每隔300～350mm焊接一根U形圆钢筋，作为登高的踏杆，也可以在钢柱上设置钢挂梯的挂杆和连接板以搁置固定钢挂梯。

钢柱的接柱施工时应搭设操作平台(或利用梯子)。操作平台必须有防护栏杆，其高度当无电焊防风要求时不宜小于1m，当有电焊防风要求时不宜小于1.8m。

（2）利用钢梁登高。

钢梁安装时，应视钢梁的高度确定利用钢梁攀登方法。一般有两种方法：方法一，钢梁高度小于1.2m时，在钢梁两端设置U形圆钢筋爬梯；方法二，钢梁高度大于1.2m时，在钢梁外侧搭设钢管脚手架。

（3）利用屋架登高。

在屋架上下弦登高作业时，应设置爬梯架子，其位置一般设于梯形屋架的两端或三角形屋架屋脊处，材料可选用毛竹、原木或钢管，踏步间距一般为350mm左右，应不大于400mm。吊装屋架之前，应先在屋架上弦设置防护栏杆，下弦挂设安全网，屋架就位固定后及时将安全网铺设固定。

6.2.8 悬空作业

在周边临空状态下，作业人员无立足点或无牢靠的立足点的条件下进行的高处作业，称为悬空作业。

针对悬空作业特点，必须首先建立牢靠的立足点，并在作业面的周边设置防护栏杆，下部张挂安全网，同时作业人员加强自身的安全保护，如作业过程中佩戴安全带，并将安全带的另一端系在安全可靠处。在建筑安装施工过程中，从事构件吊装、管道安装、悬空绑扎钢筋、浇筑混凝土以及高处悬空安装门窗等作业时，均需要根据现场具体情况和施工工艺条件搭设立足点(作业面或操作平台等)，作业人员必须严格按照有关操作规程作业，不得违章作业。

悬空作业分为以下七种情况。

1）构件吊装

钢结构吊装的构件应尽可能在地面组装，以减少悬空作业量。用于临时固定、电焊、高强螺栓连接等工序的高空安全设施，随构件同时上吊就位。在高空吊装预应力钢筋混凝土屋架、桁架等大型构件前，也应搭设悬空作业中所需的安全设施。高空安全设施拆卸的安全措施，也应一并考虑和落实。

吊装第一块预制构件及单独的大中型预制构件时，必须站在操作平台上操作。吊装中的预制构件以及石棉水泥板等轻型屋面板上，严禁站人和行走。

2）管道安装

安装管道时必须有已完结构或操作平台作立足点，严禁在安装中的管道上站立和行走。

3）模板搭设与拆除

支模应按规定的作业程序进行，模板未固定前不得进行下一道工序。严禁在连接件和支撑件上上下攀登，严禁在吊装中的大模板上行走和站人，严禁在上下同一垂直面范围内同时装、拆模板。

支设高度在3m以上的柱模板，四周应设斜撑，并应设立操作平台。低于3m的可使用马凳操作。

支设悬挑形式的模板时，应有稳固的立足点。支设临空构筑物模板时，应搭设支架或脚手架。模板上有预留洞时，应在安装后将洞盖没。

高处拆模作业时，应配置登高用具或搭设支架。

拆除钢筋混凝土平台底模时，不得一次将顶撑全部拆除，应分批拆除，然后依次拆下隔栅、底模，以免发生钢模在自重荷载作用下一次性大面积脱落。

拆模时必须设置警戒区域，并派专人监护。模板拆除必须干净彻底，不得留有悬空模板。拆下的模板要及时清理、堆放。

4）钢筋绑扎

绑扎钢筋和安装钢筋骨架时，必须搭设脚手架和使用马凳。

绑扎圈梁、挑梁、挑檐、外墙和边柱等构件的钢筋时，应搭设操作平台和张挂安全网。悬空大梁钢筋的绑扎，必须在满铺脚手板的支架或操作平台上进行。

绑扎立柱和墙体钢筋时，不得站在钢筋骨架上或攀登骨架上。3m以内的柱钢筋，可在地面或楼面上绑扎，整体竖立。绑扎3m以上的柱钢筋，必须搭设操作平台。

5）混凝土浇筑

浇筑离地2m以上框架、过梁、雨篷和小平台时，应设操作平台，不得直接站在模板或支撑件上操作。

浇筑拱形结构，应自两边拱脚对称地相向进行。浇筑储仓，下口应先行封闭，并搭设脚手架以防人员坠落。

特殊情况下如无可靠的安全设施，必须系好安全带并扣好保险钩，或架设安全网。

6）预应力张拉

进行预应力张拉时，应搭设供操作人员站立和设置张拉设备用的脚手架或操作平台。雨天张拉时，还应架设防雨棚。脚手架应能完全承受施工荷载。

预应力张拉区域应标示明显的安全标志，禁止非操作人员进入。张拉钢筋的两端必须设置挡板，以防止钢筋万一被拉断回弹伤人。挡板距张拉端1.5～2.0m，且应高出最上一组张拉钢筋0.5m，其宽度应距张拉筋两外侧不小于1.0m。

孔道灌浆应按预应力张拉安全设施的有关规定进行。

7）门窗悬空作业

安装门、窗，刷油漆及安装玻璃时，严禁操作人员站在樘子、阳台栏板上操作。门、窗固定的封填材料未达到强度及未电焊固定牢时，严禁手拉门、窗进行攀登。

在无脚手架的情况下，进行高处外墙安装门、窗，应先张挂安全网。无安全网时，操作人员应系好安全带。

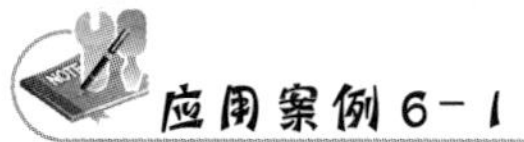

研究生公寓工程9.21高空坠落死亡事故

1. 事故概况

事故概况请详见“案例引入”。

2. 应急救援措施

(1) 事故发生后，项目经理陈某立即启动应急救援预案，报110、120等有关部门，事故发生5min高教区公安分局即赶到现场，急送冶某到园区九龙医院抢救，约17点钟左右冶某终因伤势过重经抢救无效死亡。

(2) 认真保护事故现场，由管理人员史某负责组织保护现场，并积极配合高教区公安分局的干警进行现场取证，凡与事故有关的物体、痕迹、状态均不得破坏，认真做好现场标志、记录、拍照。由项目技术负责人顾某负责绘制现场事故图。

(3) 按事故处理程序逐级如实上报事故情况，教投公司副总陈某、叶某立即赶到现场，指挥事故处理。总监刘某下发停工令，苏中集团苏州分公司经理周某及公司有关负责人立即赶到工地现场，组织事故的调查处理工作。

(4) 园区高教区公安分局、业主、监理、施工单位联合组成了事故调查处理领导小组，并作出了具体的部署，明确了各自的任务和要求。工地停工整顿，接受上级部门调查，妥善做好善后工作，及时、如实通报事故处理情况。

浙江7.10高空坠落死亡事故

1. 事故概况

2002年7月10日，在浙江某建设总公司承接的某街坊工地上，1号房外墙粉刷工黄某(死者)根据带班人黄某的要求粉刷井架东西两侧的阳台隔墙。下午14时15分左右，黄某完成西侧阳台隔墙粉刷任务后，双手拿着粉刷工具，从脚手架上准备由西侧跨越井架过道的钢管隔离防护栏杆，然后穿过井架运料通道，进入东侧脚手架继续粉刷东侧阳台隔墙。但当他走到脚手架开口处时，因脚手架缺少底笆，右脚踩在架子的钢管上一滑，导致身体倾斜失去重心，人从脚手架外侧上下两道防护栏杆中间坠落下去，碰到6层井架拉杆后，坠落在井架防护棚上。坠落高度为28.6m，安全帽飞落至地面。事故发生后，工地职工立即将黄某送往医院，经抢救无效于15时15分死亡。

2. 事故原因分析

1) 直接原因

外墙粉刷工黄某，在完成西侧粉刷任务后去东侧作业时，应走室内安全通道，不应该贪图方便违章从脚手架通道跨越防护栏杆，缺乏自我保护意识。

事故发生地点的脚手架缺少1.1m的底笆、1m宽的密目安全网以及挡脚板，不符合安全要求。

2) 间接原因

项目部对安全生产管理不够重视，脚手架及安全网等验收草率，安全检查制度执行不力，整改措施不到位。

项目部对职工安全宣传教育不重视，安全交底存在死角，导致职工安全意识淡薄，对类似跨越防护栏杆的违章行为杜绝不力。

3) 主要原因

安全设施存在事故隐患及违章作业是造成本次事故的主要原因。

3. 预防及控制措施

(1) 项目部召开所有管理人员、班长及职工参加安全生产教育会议。吸取事故教训，举一反三，杜绝违章作业，预防同类事故重复发生。

(2) 公司对项目部、项目部对施工班组加强安全教育力度，提高职工安全意识，增强职工自我保护能力。

(3) 项目部对所有井架、脚手架、四口、五临边、电器设备、施工机械安全标志等项目内容进行一次全面检查整改，并对整改情况进行复查，确保万无一失。

应用案例6-3

中建某局6.7高空坠亡事故

1. 事故概况

2004年6月7日，在中建某局承建的厂房工地上，经项目经理冯某安排安装组宋某(班长)、李某等4人进行G厂房B区铺设冷却塔网格板工作。下午18时15分，当4名操作人员共同抬一块网格板(177.4cm×99cm×4cm)铺设最后一道网格板时，其中宋某与一名操作人员朝前走，李某与另一名操作人员朝后退。由于李某未注意身后有未铺设网格板的空档，在后退时一脚踩空，从高空坠落到地面(高度为13.9m)。在坠落过程中，同时拉断身上所系安全带上的安全绳(此安全绳有两根，但只悬挂了一根)。事故发生后，现场班组其他职工立即将李某送往医院，经抢救无效死亡。

2. 事故原因分析

1) 直接原因

李某安全意识淡薄，自我保护意识差。明知身后的网格板未铺完，属临边作业，注意力仍不集中，后退时踩空坠落。同时李某未正确使用安全带，此安全带有两根，只悬挂了一根，违反了安全管理规定(安全技术交底)且未对自己使用的安全带进行检查，使用了有损伤缺陷的安全带。

2）间接原因

项目部安全检查不力，对施工现场安全防护用品的使用缺乏管理和监督，对危险性较大的作业缺少安全监护，是造成本次事故的间接原因。

3）主要原因

当事人李某安全意识差，未正确使用安全带。现场安全检查监督不力，是造成本次事故的主要原因。

3. 预防及控制措施

(1) 对全体职工进行安全教育和操作规程的培训，增强自我保护及安全防范意识，正确使用个人安全防护用品。

(2) 对施工现场所有的安全防护用品进行全面检查，不合格的全部作报废处理，确保使用合格的安全防护用品。

(3) 规定每个操作者在工作前对自己的防护用品进行自检，并按规定佩戴，工长做好工作安排后的检查工作，安全员做好施工过程中的安全监督工作，尤其注意安全带以防止其被火烫伤、烧伤，发现有损坏的安全用品立即更换。

(4) 对所有高处作业实行派专人进行现场监控，确保施工安全，并形成安全制度。

(5) 举一反三吸取教训，在全工地范围内开展反违章活动，并制定有效措施，避免再发生各类事故。

特别提示

建筑工程的高处作业防护的安全检查，应以《建筑施工安全检查标准》(JGJ59—2011)中“表B.13高处作业防护检查评分表”为依据(见表6-8)。

表6-8　高处作业防护检查评分表

序号	检查项目	扣分标准	应得分数	扣减分数	实得分数
1	安全帽	施工现场人员未戴安全帽，每人扣5分 未按标准佩戴安全帽，每人扣2分 安全帽质量不符合现行国家相关标准的要求，扣5分	10		
2	安全网	在建工程外脚手架架体外侧未采用密目式安全网封闭或网间连接不严，扣2～10分 安全网质量不符合现行国家相关标准的要求，扣10分	10		
3	安全带	高处作业人员未按规定系挂安全带，每人扣5分 安全带系挂不符合要求，每人扣5分 安全带质量不符合现行国家相关标准的要求，扣10分	10		
4	临边防护	工作面边沿无临边防护，扣10分 临边防护设施的构造、强度不符合规范要求，扣5分 防护设施未形成定型化、工具式，扣3分	10		

续表

序号	检查项目	扣分标准	应得分数	扣减分数	实得分数
5	洞口防护	在建工程的孔、洞未采取防护措施，每处扣5分 防护措施、设施不符合要求或不严密，每处扣3分 防护设施未形成用定型化、工具式，扣3分 电梯井内未按每隔两层且不大于10m设置安全平网，扣5分	10		
6	通道口防护	未搭设防护棚或防护不严、不牢固，扣5～10分 防护棚两侧未进行封闭，扣4分 防护棚宽度小于通道口宽度，扣4分 防护棚长度不符合要求，扣4分 建筑物高度超过24m，防护棚顶未采用双层防护，扣4分 防护棚的材质不符合规范要求，扣5分	10		
7	攀登作业	移动式梯子的梯脚底部垫高使用，扣3分 折梯未使用可靠拉撑装置，扣5分 梯子的材质或制作质量不符合规范要求，扣10分	10		
8	悬空作业	悬空作业处未设置防护栏杆或其他可靠的安全设施，扣5～10分 悬空作业所用的索具、吊具等未经验收，扣5分 悬空作业人员未系挂安全带或佩带工具袋，扣2～10分	10		
9	移动式操作平台	操作平台未按规定进行设计计算，扣8分 移动式操作平台，轮子与平台的连接不牢固可靠或立柱底端距离地面超过80mm，扣5分 操作平台的组装不符合设计和规范要求，扣10分 平台台面铺板不严，扣5分 操作平台四周未按规定设置防护栏杆或未设置登高扶梯，扣10分 操作平台的材质不符合规范要求，扣10分	10		
10	悬挑式物料钢平台	未编制专项施工方案或未经设计计算，扣10分 悬挑式钢平台的下部支撑系统或上部拉结点，未设置在建筑结构上，扣10分 斜拉杆或钢丝绳未按要求在平台两侧各设置两道，扣10分 钢平台未按要求设置固定的防护栏杆或挡脚板，扣3～10分 钢平台台面铺板不严或钢平台与建筑结构之间铺板不严，扣5分 未在平台明显处设置荷载限定标牌，扣5分	10		
检查项目合计			100		

小结

本项目重点讲授了高处作业防护安全的保障项目：安全帽，安全网，安全带，临边防护，洞口防护，通道口防护，攀登作业，悬空作业，移动式操作平台，悬挑式物料钢平台的安全知识和技能；高处作业防护安全的事故案例的分析处理与预防。

通过本项目的学习，学生应学会高处作业防护安全中各个环节应采取的安全措施，并进行检查，以确保施工过程的安全。

习题

1. 什么是建筑施工中的“三宝”“四口”“五临边”？
2. 安全帽应具备哪些条件？
3. 目前国内广泛使用的安全网有哪几种？
4. 密目式安全立网的组成一般是什么？
5. 安全带应具备哪些条件？
6. 临边防护搭设方法应符合哪些要求？

项目 7 施工用电安全

教学目标

掌握建筑工程施工用电中安全保障的保证项目：外电防护、接地与接零保护系统、配电线路、配电箱与开关箱等方面的安全知识和技能，熟悉建筑工程施工用电中安全保障的一般项目：配电室与配电装置、现场照明、用电档案等方面的安全知识和技能。通过本项目的学习，学生应具备基本的预防、分析、处理建筑工程施工用电过程中安全问题及事故的知识与技能。

教学步骤

目　标	内　容	权重
知识点	1. 保证项目：外电防护、接地与接零保护系统、配电线路、配电箱与开关箱等方面的安全概念、注意事项、解决方法和措施 2. 一般项目：配电室与配电装置、现场照明、用电档案等方面的安全概念、注意事项、解决方法和措施。	35%
技能	针对上述知识点创设相关实训场景以培养学生思考和动手解决实际问题的能力	35%
分析案例	实际工程施工用电过程中的安全事故分析处理和经验教训	30%

章节导读

1. 什么是建筑施工用电

建筑施工用电是专为建筑施工工地提供电力并用于现场施工的用电。由于这种用电是随着建筑工程的施工而进行的，并且随着建筑工程的竣工而结束，所以建筑施工用电属于临时用电。

2. 建筑施工用电的特点

与正式用电相比，建筑施工用电具有明显的临时性、露天性和移动性，且用电的地理位置和自然条件具有不可选择性。因此，这些特点给用电安全带来许多不可避免的不利因素。所以，建筑施工用电必须具有较之正式用电更为可靠的安全防护措施和技术措施，才能够保证设备和人身的安全。

3. 施工用电来源

建筑工地上的施工用电，主要有两种来源：一种是使用供电部门的电(包括直接从附近供电部门的高低压线路上就近引入或由建设单位或其他单位转供)；另一种就是工地自备发电机自行发电供施工用。

工地上自备发电机，一种情况是由于工地偏远等原因不能接入供电部门的电，另一种情况是由于当地电力不足而经常停电，工地上为了连续施工的需要而自备发电机。

电源引入工地总配电柜或总配电箱(高压用户的高压电源经高压开关引入变压器，再经低压开关引入总配电柜)，由总配电柜(箱)经低压干线引至各分配电箱，再引入各用电设备。

4. 建筑施工用电现场

建筑施工用电现场如图7.1所示。

图7.1 建筑施工用电现场

案例引入

上海某住宅工程私接电源、违规作业安全事故

2002年8月10日，在上海某建筑工程有限公司承建的某住宅小区工地上，油漆班正在进行装饰工程的墙面批嵌作业。下午上班后，油漆工屈某在施工现场47#房西南广场处，用经过改装的手电钻搅拌机(金属外壳)伸入桶内搅拌批嵌材料。下午15时35分左右，泥工何某见到屈某手握电钻坐在地上，以为他在休息而未注意。大约1分钟后，发现屈某倒卧在地上，面色发黑，不省人事。何某立即叫来油漆工班长等人用出租车将屈某急

送医院，经抢救无效死亡。医院诊断为触电身亡。

【案例思考】

针对上述案例，试分析该事故发生的可能原因，事故的责任划分，可采取哪些预防控制措施？

7.1 施工现场临时用电安全技术知识

1. 临时用电组织设计及现场管理

(1) 施工现场临时用电设备在五台及以上或设备总容量在50kW及以上者，应由电气工程技术人员组织编制用电组织设计，且必须履行“编制—审核—批准”程序。

(2) 外电线路防护：在建工程不得在外电架空线路正下方施工、搭设作业棚、建造生活设施或堆放构件、架具、材料及其他杂物等。

2. 施工现场临时用电的原则

建筑施工现场临时用电工程专用的电源中性点直接接地的220～380V三相四线制低压电力系统，必须符合下列规定。

1）采用TN-S接零保护系统

在施工现场专用变压器的供电的TN-S接零保护系统中，电气设备的金属外壳必须与保护零线连接。保护零线应由工作接地线、配电室(总配电箱)电源侧零线或总漏电保护器电源侧零线处引出。

当施工现场与外电线路共用同一供电系统时，电气设备的接地、接零保护应与原系统保持一致。不得一部分设备作保护接零，另一部分设备作保护接地。

TN系统中的保护零线除必须在配电室或总配电箱处做重复接地外，还必须在配电系统的中间处和末端处做重复接地。保护零线每一处重复接地装置的接地电阻值不应大于10Ω。

N线的绝缘颜色为淡蓝色，PE线的绝缘颜色为绿/黄双色。任何情况下上述颜色标记严禁混用和互相代用。

2）采用三级配电系统

采用三级配电结构。所谓三级配电结构是指施工现场从电源进线开始至用电设备中间应经过三级配电装置配送电力，即由总配电箱(配电室内的配电柜)、经分配电箱(负荷或若干用电设备相对集中处)，到开关箱(用电设备处)分三个层次逐级配送电力。而开关箱与用电设备之间必须实行“一机一闸一漏一箱”，即每一台用电设备必须有自己专用的控制开关箱，而每一个开关箱只能用于控制一台用电设备。

3）采用二级漏电保护系统

二级漏电保护系统是指在整个施工现场临时用电工程中，总配电箱和开关箱中必须设置漏电保护开关。总配电箱中漏电保护器的额定漏电动作电流应大于30mA，额定漏电动作时间应大于0.1s，但其额定漏电动作电流与额定中心城市电动作时间的乘积应不大于30mA·s；开关箱中漏电保护器的额定漏电动作电流应不大于30mA，额定漏电动作时间应大于0.1s。使用于潮湿或有腐蚀性场所的漏电保护器应采用防溅型产品，其额定漏电动作电流应不大于15mA，额定漏电动作时间应大于0.1s。

3. 配电线路安全技术措施

电缆线路应采用埋地或架空敷设，严禁沿地面明设并应避免机械操作和介质腐蚀。

架空线必须架设在专用电杆上，严禁架设在树木、脚手架及其他设施上。

在建工程内的电缆线路必须采用电缆埋地引入，严禁穿越脚手架引入。电缆垂直敷设应充分利用在建工程的竖井、垂直孔洞等引入，固定点每楼层不得少于一处。

4. 配电箱及开关箱

现场临时用电应做到“一机一闸一漏一箱”。

配电箱、开关箱应装设端正、牢固。固定式配电箱、开关箱中心点与地面的垂直距离宜为1.4～1.6m。移动式配电箱、开关箱应装设在坚固、稳定的支架上，其中心点与地面的垂直距离宜为0.8～1.6m。

对配电箱、开关箱进行定期维修、检查时，必须将其前一级相应的电源隔离开关分闸断电并悬挂标注“禁止合闸、有人工作”的停电标志牌。

熔断器的熔体更换时，严禁采用不符合原规格的熔体代替。

5. 电动建筑机械和手持式电动工具、照明的用电安全技术措施

每一台电动建筑机械或手持式电动工具的开关箱内，除应装设过载、短路、漏电保护器外，还应按规范要求装设隔离开关或具有可见分断点的断路器，以及控制装置。不得采用手动双向转换开关作为控制电器。

夯土机械的负荷线应采用耐气候型橡皮护套铜芯软电缆。使用夯土机械必须按规定穿戴绝缘手套、绝缘鞋等个人防护用品，使用过程中应有专人调整电缆，电缆严禁缠绕、扭结和被夯土机械跨越。

交流弧焊机的一次侧电源线长度应不大于5m，二次线电缆长度应不大于30m。

使用电焊机械焊接时必须穿戴防护用品。严禁露天冒雨从事电焊作业。

手持式电动工具的负荷线应采用耐气候型的橡皮护套软电缆，并不得有接头；Ⅰ类手持电动工具的金属外壳必须作保护接零，操作Ⅰ类手持电动工具的人员必须按规定穿戴绝缘手套、绝缘鞋等个人防护用品。

照明灯具的金属外壳必须与保护零线相连接。普通灯具与易燃物距离不宜小于300mm；聚光灯、碘钨灯等高热灯具与易燃物距离不宜小于500mm，且不得直接照射易燃物。达不到规定安全距离时，应采取隔热措施。

7.2 施工用电的施工方案

施工现场临时用电设备在5台及5台以上，或设备总容量在50kW及以上时，应编制临时用电施工组织设计，临时用电施工组织设计由施工技术人员根据工程实际编制后经技术负责人、项目经理审核，经公司安全、生产、技术部门会签，经公司总工程师审批签字，加盖施工单位公章后才能付诸实施。

临时用电施工组织设计的内容和步骤：首先进行现场勘测，了解现场的地形和工程位置，了解外电线路情况；其次确定电源线路配电室、总配电箱、分箱等的位置和线路走向，并编制供电系统图；绘制详细的电气平面图作为临时用电的唯一依据。

1. 现场勘测

测绘现场的地形和地貌，新建工程的位置，建筑材料和器具堆放的位置，生产和生活临设建筑物的位置，用电设备装设的位置以及现场周围的环境。

2. 施工用电负荷计算

根据现场用电情况计算用电设备、用电设备组以及作为供电电源的变压器或发电机的计算负荷。计算负荷被作为选择供电变压器或发电机、用电线路导线截面、配电装置和电器的主要依据。

3. 配电室(总配电箱)的设计

选择和确定配电室(总配电箱)的位置、配电室(总配电箱)的结构、配电装置的布置、配电电器和仪表、电源进线、出线走向和内部接线方式以及接地、接零方式等。

施工现场配有自备电源(柴油发电机组)的，变电所或配电室的设计应和自备电源(柴油发电机组)的设计结合进行，特别应考虑其联络问题，明确确定联络和接线方式。

4. 配电线路(包括基本保护系统)的设计

选择确定线路方向，配线方式(架空线路或埋地电缆等)，敷设要求，导线排列，配线型号与规格，及其周围的防护设施等。

5. 配电箱和开关箱设计

选择箱体材料，确定箱体的结构与尺寸，确定箱内电器配备和规格，确定箱内电气接线方式和电气保护措施等。

配电箱与开关箱的设计要和配电线路相适应，还要与配电系统的基本保护方式相适应，并满足用电设备的配电和控制要求，尤其要满足防漏电、触电的要求。

6. 接地与接地装置设计

根据配电系统的工作和基本保护方式的需要确定接地类别，确定接地电阻值，并根据接地电阻值的要求选择或确定自然接地体或人工接地体。对于人工接地体还要根据接地电阻值的要求，设计接地体的结构、尺寸和埋深以及相应的土壤处理，并选择接地体材料。接地装置的设计还包括接地线的选用和确定接地装置各部门之间的连接要求等。

7. 防雷设计

防雷设计包括防雷装置位置的确定、防雷装置形成的选择以及相关防雷接地的确定。防雷设计应保护防雷装置，其保护范围应可靠地覆盖整个施工现场，并能对雷害起到有效的保护作用。

8. 编制安全用电技术措施和电气防火措施

编制安全用电技术措施和电气防火措施时，要考虑电气设备的接地(重复接地)、接零(TN-S系统)保护问题，“一机一箱一闸一漏”保护问题，外电防护问题，开关电器的装设、维护、检修、更换问题，实施临时用电施工组织设计时应执行的安全措施问题，有关施工用电的验收问题以及施工现场安全用电的安全技术措施等。

编制安全用电技术措施和电气防火措施时，不仅要考虑现场的自然环境和工作条件，还要兼顾现场的整个配电系统包括变电配电室(总配电箱)到用电设备的整个临时用电工程。

9. 绘制电气设备施工图

绘制电气设备施工图包括供电总平面图、变电所或配电室(总配电箱)布置图、变电或配电系统接线图、接地装置布置图等主要图纸。

7.3 施工用电安全保证项目

为保证建筑工程的施工用电安全，施工企业必须做好外电防护措施、接地与接零保护系统设置、配电线路设置、配电箱开关箱设置等安全保证工作。

7.3.1 外电防护

在建工程(含脚手架具)的外侧边缘与外电架空线的边缘之间必须保持安全操作距离。最小安全操作距离见表7-1。

表7-1 最小安全操作距离

在建筑工程(含脚手架)的外侧边缘与外电架空线路的边线之间的最小安全操作距离					
外电线路电压/kV	1以下	1～10	35～110	220	330～500
最小安全操作距离/m	4	6	8	10	15

注：上、下脚手架的斜道严禁搭设在有外电线路的一侧。

必须满足上述要求的安全距离，如由于现场的条件达不到安全操作距离，必须设置防护措施。

外电线路主要指不为施工现场专用的、原来已经存在的高压或低压配电线路，外电线路一般为架空线路，个别现场也会遇到地下电缆。施工过程中必须与外电线路保持一定的安全距离。当因受现场作业条件限制达不到安全距离时，必须采取屏护措施，防止发生因碰触造成的触电事故。

在架空线路的下方不得施工，不得建造临时建筑设施，不得堆放构件、材料等。当在架空线路一侧作业时，必须保证安全操作距离。

当由于条件所限不能满足最小安全操作距离时，应设置防护性遮栏、栅栏并悬挂警告牌等防护措施。

(1) 在施工现场一般采取搭设防护架，其材料应使用竹、木质等绝缘性材料。防护架距线路一般不小于1m，必须停电搭设(拆除时也要停电)。防护架距作业区较近时，应用硬质绝缘材料封严。

(2) 当架空线路在塔式起重机等起重机的作业半径范围内时，其线路的上方也应有防护措施，搭设成门形，其顶部可用5cm厚的木板或相当于5cm厚的木板的强度的材料盖严。为警示起重机作业，可在防护架上端间断设置小彩旗，夜间施工应有警示灯，其电源电压应为36V。

室外变压器防护要求如下。

① 变压器周围要设围栏(栅栏、网状或板状遮栏)，高度不小于1700mm。

② 变压器外廓与围栏或建筑物外墙的净距不小于 800mm。

③ 变压器底部距地面高度不小于 300mm。

④ 栅栏的栏条之间间距不超过 200mm，遮栏的网眼不超过 40mm×40mm。

高压配电防护要求见表 7－2。

低压架空线路防护：要求在架空线路上方沿线路方向设置一水平方向的防护棚。

高压线过路防护：高压线下方必须作相应的防护屏障，对车辆通过有高度限制，并设警示牌，搭设的防护屏应使用木杆，高压线距防护屏障的距离应不小于表 7－3 所示的尺寸。外电防护的遮栏、栅栏也有一个与外电安全距离的问题，在做防护设施时也必须注意这一安全距离要求。

表 7－2　露天配电装置最小安全净距/mm

项　　目	3～10kV
带电部分至接地部分	200
不同相的带电部分之间	200
带电部分至栅栏	950
带电部分至网状遮栏	300
无遮栏裸导体至地面	2700
不同时检修的无遮栏裸导体之间水平距离	2200

表 7－3　户外带电体与遮栏、栅栏的安全距离

外电线路额定电压/kV	1～3	6	10	35	60	110	220	330	500
线路边线至栅栏的安全距离/mm	950	950	950	1150	1350	1750	2650	4500	
线路边线至遮栏的安全距离/mm	300	300	300	500	700	1100	1900	2700	5000

在搭设防护屏障时必须注意以下问题。

（1）防护遮栏、栅栏的搭设可用竹、木脚手架杆作防护立杆、水平杆。可用木板、竹排或干燥的荆笆、密目式安全网等作纵向防护屏。

（2）各种防护杆的材质及搭设方法应按竹木脚手架施工的有关安全技术标准进行。

（3）搭设和拆除防护屏障时应停电作业，并在醒目处设有警告标志。

（4）防护遮栏、栅栏应有足够的机械强度和耐火性能，金属制成的防护屏障应接地或接零。

（5）搭设跨越门(Π)形架时，立杆应高出跨越横杆 1.2m 以上；旋转臂架式起重机在跨越 10kV 以下吊物时，也需搭设跨越架。

在施工前必须注意以下问题。

（1）在施工前必须编制高压线防护方案，经审核、审批后方可施工。

（2）有明显警示标志。应挂设如“请勿靠近，高压危险”“危险地段，请勿靠近”等明显警示标志牌，以引起施工人员注意，避免发生意外事故。

（3）不应在线路下方施工作业或搭设临时设施。

（4）在建工程不得在高、低压线路下方施工；高、低压线路下方不得搭设作业棚，不得建造生活设施或堆放构件、架具、材料及其他杂物等。

7.3.2 接地与接零保护系统

保护接地和保护接零是防止电气设备意外带电造成触电事故的基本技术措施。

1. 接地

接地有工作接地、保护接地、保护接零和重复接地四种。

(1) 工作接地：将变压器中性点直接接地叫工作接地，阻值应小于4Ω。

(2) 保护接地：将电气设备外壳与大地连接叫保护接地，阻值应小于4Ω。

(3) 保护接零：将电气设备外壳与电网的零线连接叫保护接零。

(4) 重复接地：在保护零线上再作的接地就叫重复接地，其阻值应小于10Ω。在一个施工现场中，重复接地不能少于三处(始端、中端、末端)。在设备比较集中地方如搅拌机棚、钢筋作业区等应做一组重复接地；在高大设备处如塔式起重机、外用电梯、物料提升机等也要作重复接地。

2. 必须采用三相五线制TN-S系统

工作零线与保护零线必须严格分开。

保护零线应由工作接地线处引出，或由配电室(或总配电箱)电源侧的零线处引出。

保护零线严禁穿过漏电保护器，工作零线必须穿过漏电保护器。

电箱中应设两块端子板(工作零线N线与保护零线PE线)，保护零线端子板与金属电箱相连，工作零线端子板与金属电箱绝缘。

保护零线必须做重复接地，工作零线禁止做重复接地。

保护零线的统一标志为绿/黄双色线，在任何情况下不准使用绿/黄双色线作负荷线。

当施工现场与外电线路共用同一供电系统时，电气设备应根据当地要求作保护接零，或作保护接地。不得一部分设备作保护接零，另一部分设备作保护接地。

当施工现场采用电业部门高压侧供电，自己设置变压器形成独立电网的，应作工作接地，必须采用TN-S系统。

当施工现场有自备发电机组时，接地系统应独立设置，也应采用TN-S系统。

当分包单位与总包单位共用同一供电系统时，分包单位应与总包单位的保护方式一致，不允许一个单位采用了TT系统而另外一个单位采用TN系统。

3. 接地与接零保护系统

1) 采用TN-S系统

TN系统是指电源(变压器)中性点直接接地的电力系统中，将电气设备正常不带电的金属外壳或基座经过中性线(零线)直接接零的保护系统。

TN-S系统是指系统中的工作零线N线与保护零线PE线分开的系统，用电设备的正常不带电的金属外壳或基座与保护零级PE线直接与电气连接，也称专用保护零线——PE线。

为了稳定保护零线对地零电位及防止保护零线可能断线对保护零线的影响，可在保护零线首、末端及中间位置作不少于三处的重复接地。

施工现场采用的TN-S系统的专用保护零线的引出基本上都是从施工现场总电源箱一

侧的三相四线制引入的N线作重复接地后，再从重复接地处引出PE线，沿架线要求引到各分配电箱。在这个系统中一定要注意，不得一部分设备作保护接零，另一部分设备作保护接地。当采取接地的用电设备发生相线碰壳，零线电位U_0将升高，从而使所有接零的用电设备外壳都带上危险电压。

2）工作接地

在中性点直接接地的三相供电系统中，因运行需要的接地称为工作接地。在工作接地的情况下，大地被用作为一根导线，而且能够稳定设备导电部分的对地电压。

工作接地应注意以下要求。

（1）接地体的最小规格参见表7－4。

（2）工作接地电阻值不大于4Ω。

（3）接地零线焊接、搭接长度规定参见表7－5。其中b为扁钢宽度，d为圆钢直径。

（4）不得用铝导体作为接地体或地下接地线。

（5）不宜采用螺纹钢材作接地体。

（6）接地体长度为1.5～2m，顶部与地面最小间距为0.6m，必须有两根接地体相连接。

表7－4　接地体的最小规格

线材种类	规格	地上敷设		地下敷设
		室内	室外	
圆钢	直径/mm	5	6	8
钢管	壁厚/mm	2.5	2.5	3.5
角钢	厚度/mm	2	2.5	4
扁钢	厚度/mm	3	4	4
	截面/mm^2	24	48	48
绝缘铜线	截面/mm^2	2.5(设备本身接地或接零)		

表7－5　接地零线焊接、搭接长度规定

项次	项目		规定数值	检验标准
1	搭接长度	扁钢	≥2b	尺寸检查
		圆钢	≥6d(双面焊)	
		扁钢和圆钢	≥6d(双面焊)	
2	扁钢搭接焊的棱边数		3	观察检查

3）重复接地

指专用保护零线PE线作重复接地，在中性点直接接地的电力系统中，除在中性点直接接地外，在中性线上的一处或多处再作接地，称为重复接地。

重复接地应注意如下要求。

（1）其材质与规格的技术要求同前(工作接地)。

(2) 重复接地电阻值不大于10Ω(我国南方地区气候潮湿要求不大于4Ω)。

(3) 重复接地的主导线应与零干线截面相同(不小于相线截面1/2)。

(4) 除在配电室或总配电箱处作重复接地外，线路中间和终端处也要作重复接地，一般重复接地不少于三处，如主干线超过1km，还必须再增加一处重复接地。

工作接地与重复接地的接地极与导线连接处，要用带螺孔的镀锌板焊在接地极上，且导线要用铜接头压接，不能随意缠绕其上。

4. 专用保护零线设置要求

专用保护零线的设置要求如下所示。

(1) 专用保护零线(PE线)必须采用绿/黄双色线，不得用铝线或金属裸线代替，绿/黄双色线不得作为N线和相线使用。

(2) PE线在配电箱内必须设置专用端子板，不准将各回路的PE线接在一个螺栓上，形成“鸡爪形”接线。

(3) 与干线相连接的保护零线截面应不小于相线截面的1/2，与电气设备连接的保护零线截面应小于2.5mm²的绝缘多股铜线，手持式用电设备的保护零线应在绝缘良好的多股铜芯橡皮电缆内，截面不小于2.5mm²。

(4) PE线可以从工作接地线引出，也可由配电室的配电屏或配电箱的重复接地装置处引出。所谓从工作接地线引出，实际是从低压配电屏或总配电箱的重复接地与工作零线连接处引出PE线。

(5) 施工现场未安装单独变压器，供电线路为三相四线到现场总配电箱的，其PE线可由总配电箱的漏电保护器电源侧的零线处引出，但需单独设置重复接地系统。

(6) 施工现场除工作接地、重复接地外，所有用电设备均应接零。不能混淆接地和接零的概念。

5. 保护零线与工作零线分设接线端子板

在配电箱和开关箱内，工作零线和保护零线应该分设接线端子板，保护零线端子板应与箱体保持电气连接，工作零线端子板必须与箱体保证绝缘，否则就变成混接了。

7.3.3 配电线路

架空线路必须采用绝缘铜线或绝缘铝线。这里强调了必须采用“绝缘”导线，由于施工现场的危险性，故严禁使用裸线。导线和电缆是配电线路的主体，绝缘必须良好，是直接接触防护的必要措施，不允许有老化、破损现象，接头和包扎都必须符合规定。

电缆干线应采用埋地或架空敷设，严禁沿地面明敷，并应避免机械伤害和介质腐蚀。穿越建筑物、构筑物、道路、易受机械损伤的场所及电缆引出地面从2m高度至地下0.2m处，必须加设防护套管，施工现场不但对电缆干线应该按规定敷设，同时也应注意对一些移动式电气设备所采用的橡皮绝缘电缆的正确使用，不允许浸泡在水中和穿越道路时不采取防护措施的现象。

1. 架空线路

架空线路应满足以下要求。

(1) 架空线路宜采用混凝土杆或木杆。混凝土杆不得有露筋、环向裂纹和扭曲；木杆不得腐朽，其梢径应不小于130mm。架空线路的档距不得大于35m；线间距离不得小于0.3m；四线横担长1.5m，五线横担长1.8m；施工现场的架空线路与地面最大弧垂4m，机动车道与地面最大弧垂6m。

电杆按用途分为中间杆(也称直线杆)、耐张杆、转角杆和终端杆。中间杆用于直线段线路上，在正常情况下，两侧导线的拉力相等，只承受导线和风力荷载；耐张杆(也称承力杆)，机械强度较强，能承受单侧或两侧不等的拉力，线路每经过一段距离后，就应敷设一根耐张杆，以免线路发生故障(断线或中间杆倒斜)时支持两侧不等的拉力，使故障限制在相邻两杆的范围内，耐张杆一般为H形杆或A形杆；转角杆为电杆前后各档的导线不在同一直线上，而折转成一个角度，承受转角导线不平衡的拉力，在受力的反方向做拉线；终端杆为线路的始末端电杆，只在单方向做拉线。

(2) 电杆拉线宜用镀锌铁线，其截面不得小于3mm×ϕ4mm，拉线与电杆的夹角应为30°～45°，拉线埋设深度不得小于1m，混凝土电杆拉线应在高于地面2.5m处装设拉紧绝缘子，受地形限制不能装设拉线时，可采用支撑杆，其杆埋设深度不得小于0.8m，且其底部应垫底盘或石块，与立杆夹角宜为30°。

目前施工现场大部分是用街码瓷瓶竖排在电杆上架线，必须符合线路相序排列及电杆架设规定。

(3) 架空线路必须采用绝缘铜线或绝缘铝线，必须架设在专用电杆上，严禁架设在树木、脚手架及其他构件架上。同杆架设绝缘铜、铝线是允许的，但铜线架设必须放在杆的上方。

(4) 架空线导线截面的选择应符合下列要求。

① 导线中的负荷电流不大于其允许载流量。

② 线路末端的电压偏移不大于额定电压的5%。

③ 单相线路的零线截面与相线截面相同；三相四线制的工作零线和保护零线截面不小于相线截面的50%。

④ 为满足机械强度要求，绝缘铝线截面不小于16mm^2，绝缘铜线截面不小于10mm^2，跨越铁路、公路、河流、电力线路的档距内，绝缘铝线截面不小于25mm^2，绝缘铜线截面不小于16mm^2。

(5) 架空线路的档距应符合下列要求。

① 架空线路的档距不大于35m。主要考虑风吹影响，档距过大，导线摆动，或导线弧垂过大，满足不了导线对地的距离要求。

② 在架空线的一个档距内，每一层架空线的接头数不得超过该层导线条数的50%，且一根导线只允许有一个接头，不允有两个及两个以上接头。

③ 架空线路在跨越铁路、公路、河流、电力线路的档距内，不允许有接头。

(6) 架空线路相序排列应符合下列要求。

① 面向负荷，导线相序排列顺序如下所示。

(a) 三相四线制线路相序排列：L1，N，L2，L3。

(b) 三相五线制线路相序排列：L1，N，L2，L3，PE。

(c) 动力、照明线在两个横担上分别架设线路相序排列：上横担为L1，L2，L3；下横担为L1(L2，L3)，N，PE。

② 如用街码瓷瓶，竖排固定导线按固定在横担上导线排列顺序从上至下排列。

(7) 架空线路与邻近线路或设施的距离应符合表7-6的要求。

(8) 线路过道保护。线路穿越临时施工道路必须作保护，导线不允许在室外埋地敷设，过路的线路必须使用埋地电缆，保证供电的可靠性。不可将电缆直接埋地不设保护管穿越临时道路，保护管要用铁管，不宜用硬塑料管(PVC管)，更不允导线直接埋地过路。导线过路必须架设，随意拖地的导线很容易被重物或车辆压坏，破坏其绝缘，也容易浸水，造成线路短路故障，现场工人也易发生触电事故，导线应架设或穿管保护，所以现场不允许各类导线拖地敷设。

(9) 使用五芯电缆。

三相五线制是TN-S系统，其中工作零线N与保护零线PE分开。不允许使用四芯电缆外加一根线代替五芯电缆。

(10) 导线敷设必须固定在绝缘子上。

导线无论在室内或室外敷设固定，都必须绑在绝缘子上，根据不同场所和用途，导线可采用瓷(塑料)夹、瓷柱(鼓型绝缘子)、瓷瓶(针式绝缘子)等方式固定。瓷(塑料)夹布线适用于正常环境内场所和挑檐下的屋外场所；绝缘子布线适用于屋内外场所。导线固定在瓷瓶上必须牢固绑扎，当导线是橡皮绝缘时，使用一般纱包绑线绑扎；使用塑料绝缘线时，应尽量采用颜色相同的聚氯乙烯线或绑扎线绑扎。如果使用金属裸线绑扎，在紧固的时候，金属线可能绑伤导线绝缘。

表7-6 架空线路与邻近线路或设施的距离/m 单位：m

<table>
<tr><th>项目</th><th colspan="7">邻近线路或设备类别</th></tr>
<tr><td rowspan="2">最小净空距离</td><td colspan="2">过引线、接下线与邻线</td><td colspan="3">架空线与拉线电杆外缘</td><td colspan="2">树梢摆动最大时</td></tr>
<tr><td colspan="2">0.13</td><td colspan="3">0.05</td><td colspan="2">0.5</td></tr>
<tr><td rowspan="3">最小垂直距离</td><td rowspan="2">同杆架设下方的广播线路、通讯线路</td><td colspan="3">最大弧垂与地面</td><td rowspan="2">最大弧垂与暂设工程顶端</td><td colspan="2">与邻近线路交叉</td></tr>
<tr><td>施工现场</td><td>机动车道</td><td>铁路轨道</td><td>1kV以下</td><td>1～10kV</td></tr>
<tr><td>1.0</td><td>4.0</td><td>6.0</td><td>7.5</td><td>2.5</td><td>1.2</td><td>2.5</td></tr>
<tr><td rowspan="2">最小水平距离</td><td colspan="2">电杆至路基边缘</td><td colspan="3">电杆至铁道边缘</td><td colspan="2">电杆与建筑物凸出部分边缘</td></tr>
<tr><td colspan="2">1.0</td><td colspan="3">杆高+3.0</td><td colspan="2">1.0</td></tr>
</table>

2. 电缆埋地规定

电缆埋地规定如下所示。

(1) 直埋电缆必须是铠装电缆，埋地深度不小于0.7m，并在电缆上下铺5cm厚细砂，防止不均匀沉降，最上部覆盖硬质保护层，防止误伤害。

(2) 橡皮电缆架空敷设时，应沿墙壁或电杆设置，并用绝缘子固定。严禁使用金属裸线作绑线，固定点间距应保证橡皮电缆能承受自重所带来的荷重。橡皮电缆最大弧垂距地不得小于2.5m。

(3) 对建筑施工的室内用电，不允许由室外地面电箱用橡皮电缆从地面直接引入各楼层使用。在建高层建筑的临时配电必须采用电缆埋地引入，电缆垂直敷设的位置应充分利用在建工程的竖井、垂直孔洞，并应靠近用电负荷中心，固定点每楼层不得少于一处。电缆水平敷设宜沿墙或门口固定。最大弧垂距地不得小于 2m。电缆垂直敷设后，可每层或隔层设置分配电箱提供使用，固定设备可设开关箱，手持电动工具可设移动电箱。

7.3.4 配电箱与开关箱

1. 三级配电与两级漏电保护的概念

三级配电是指配电室配电屏或总配电箱配电一级；分配电箱分支供配电一级，开关箱供用电设备一级。

两级漏电保护是指配电室配电屏或总配电箱设置一级漏电保护装置，用电设备的开关箱设置一级漏电保护装置。两级漏电保护器的参数要相匹配。

2. 漏电保护器的要求

(1) 开关箱中必须装设漏电保护器。

(2) 每台用电设备都要加装漏电保护器，不能有一个漏电保护器保护两台或多台用电设备的情况。

(3) 另外还应避免发生直接用漏电保护器兼作电器控制开关的现象。

(4) 漏电保护器参数匹配合理。在一般情况下第一级(开关箱)漏电保护器的漏电动作电流应小于 30mA，动作时间应小于 0.1s，如工作场所比较潮湿或有腐蚀介质或属于人体易接触其外壳的手持电动工具，其漏电动作电流应小于 15mA，其动作时间小于 0.1s，而作为第二级(分配电箱)(如设置三级漏电保护)其值应大于 30mA，一般取值为上一级不小于下一级的两倍。

选择漏电保护器参数时，可参考表 7-7 数值取用。

表 7-7 漏电保护器参数

保护级别	额定漏电动作电流 $I_{\Delta N}$/mA	额定漏电动作时间 $T_{\Delta N}$/s
第一级保护(开关箱)	30	0.1
第二级保护(分配电箱)	75	0.2
第三级保护(总配电箱)	200	0.4

3. 电箱的安装

(1) 分配电箱与开关箱的距离不得超过 30m，开关箱与其控制的固定用电设备的水平距离不宜超过 3m。

(2) 总配电箱应设在靠近电源的地区。

(3) 分配电箱应装设在用电设备或负荷相对集中的地区。

(4) 配电箱、开关箱应装设在干燥、通风及常温场所，周围应有足够两人同时工作的空间和通道，应装设端正、牢固。移动式配电箱、开关箱应装设在坚固的支架上；固定式配电箱、开关箱的下底与地面的垂直距离应为 1.3～1.5m；移动式分配电箱、开关箱的下底距地面大于 0.6m，小于 1.5m。

(5) 不允许使用木质电箱和金属外壳木质底板。配电箱内的电器应首先安装在金属或非木质的绝缘电器安装板上，然后整体紧固在配电箱体内。箱内的连接线应采用绝缘导线，接头不得有外露部分，进、出线应加护套分路成束并做防水弯，导线束不得与箱体进、出口直接接触。移动式配电箱和开关箱的进、出线必须采用橡皮绝缘电缆。

4. 电箱内隔离开关设置

总配电箱、分配电箱以及开关箱中，都要装设隔离开关，能在任何情况下使用电设备实行电源隔离。

(1) 总配电箱、分配电箱和开关箱中必须装设隔离开关和熔断器(或装自动开关)，装设自动开关(带漏电保护器)的配电箱，其前必须装设隔离开关使之能形成一个明显的断开点。同时隔离开关刀片之间的消弧罩或绝缘隔离板要完好，避免切断时发生意外弧光短路。总隔离开关应装在箱内的左上方的电源进箱处。

(2) 隔离开关一般多用于高压变配电装置中。隔离开关没有灭弧能力，绝对不可以带负荷拉闸或合闸，否则触头间所形成的电弧，不仅会烧毁隔离开关和其他邻近的电气设备，而且也可能引起相间或对地弧光造成事故，因此必须在负荷开关切断以后，才能拉开隔离开关，先合上隔离开关后，再合上负荷开关。

5. 电箱内PE线专用接线端子板

(1) 配电箱开关箱的金属箱体、金属电器安装板以及箱内电器的不应带电金属底座外壳等必须保护接零。保护接零应通过接线端子板连接，电箱内的工作零线和保护零线必须分别设置专用端子板，工作零线端子板必须与箱体绝缘。保护零线端子板可以直接固定在箱体上。

(2) 配电箱的保护零线连接得不牢，连接螺丝生锈，导线松动，箱内接线零乱，多股铜线大部分没有压接头或导线挂焊锡处理，这些问题在检查时应特别要注意，否则PE线可能连接不好，影响TN-S系统正常运行。

6. 电箱进出线保护措施

配电箱、开关箱中导线的进线和出线口应设在箱体的下底面，严禁设在上顶面、侧面、后面或箱门后。进出线应加护套分路成束，不得与箱体进出口直接接触。

(1) 进出线口开在箱体的下底面，其开孔处要有防护橡圈，不能直接与开孔处相接触，主要考虑开孔处的刃面割伤导线。

(2) 若进出线较多，可在箱体下底面开成长条形孔，开孔四周要有防护橡圈防护。

(3) 应将同一供电回路的三相穿一个孔内，如孔径大穿不进去，可开成长条形孔。

7. 配电箱内多路配电标记

配电箱内一般供电回路不少于两个回路及其以上，如配电回路无标记，极易发生误操作，尤其是现场的操作人员记不住本供电开关，可能发生意外触电伤害事故。

8. 电箱材质要求

配电箱、开关箱应采用铁板或优质绝缘材料制作，铁板的厚度应大于1.5mm。

9. 电箱门、锁、防雨措施

(1) 配电箱无门则变成开启式，这对于复杂的施工现场是绝对不允许的，任何人都可以操作开关，施工用的材料易触碰，造成触电事故的可能性较大。

(2) 无锁也同样存在上述情况，但也存在一旦发生紧急应停电情况，切断电源就无法进行，而必须找到电工来开锁，延误时间可能造成更大的人员伤害和机械损坏，较理想的办法是用双层门，里层为电工掌握锁住，外层为操作人员进行控制，将开关把手露在外层间。

(3) 防雨措施主要是怕雨水浸入电箱内造成电气线路短路发生事故。

10. 电箱名称、编号、责任人

(1) 电箱应有名称，否则可能引起现场操作人员误操作。从供电系统来讲，总箱、分箱、开关箱是分辨不出其作用、功能的。

(2) 电箱应有编号，否则可能造成现场供电混乱，当检修处理故障时、切断电箱时无编号和名称容易造成事故。

(3) 电箱应有责任人负责，否则容易造成任意自流，平时的检查维护保证安全供电就不能得到有较落实。所有配电箱均应标明其名称、用途，并作出分路标。所有配电箱门应配锁，配电箱和开关箱应由专人负责。

7.4 施工用电安全一般项目

为保证建筑工程的施工用电安全，施工企业除必须做好上述保证项目的安全保证工作外，在其他一般项目的安全管理方面也必须加以重视，这些一般项目包括配电室与配电装置规定、现场照明规定、用电档案的管理等。

7.4.1 配电室电器装置

配电室的建筑基本要求是室内设备搬运、装设、操作和维修方便，运行安全可靠。其长度和宽度应根据配电屏的数量和排列方式决定，其高度视其进出线的方式，以及墙上是否装设隔离开关等因素综合考虑。配电室建筑物的耐火等级应不低于三级，室内不得存放易燃易爆物品，并应配备砂箱、1211 灭火器等绝缘灭火器材，配电室的屋面应该有隔层和防水、排水措施，并应有自然通风和采光，还须有避免小动物进入的措施。配电室的门应向外开并上锁，以便于紧急情况下室内人员撤离和防止闲杂人员随意进入。

1. 配电室地面按要求采取绝缘措施

配电室内的地面应光平，上面应铺设不小于 20mm 厚的绝缘橡皮板或用 50mm×50mm 木枋上铺干燥的木板，主要考虑操作人员的安全，当设备漏电时，操作者可避免触电事故。

2. 室内配电装置布设合理

变配电室是重要场所也是危险场所，除建筑上的要求必须达到外，其室外或周围必须标明警示标志，以引起有关人员注意；不能随意靠近或进入变配电室内，以确保施工工地供电的安全。

配电箱开关箱内的开关电器应按其规定的位置紧固在电器安装板上，不得歪斜和松动。箱内的电器必须可靠完好，不准使用破损、不合格的电器。为便于维修和检查，漏电保护器应装设在电源隔离开关的负荷侧。各种开关电器的额定值应与其控制用电设备的额定值相适应。容量大于 5.5kW 的动力电路应采用自动开关电器，更换熔断器的熔体时，严禁用不符合原规格的熔体代替。

熔丝的选择应满足以下条件。

(1) 照明和电热线路：熔丝额定电流＝1.1 倍用电额定电流。

(2) 一台电机线路：熔丝额定电流＝(1.5～3)倍电机额定电流。

(3) 多台电机线路：熔丝额定电流＝(1.5～3)倍功率最大一台电机额定电流＋工作中同时开动的电机额定电流之和。

(4) 不允许用其他金属丝代替熔丝。如果随意使用金属丝，当设备发生短路故障时，其金属丝就不会熔断，严重的情况，导线烧掉，其金属丝也没有熔断，这种情况是非常危险的，轻则烧毁用电设备，重则可引起电线起火，酿成重大火灾事故。

熔断器及熔体的选择，应视电压及电流情况，一般单台直接起动电动机熔丝可按电动机额定电流 2 倍左右选用(不能使用合股熔丝)。

7.4.2 现场照明

照明灯具的金属外壳必须作保护接零。单相回路的照明开关箱内必须装设漏电保护器。由于施工现场的照明设备也同动力设备一样有触电危险，所以也应照此规定设置漏电保护器。

1. 安全电压

安全电压额定值的等级为 42V、36V、24V、12V、6V。当电气设备采用超过 24V 的安全电压时，必须采取防直接接触带电体的保护措施。

照明装置在一般情况下其电源电压为 220V，但在下列五种情况下应使用安全电压的电源。

(1) 室外灯具距地面低于 3m，室内灯具距地面低于 2.5m 时，应采用 36V 的电源电压。

(2) 使用行灯，其电源的电压不超过 36V。

(3) 隧道、人防工程电源电压应不大于 36V。

(4) 在潮湿和易触及带电体场所，电源电压不得大于 24V。

(5) 在特别潮湿场所和金属容器内工作，照明电源电压不得大于 12V。

2. 照明动力用电按规定分路设置

照明与动力分设回路，照明用电回路正常的接法是在总箱处分路，考虑三相供电每相负荷平衡，单独架线供电。

3. 灯具金属外壳做接零保护

灯具金属外壳接零，设置保护零线，在灯具漏电时就可避免危险，但还必须设置漏电保护器进行保护。

4. 照明专用回路必须装设漏电保护

施工现场的照明装置触电事故经常发生，造成触电伤害，照明专用回路必须装设漏电保护器，作为单独保护系统。

5. 室内线路及灯具

室内线路安装高度低于 2.4m 必须使用安全电压供电。

室内线路一般指宿舍、食堂、办公室及现场建筑物内的工作照明及其线路，如果安装高度低于 2.4m(人伸手可能触及的高度)，就会因线路破损等原因触电，因此一定要保证其高度要求，如果其高度低于 2.4m 就使用安全电压供电。

6. 照明供电不宜采用绞织线

照明用绞织线为 RVS 铜芯绞形聚氯乙烯软线(俗称花线)，它的截面一般都较小，其规格为 0.12～2.5mm^2，照明一般使用 0.75～1mm^2 的导线，一受力就容易扎断，用在施工现场是不合格的，同时室外环境条件差，其绝缘层易老化，产生短路。

7. 手持照明灯、危险场所或潮湿作业

手持照明灯、危险场所或潮湿作业使用 36V 以下的安全电压。

这些场所的作业必须使用 36V 以下的安全电压，主要是这些场所触电的危险性大，在上述场所使用 36V 以下的安全电压，危险就会大大降低，一旦发生漏电，可以切断电源，保证在漏电保护器失灵状态下，也不至于危及生命安全。

8. 危险场所、通道口、宿舍等，按要求设置照明

危险场所和人员较集中的通道口、宿舍、食堂等场所，必须设置照明，以免人员行走或在昏暗场所作业时，发生意外伤害。在一般场所宜选用额定电压为 220V。

(1) 特殊场所对照明器的电压要求如下。

① 隧道、人防工程，或有调温、导电、灰尘或灯具离地面高度低于 2.4m 的场所照明，电源电压不大于 36V。

② 在潮湿和易触及带电体场所的照明电源电压不得大于 24V。

③ 在特别潮湿的场所、导电良好的地面、锅炉或金属容器内工作的照明电源电压，不得大于 12V。

(2) 临时宿舍、食堂、办公室等场所，其照明开关、插座的要求如下。

① 开关距地面高度一般为 1.2～1.4m，拉线开关距地面高度一般为 2～3m，开关距门框距离为 150～200mm。

② 开关位置应与灯位相适应，同一室内，开关方向应一致。

③ 多尘、潮湿、易燃易爆场所，开关应分别采用密闭型和防爆型，或安装在其他处所进行控制。

④ 不同电压的插座，应有明显的区别，不能混用。

⑤ 凡为携带式或移动式电器用的插座，单相应用三眼插座，三相应用四眼插座，工作零线和保护零线不能混接。

⑥ 明装插座距地面应不低于 1.8m，暗装和工业用插座应不低于 30cm。

(3) 室内外灯具安装的要求如下。

① 室外路灯，距地面不得低于 3m，每个灯具都应单独装设熔断器保护。

② 施工现场经常使用碘钨灯及钠铊铟等金属卤化物灯具，其高度宜安装在 5m 以上，

灯具应装置在隔热架或金属架上，不得固定在木、竹等支持架上，灯线应固定在接线柱上，不得靠近灯具表面。

③ 室内安装的荧光灯管应用吊链或管座固定，镇流器不得安装在易燃的结构件上，以免发生火灾。

④ 灯具的相线必须经开关控制，不得相线直接引入灯具，否则，只要照明线路不停电，即使照明灯具不亮，灯头也是带电的，易发生意外触电事故。

⑤ 如用螺口灯头，其中心触头必须与相线连接，其螺口部分必须与工作零线连接，否则，在更换或擦拭照明灯具时，易意外地触及螺口部分而发生触电。

⑥ 灯具内的接线必须牢固，灯具外的接线必须作好可靠绝缘包扎，以免漏电触及伤人。

⑦ 灯泡功率在100W及其以下时，可选用胶质灯头；100W以上及防潮灯具应选用瓷质灯头。

7.4.3 用电档案

安全技术档案应由主管现场的电气技术人员负责建立与管理，其内容应包括如下方面。

(1) 临时用电施工组织设计。

(2) 修改临时用电施工组织设计的资料。

(3) 技术交底资料。

(4) 临时用电工程检查验收表，电气设备的试、检验凭单和调试记录，电工维修工作记录，现场临时用电(低压)电工操作安全技术交底，施工用电设备明细表，接地电阻测试记录表，施工现场定期电气设备检查记录表，配电箱每日专职检查记录表，施工用电检查记录表等。

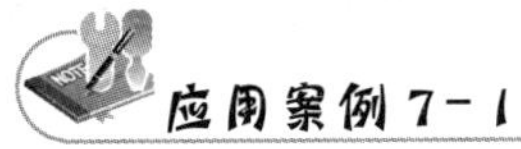

应用案例7-1

上海某住宅工程私接电源、违规作业安全事故

1. 事故概况

事故概况详见“案例引入”。

2. 事故原因分析

1) 直接原因

屈某在现场施工中用不符合安全使用要求的手电钻搅拌机，他本人又违反规定私接电源，加之在施工中赤脚违章作业，是造成本次事故的直接原因。

2) 间接原因

项目部对职工、班组长缺乏安全生产教育，现场管理不到位，发现问题未能及时制止，况且用自制的手枪钻作搅拌机使用，在接插电源时，未经漏电保护，违反“三级配电，二级保护”原则，是造成本次事故的间接原因。

3) 主要原因

公司虽对职工进行过进场的安全生产教育，但缺乏有效的操作规程和安全检查，加之屈某自我保护意识差，是造成本次事故的主要原因。

3. 事故处理结果

(1) 本起事故直接经济损失约为16万元。

(2) 事故发生后，施工单位根据事故调查小组的意见，对本次事故负有一定责任者进行了相应的处理，其处理结果如下。

① 公司法人代表姚某，对安全生产管理不力，对本次事故负有领导责任，责令其作书面检查。

② 项目经理朱某，放松对职工的安全生产管理和遵章守纪的教育，对本次事故负有管理责任，责令其作出书面检查，并处以罚款。

③ 项目部安全员叶某，对施工现场安全生产监督检查不力，对本次事故负有一定责任，给予罚款的处分。

④ 项目部油漆班长包某，提供不符合安全规定的电动工具，对本次事故负有一定责任，给予罚款的处分。

⑤ 油漆工屈某，自我保护安全意识差，违章用电，赤脚作业，违反了安全生产规章制度，对本次事故负有一定责任，因本人已死亡，故不予追究。

4. 事故预防及控制措施

(1) 召开事故现场会，对全体施工管理人员、作业人员进行反对违章操作、冒险蛮干的安全教育，吸取事故教训，落实安全防范措施，确保安全生产。

(2) 公司领导应提高安全生产意识，加强对下属工程项目安全生产的领导和管理，下属工程、项目部必须配备安全专职干部。

(3) 项目部经理必须加强对职工的安全生产知识和操作规程的培训教育，提高职工的自我保护意识和互相保护意识，严禁职工违章作业，对违者要严肃处理。

(4) 法人代表、项目经理、安全员按规定参加安全生产知识培训，做到持证上岗。

(5) 建立健全安全生产规章制度和操作规程，组织职工学习，并在施工生产中严格执行，预防事故发生。

(6) 加强安全用电管理和电器设备的检查、检验，强化用电人员安全用电的意识，加强现场维修电工的安全生产责任心，对施工现场的用电设备进行全面的检查和维修，消除事故隐患，确保用电安全。

应用案例7-2

上海某工程触电安全事故分析

1. 事故概况

2002年7月21日，在上海某工程4#房工地上，水电班班长朱某、副班长蔡某，安排普工朱某、郭某二人为一组到4#房东单元4～5层开凿电线管墙槽工作。下午1时上班后，朱某、郭某二人分别随身携带手提切割机、榔头、凿头、开关箱等作业工具继续作业。朱某去了4层，郭某去了5层。当郭某在东单元西套卫生间墙槽时，由于操作不慎，切割机切破电线，使郭某触电。下午2时20分左右，木工陈某路过东单元西套卫生间，发现郭某躺倒在地坪上，不省人事。事故发生后，项目部立即叫来工人宣某、曲某将郭某送往医院，但郭某经抢救无效死亡。

2. 事故原因分析

1） 直接原因

郭某在工作时，使用手提切割机操作不当，以致割破电线造成触电，是造成本次事故的直接原因。

2） 间接原因

(1) 项目部对职工安全教育不够严格，缺乏强有力的监督。

(2) 工地安全员对施工班组安全操作交底不细，现场安全生产检查监督不力。

(3) 职工缺乏相互保护和自我保护意识。

3） 主要原因

施工现场用电设备、设施缺乏定期维护、保养，开关箱漏电保护器失灵，是造成本次事故的主要原因。

3. 事故处理结果

(1) 本起事故直接经济损失约为16万元。

(2) 事故发生后，施工单位根据事故调查小组的意见，对本次事故负有一定责任者进行了相应的处理，处理结果如下。

① 公司总经理范某，对项目部安全管理不够，对本次事故负有领导责任，给予作出书面检查的处分。

② 公司副总经理曹某，对项目部安全管理、检查监督不严，对本次事故负有领导责任，给予作出书面检查的处分。

③ 项目经理石某，对职工安全教育、交底不到位，对本次事故负有领导责任，作批评教育，并给予罚款的处分。

④ 工地安全员周某，对施工现场安全检查、监督不严，对本次事故负有一定责任，给予通报批评，并处以罚款。

⑤ 水电工班长朱某、副班长蔡某，对班组安全生产、安全教育不够，对本次事故负有一定的责任，分别给予口头警告和罚款的处分。

⑥ 普工郭某，使用手提切割机操作不当，对本次事故负有直接责任，鉴于已在事故中死亡，故免于追究。

4. 事故预防及控制措施

(1) 企业召开安全现场会，对事故情况在全企业范围内进行通报，并传达到每个职工，认真吸取教训，举一反三，深刻检查，提高员工自我保护和相互保护的安全防范意识，杜绝重大伤亡事故的发生。

(2) 立即组织安全部门、施工部门、技术部门以及现场维修电工等对施工现场进行全面的安全检查，不留死角。对查出的机械设备、电器装置等各种事故隐患马上定人、定时、定措施落实整改，不留隐患。

(3) 进一步坚决落实各级人员的安全生产岗位责任制，进一步加强对职工进行有针对性的安全教育、安全技术交底，并加强安全动态管理，加强危险作业和过程的监控，进一步规范、完善施工现场安全设施。

特别提示

建筑工程的施工用电的安全检查，应以《建筑施工安全检查标准》(JGJ 59—2011)中“表B.14施工用电检查评分表”为依据(见表7-8)。

表7-8 施工用电检查评分表

序号	检查项目		扣分标准	应得分数	扣减分数	实得分数
1	保证项目	外电防护	外电线路与在建工程及脚手架、起重机械、场内机动车道之间的安全距离不符合规范要求且未采取防护措施，扣10分 防护设施未设置明显的警示标志，扣5分 防护设施与外电线路的安全距离及搭设方式不符合规范要求，扣5～10分 在外电架空线路正下方施工、建造临时设施或堆放材料物品，扣10分	10		
2		接地与接零保护系统	施工现场专用的电源中性点直接接地的低压配电系统未采用TN-S接零保护系统，扣20分 配电系统未采用同一保护系统，扣20分 保护零线引出位置不符合规范要求，扣5～10分 电气设备未接保护零线，每处扣2分 保护零线装设开关、熔断器或通过工作电流，扣20分 保护零线材质、规格及颜色标记不符合规范要求，每处扣2分 工作接地与重复接地的设置、安装及接地装置的材料不符合规范要求，扣10～20分 工作接地电阻大于4Ω，重复接地电阻大于10Ω，扣20分 施工现场起重机、物料提升机、施工升降机、脚手架防雷措施不符合规范要求，扣5～10分 做防雷接地机械上的电气设备，保护零线未做重复接地，扣10分	20		
3		配电线路	线路及接头不能保证机械强度和绝缘强度，扣5～10分 线路未设短路、过载保护，扣5～10分 线路截面不能满足负荷电流，每处扣2分 线路的设施、材料及相序排列、档距、与邻近线路或固定物的距离不符合规范要求，扣5～10分 电缆沿地面明设或沿脚手架、树木等敷设或敷设不符合规范要求，扣5～10分 未使用符合规范要求的电缆，扣10分 室内明敷主干线距地面高度小于2.5m，每处扣2分	10		

续表

序号	检查项目		扣分标准	应得分数	扣减分数	实得分数
4	保证项目	配电箱与开关箱	配电系统未采用三级配电、二级漏电保护系统，扣10～20分 用电设备未有各自专用的开关箱，每处扣2分 箱体结构、箱内电器设置不符合规范要求，扣10～20分 配电箱零线端子板的设置、连接不符合规范要求，扣5～10分 漏电保护器参数不匹配或检测不灵敏，每处扣2分 配电箱与开关箱电器损坏或进出线混乱，每处扣2分 箱体未设置系统接线图和分路标记，每处扣2分 箱体未设门、锁，未采取防雨措施，每处扣2分 箱体安装位置、高度及周边通道不符合规范要求，每处扣2分 分配电箱与开关箱、开关箱与用电设备的距离不符合规范要求，每处扣2分	20		
小计				60		
5	一般项目	配电室与配电装置	配电室建筑耐火等级未达到三级，扣15分 未配置适用于电气火灾的灭火器材，扣3分 配电室、配电装置布设不符合规范要求，扣5～10分 配电装置中的仪表、电器元件设置不符合规范要求或仪表、电器元件损坏，扣5～10分 备用发电机组未与外电线路进行联锁，扣15分 配电室未采取防雨雪和小动物侵入的措施，扣10分 配电室未设警示标志、工地供电平面图和系统图，扣3～5分	15		
6		现场照明	照明用电与动力用电混用，每处扣2分 特殊场所未使用36V及以下安全电压，扣15分 手持照明灯未使用36V以下电源供电，扣10分 照明变压器未使用双绕组安全隔离变压器，扣15分 灯具金属外壳未接保护零线，每处扣2分 灯具与地面、易燃物之间小于安全距离，每处扣2分 照明线路和安全电压线路的架设不符合规范要求，扣10分 施工现场未按规范要求配备应急照明，每处扣2分	15		

续表

序号	检查项目		扣分标准	应得分数	扣减分数	实得分数
7	一般项目	用电档案	总包单位与分包单位未订立临时用电管理协议，扣10分 未制定专项用电施工组织设计、外电防护专项方案或设计、方案缺乏针对性，扣5～10分 专项用电施工组织设计、外电防护专项方案未履行审批程序，实施后相关部门未组织验收，扣5～10分 接地电阻、绝缘电阻和漏电保护器检测记录未填写或填写不真实，扣3分 安全技术交底、设备设施验收记录未填写或填写不真实，扣3分 定期巡视检查、隐患整改记录未填写或填写不真实，扣3分 档案资料不齐全、未设专人管理，扣3分	10		
小计				40		
检查项目合计				100		

小结

本项目重点讲授了如下4个模块。

(1) 施工用电的施工方案。

(2) 施工用电安全施工中应重点实施和检查的保证项目，包括外电防护、接地与接零保护系统、配电线路、配电箱开关箱等方面的安全知识和技能。

(3) 施工用电安全施工中应常规实施和检查的一般项目，包括配电室与配电装置、现场照明、用电档案等方面的安全知识和技能。

(4) 施工用电安全事故案例的分析处理与预防。

通过本项目的学习，学生应学会如何在施工用电安全施工过程中各个环节采取安全措施，并进行检查，以确保施工过程的安全。

习题

1. 什么是建筑施工用电？

2. 在建工程(含脚手架具)的外侧边缘与外电架空线的边缘之间必须保持的安全操作距离有哪些规定？

3. 施工用电的保护接地有哪些类型?
4. 什么是三级配电和二级漏电保护?
5. 哪些情况下应使用安全电压的电源?
6. 架空线导线截面的选择应符合哪些要求?
7. 用电安全技术档案应包含哪些内容?

项目 8

物料提升机安全管理

教学目标

掌握建筑工程的物料提升机使用过程中安全保障的保证项目：安全装置、防护设施、附墙架与缆风绳、钢丝绳、安装验收与使用等方面的安全知识和技能，熟悉建筑工程的物料提升机使用过程中安全保障的一般项目：基础与导轨架、动力与传动、通信装置、卷扬机操作棚、避雷装置等方面的安全知识和技能。通过本项目的学习，学生应具备基本的预防、分析、处理建筑工程的物料提升机使用过程中的安全问题及事故的知识与技能。

教学步骤

目　　标	内　　容	权重
知识点	1. 保证项目：安全装置、防护设施、附墙架与缆风绳、钢丝绳、安装验收与使用等方面的安全概念、注意事项、解决方法和措施 2. 一般项目：基础与导轨架、动力与传动、通信装置、卷扬机操作棚等方面的安全概念、注意事项、解决方法和措施	35%
技能	针对上述知识点创设相关实训场景以培养学生思考和动手解决实际问题的能力	35%
分析案例	实际工程的物料提升机使用过程中的安全事故分析处理和经验教训	30%

章节导读

1. 物料提升机的概念

物料提升机(井字架)简称提升机，它是建筑施工中用来解决垂直运输的常用的一种既简单又方便的起重设备，一般由底盘、井架体(标准节)、天梁、架轨、吊篮、滑轮组、摇臂和电动卷扬机、钢丝绳、缆风绳(附墙架)、地锚及各种安全防护装置等组成，属于一种不定型的半机械化产品。

2. 物料提升机的特点

物料提升机的制造成本低、安装操作简便、适用性强。

3. 物料提升机存在的主要问题

物料提升机存在的主要问题有3个方面。

(1) 制造方面。无安全停靠装置；采用单根钢丝绳；对高架、低架提升机安装要求区分不清；吊篮无安全门。

(2) 安装方面。架体基础不稳；入口防护棚搭设不规范；卸料平台搭设不规范；附墙架和缆风绳安装不规范；上下极限限位器未安装；楼层停靠门安装不规范；无立网防护或立网防护不全。

(3) 使用方面。设备使用保养维护不够；随意拆除设备上的一些安全保护装置，如上下极限限位器、安全门、安全停靠装置等；违章作业，如人员乘提升机上下、运行时不使用安全停靠装置，或将头伸进架体等，这都是不安全的行为，应该坚决杜绝。

4. 物料提升机现场

物料提升机的现场如图8.1所示。

案例引入

“4.30”龙门架吊盘坠落事故

×市×区省直机关经济适用型住房B区R栋(以下简称“省直R栋”)工程，由×省直机关经济适用房建设中心开发，由×市×建筑企业集团有限责任公司总承包(以下简称“×建筑集团”)，其模板工程分包给×省×建筑集团(以下简称“××建筑集团”)。该工程于2000年9月28日开工，至2001年4月30日时，施工已进行到主体九层。该工程建筑面积为22000m^2，建筑物呈一字长方形，建筑物总长为132m。

2001年4月30日早7点10分左右，该工地发生一起龙门架吊盘坠落，造成4人死亡，一人重伤，直接经济损失65万元的重大生产责任事故。

事故发生后，×建筑集团与××建筑集团私下商议，企图对该事故隐瞒不报，并自行处理。由×建筑集团承担经济损失(死亡每人赔偿相应家属8万元，负责治疗重伤者)，××建筑集团负责其善后处理事宜。×建筑集团董事长、法人代表郑某为推卸责任、逃避法律制裁和行政处罚，故意隐瞒事故真相；××建筑集团总经理尤某，组织策划隐瞒事故，对外只讲发生过吊盘坠落事故，但没有人员伤亡，指使项目经理、工长等人出具伪证，阻挠调查工作的正常进行。

图 8.1　物料提升机现场

从 5 月初到 7 月上旬，×省×市和×区等有关部门接到对该事故的举报后，先后 8 次组织人员对此次事故进行调查，但对是否有人员伤亡一直没有查清。

7 月 6 日，建设部建筑管理司接到由中纪委驻部纪检组组长姚某同志批示的反映该事故的举报信，市领导非常重视，指示“严查，若情况属实，则严肃处理”，并派安全处丁某处长于 7 月 11 日到现场进行调查，在有关部门的协助下，成立由×省安全生产办公室、建设厅、公安厅、监察厅、总工会和×市有关部门组成的事故调查组，迅速投入调查工作。经查，×建筑集团承建的省直 R 栋工程确有龙门架吊盘坠落事故，并造成 4 人死亡，一人重伤，企业隐瞒不报属实。

【案例思考】

针对上述案例，试分析该事故发生的原因，事故的责任划分。

8.1　井架提升机安全管理概述

井架或龙门架提升机(也称升降机)是以地面卷扬机为动力，由型钢组成井字形架体或由两根立柱与天梁和地梁构成门式架体的提升机。提升吊篮在井孔内或在两立柱中间沿轨道作垂直运动，把施工物料提升至所需的作业面。它是目前非常遍及的垂直运输机械，其制造简单，成本低，适用于一般建筑的新建、装修、拆除等工程施工。其额定起重量在 2t 以下。一般提升高度在 30m 以下称为低架提升机，在 30m 以上称为高架提升机。

1. 井架(龙门架)提升机的构造组成及要求

提升机主要由基础、架体、附墙架(缆风绳)、提升机构及各类安全防护装置组成。其中架体是一个钢结构，其设计强度、刚度和稳定性应符合《钢结构设计规范》(GB 50017—2003)的规定。主要承重构件除满足强度要求外，还应满足下列要求。

(1) 立柱换算长细比应不大于 120，单肢长细比不应大于构件两方向长细比的较大值 λ_{max} 的 0.7 倍。

（2）一般受压杆件的长细比应不大于150。

（3）受拉杆件的长细比不宜大于200。

（4）受弯构件中主梁的挠度应不大于$l/700$，其他受弯构件应不大于$l/400$（l为受弯构件的计算长度）。

构件的连接同样应符合《钢结构设计规范》（GB 50017—2003)的规定。采用螺栓连接的构件，不得采用M10以下的螺栓。每一杆件的节点以及接头的一边，螺栓数不得少于2个。提升机吊篮的各杆件应选用型钢，杆件连接板的厚度不得小于8mm。

高架提升机的基础应专门设计，使其可靠地承受作用在其上的全部荷载。低架提升机的基础，当无设计要求时，应符合下列要求。

（1）土层压实后的承载力，应不小于80kPa。

（2）浇筑C20混凝土，厚度不得小于300mm。

（3）基础表面应平整，水平度偏差不大于10mm。

（4）基础应有排水措施。距基础边缘5m范围内，开挖沟槽或有较大振动的施工时，必须有保证架体稳定的措施。

提升机必须设置与墙体连接的附墙架，以提高整体稳定性。附墙架的设置间隔一般不宜大于9m，且保证在建筑物的顶层设置一组。提升机架体顶部的自由高度不得大于6m。附墙架、架体与结构物间的连接，均应采用刚性件连接，并形成稳定结构，不得连接在脚手架上。当低架提升机受到条件限制无法设置附墙架时，可采用缆风绳稳固架体。高架提升机在任何情况下均不得采用缆风绳。

提升机附设摇臂把杆时，架体及基础需经校核计算，并进行加固。把杆臂长一般不大于6m，起重量不超过600kg。

2. 提升机的安装

（1）安装准备工作。提升机安装作业前应检查金属结构的成套性和完好性；检查提升机构是否完整良好；检查电气设备是否齐全可靠；检查基础位置和做法是否符合要求；检查地锚位置、附墙架连接埋件的位置是否正确和埋设是否牢靠等。

（2）提升架体实际安装的高度不得超出设计所允许的最大高度。

（3）新制作的提升机，架体安装的垂直偏差，最大应不超过架体高度的1.5‰；多次使用过的提升机，在重新安装时，其偏差应不超过3‰，并不得超过200mm。

（4）安装架体时，应先将地梁与基础连接牢固。每安装两个标准节应采取临时支撑或临时缆风绳固定，并进行初校正，在确认稳定时，方可继续作业。

（5）安装龙门架时，两边立柱应交替进行，每安装两节，除将单肢柱进行临时固定外，尚应将两立柱横向连接成一体。

（6）架体各节点的螺栓必须紧固，螺栓应符合孔径要求，严禁扩孔和开孔，更不得漏装或以铅丝代替。

（7）装设摇臂把杆时，把杆不得装在架体的自由端处。把杆底座要高出工作面，其顶部不得高出架体。另外，把杆还应安装保险钢丝绳，起重吊钩应装设限位装置。

（8）卷扬机应安装在平整坚实的位置上，视线应良好，固定卷扬机的锚桩应牢固可靠。

3. 提升机构及安全防护装置

1) 提升机构

提升机构一般选用可逆式卷扬机，以摩擦式卷扬机为动力的提升机，其滑轮应有防脱槽装置；高架提升机不得选用摩擦式卷扬机。卷扬机的选用或制造，应满足额定起重量、提升高度、提升速度等参数的要求并符合现行国家标准《建筑卷扬机》(GB/T 1955—2008)的规定。

提升钢丝绳不得接长使用。当吊篮处于工作最低位置时，卷筒上的钢丝绳应不少于3圈。提升钢丝绳运行中应架起，使之不拖地面和被水浸泡。必须穿越主要干道时，应挖沟槽并加保护措施。严禁在钢丝绳穿行的区域内堆放物料。

2) 安全防护装置

提升机应具有下列安全防护装置并满足其要求。

(1) 安全停靠装置。

吊篮运行到位时，停靠装置将吊篮定位。该装置应能可靠地承担吊篮自重、额定荷载及装卸物料时的工作荷载。

(2) 断绳保护装置。

当吊篮悬挂或运行中发生断绳时，应能可靠地将其停住并固定在架体上。

(3) 楼层口停靠栏杆(门)。

在各楼层的通道口处，应设置常闭的停靠栏杆(门)，吊篮运行到位时方可打开。

(4) 吊篮安全门。

在吊篮的上料口处应设安全门。升降运行时安全门封闭吊篮的上料口，防止物料从吊篮中滚落。

(5) 上料口防护棚。

此防护棚应设在提升机架体的地面进料口的上方，其宽度应大于提升机的最外部尺寸；如为低架提升机，其长度应大于3m，如为高架提升机，其长度应大于5m。

(6) 上极限限位器。

该装置应安装在吊篮允许提升的最高工作位置。当吊篮上升到达限定高度时，限位器即行动作，切断电源或自动报警。

(7) 紧急断电开关。

此开关应设在便于司机操作的位置，在紧急情况下，应能及时切断提升机的总控制电源。

(8) 信号装置。

该装置是由司机控制的一种音响装置，其音量应能使各楼层使用提升机装卸物料人员清晰听到。

(9) 对于高架提升机还需具备下极限限位器、缓冲器、超载限制器、通信装置等安全装置。

4. 安全使用注意事项

(1) 提升机安装后，应进行检查验收，确认合格发给使用证后，方可交付使用。使用中应每月定期检查。专职司机在班前也应进行日常检查，在确认一切正常后，方可投入作业。

(2) 物料在吊篮内应均匀分布，不得超出吊篮。严禁超载使用，严禁人员乘吊篮上下。

(3) 高架提升机作业时，应使用通信装置联系。低架提升机在多工种、多楼层同时使用时，应专设指挥人员，信号不清不得开机。作业中不论任何人发出紧急停车信号，应立即执行。

(4) 发现安全装置、通信装置失灵时，应立即停机修复。作业中不得随意使用极限限位装置。

(5) 使用中要经常检查钢丝绳、滑轮工作情况。如发现磨损严重，必须按照有关规定及时更换。

(6) 装设摇臂把杆的提升机，作业时，吊篮与摇臂把杆不得同时使用。

(7) 作业后，将吊篮降至地面，各控制开关拨至零位，切断主电源，锁好闸箱。

5. 提升机的拆除

(1) 拆除作业前同样应检查提升机与建筑物及脚手架的连接情况；提升机架体有无其他牵拉物；临时附墙架、缆风绳及地锚的设置情况，以及地梁和基础的连接情况等。

(2) 在拆除缆风绳或附墙架前，应先设置临时缆风绳或支撑，确保架体的自由高度不得大于两个标准节(一般不大于 8m)。

(3) 拆除龙门架的天梁前，应先分别对两立柱采取稳固措施，保证单柱的稳定。

(4) 因故中断拆除作业时，应采取临时稳固措施。

6. 施工方案

物料提升机作为整套的起重设备，架体的稳定、吊篮的定位、起升控制机构的性能、限位保险、钢丝绳的维护、保养等，都存在一些安全防护问题，如果使用不当，很容易导致事故的发生，造成设备损坏或人员伤亡。所以，了解提升机，按标准要求使用，使之安全运行是十分必要的。施工现场使用的物料提升机(门架或井架)要有合格证和当地建筑安全监督管理部门核发的准用证，并到建筑安全监督部门备案。必须编制行之有效的物料提升机的专项安全施工方案，经公司技术负责人审批方可安装。

物料提升机专项安全施工方案的主要内容包括以下几项。

(1) 现场勘测。

现场勘测包括勘测作业现场的地形地貌，拟安装的位置及周边的环境，土壤的承载能力，在建工程的基本情况，以及现场作业的特点等。

(2) 基础的处理。

包括物料提升机地基和基础、卷扬机基础的处理，地脚紧固螺栓预埋的要求和具体的技术数据，卷扬机地锚的埋设及要求，物料提升机基础排水的处理等。

(3) 有关安全防护装置的技术要求。

物料提升机的安全装置(应遵守物料提升机使用说明书和有关规范的规定，并应灵敏可靠)的设置和技术要求；传动系统应符合物料提升机使用说明书和有关规范的要求，钢丝绳的规格及过路保护的设计要求；附着装置的设置及附着装置与建筑物连接，或缆风绳及地锚的设置；进料口防护棚的设置要求，每层卸料口的安全门及卸料平台的防护，卸料平台的搭设材料及材质以及其与建筑物的连接；物料提升机架体的围护；架体的接地装置与避雷装置的设置等。

(4) 安装、拆除和验收的要求。

安装及拆除作业前的准备及作业的顺序，作业中应遵守的标准和规范，作业现场的控制，作业人员的联络及配合，安装时的要求及标准，验收的方法及要求等。

(5) 安全技术措施。

进行安装、拆除作业的单位及其安装作业人员的资格，操作者的资格，物料提升机、卷扬机及其安全装置的检查和维修、保养制度，物料提升机的安全操作技术规程和规定，信号或通信装置，安全用电及夜间作业的照明问题，有关的安全标志等。

(6) 绘制有关的施工图纸。

物料提升机和卷扬机的基础、有关地锚的设置、附着装置的设置等施工图纸。

8.2 物料提升机安全管理保证项目

为保证建筑工程的物料提升机(龙门架、井字架)的安全使用，施工企业必须做好安全装置设置、防护设施、附墙架与缆风绳、钢丝绳使用规定、安装验收与使用规定等安全保证工作。

8.2.1 安全装置

限位保险装置包括以下各项。

(1) 吊篮安全停靠装置。吊篮运行到位时，停靠装置将吊篮定位，该装置应能可靠地承担吊篮自重额定载荷及操作人员和装卸物料的载荷。停靠装置必须达到两点要求：一是保证吊篮在任一卸料平台位置准确停靠；二是停靠平稳。

(2) 断绳保护装置。断绳保护装置是安全停靠的另一种形式，即当吊篮运行到位，作业人员进入吊篮内作业，或当吊篮上下运行中，若发生断绳时，此装置迅速将吊篮可靠地停住并固定在架体上，确保吊篮内作业人员不受伤害。但是许多事故案例说明，此种装置可靠性差，必须在装有断绳保护装置的同时，还要求有安全停靠装置。

(3) 上极限限位器。上极限限位器主要作用是限定吊篮的上升高度(吊篮上升的最高位置与天梁最低处的距离应不小于3m)，安全检查时应做动作试验验证。当动力采用可逆式卷扬机时，超高限位可采取切断提升电源方式，电机自行制动停车，再开动时电机反转使吊篮下降。当动力采用摩擦式卷扬机时，超高限位不准采用切断提升电源方式，否则会发生因提升电源被切断，吊篮突然滑落的事故，应采用到位报警(响铃)方式，以提示司机立即分离离合器，并用手刹制动，然后慢慢松开制动使吊篮滑落。上极限限位装置应安装在卷扬机卷轴处(螺栓滑块式限位器)或安装在井架地面基础节2m以下位置。

(4) 下极限限位器。当吊篮下降运行至碰到缓冲器之前限位器即能动作，当吊篮达到最低限定位置时，限位器自动切断电源，吊篮停止下降。安全检查时应经动作试验验证。

(5) 缓冲器。在架体的最下部底坑内设置缓冲器，当吊篮以额定荷载和规定的速度作用到缓冲器上时，应能承受相应的冲击力。缓冲器的形式可采用弹簧或橡胶等。

(6) 超载限制器。此装置可在达到额定荷载的90%时，发出报警信号提示司机，荷载达到和超过额定荷载时，切断起升电源。安全检查时应做动作试验验证。

8.2.2 防护设施

卸料平台两侧须增设两道(0.6m 与 1.2m 处)防护栏杆，并且用密目式安全立网将两侧封闭。

平台脚手板搭设严密牢靠。平台脚手板不宜用易滑的钢模板、钢板，应采用木板，板的厚度不应小于 5cm，并与架体连接牢固。平台脚手板还应铺设严密，不应留有间隔。

平台防护门设在楼层卸料平台处，主要用钢筋与角钢焊成，其作用是使吊盘离开后防止人、物从卸料平台掉下。所有防护门规格、大小一样，开启方便，且应采用联锁开启装置。

提升机地面进料口是运料人员经常出入和停留的地方，易发生落物伤人的事故，必须设防护棚。防护棚应设在提升机架体地面进料口上方；防护棚材质应能对落物有一定的防御能力和强度(5cm 厚木板或相当于 5cm 厚木板强度的其他材料)；防护棚的尺寸应视架体的宽度和高度而定；防护棚两侧应挂立网，防止人员从侧面进入，其宽度应大于提升机的最外部尺寸，长度应大于 3m，高架应大于 5m。采用木板搭设时，木板厚度不小于 5cm，或采用双层竹笆(中间隔 60cm)。若为高架，则应采用双层防护。只有当吊篮运行到位时，楼层防护门方可开启，只有当各层防护门全部关闭时，吊篮方可上下运行。在防护门全部关闭之前，吊篮应处于停止状态。

8.2.3 附墙架与缆风绳

提升机架体稳定的措施一般有两种：当建筑主体未建造时，采用缆风绳与地锚方法；当建筑物主体已形成时，可采用连墙杆与建筑结构连接的方法来保障架体的稳定。

1) 缆风绳

提升机架体在确保本身强度的条件下，为保证整体稳定采用缆风绳时，高度在 20m 以下可设一组(不少于 4 根)，往上每增高 10m 增设一道缆风绳，架体顶部必须设一道缆风绳，设置缆风绳的井架不允许留出自由高度。高度在 30m 以下不少于两组，超过 30m 时不应采用缆风绳方法，应采用连墙杆设置附墙等刚性措施。

缆风绳的设置应符合以下要求。

(1) 缆风绳必须使用钢丝绳。钢筋不能代替钢丝绳，钢丝绳由许多细钢丝组成，具有抗弯、受冲击的性能，而且在使用中由于断丝发生，可提前发现隐患，不会发生突然拉断的事故。钢丝绳直径大于 9.3mm。

(2) 缆风绳角度符合 45°～60°。

(3) 缆风绳对称布置。每组缆风绳应不少于 4 根，沿架体平面 360°范围进行对称布置，井架各组缆风绳合力必须垂直落在井架架体的支面上。

(4) 缆风绳两端连接符合要求。缆风绳与架体的连接处应采取措施，防止架体钢材对缆风绳的剪切破坏，主要采用鸡心卡环过渡，并使用绳卡固定，每处绳卡不少于 3 个，绳卡规格必须与直径为 9.3mm 钢丝绳相匹配；而与锚桩连接端必须用 M10 以上花篮螺栓与锚桩连接，钢丝绳与花篮螺栓也必须用鸡心卡环过渡，严禁缆风绳直接绑扎在锚桩上。

(5) 缆风绳的地锚，根据土质情况及受力大小设置，应经计算确定。缆风绳的地锚，一般采用水平式地锚，当土质坚实，地锚受力小于15kN时，可选用桩式地锚。露出地面的索扣必须采用钢丝绳，不得采用钢筋或多股铅丝。当提升机低于20m和坚硬的土质情况下，也可采用脚手钢管等型钢材料打入地下1.5～1.7m，并排两根，间距0.5～1m，顶部用横杆及扣件固定，使两根钢管同时受力，同步工作。缆风绳应与地面成45°～60°夹角，与地锚拴牢，不得拴在树木、电杆或堆放的构件上。

2）与建筑结构连接

连墙杆应满足以下要求。

(1) 连墙杆的位置符合规范要求，连墙杆避免在建筑物以下部位设置。

① 空斗墙、12cm厚砖墙、砖独立柱。

② 砖过梁上与过梁成60°的三角形范围内。

③ 宽度小于1m的窗间墙。

④ 梁或梁垫下及其左右各50cm的范围内。

⑤ 砖砌体的门窗洞内两侧18cm和转角43cm范围内。

(2) 连墙杆必须与建筑物和提升机连接牢固。

(3) 连墙杆严禁与脚手架连接。

(4) 连墙杆材质应选择与架体材质相同的角钢或槽钢，连接点紧固合理，与建筑结构的连接处应在施工方案中有预埋(预留)措施。现场常出现的问题是附墙杆采用钢筋或螺纹钢。

连墙杆若采用角钢，其规格应比标准节角钢规格大二级。例如，标准节角钢60mm×60mm×5mm，连墙杆为角钢70mm×70mm×6mm。连墙杆的水平杆四侧应加设大两级的围箍。

(5) 连墙杆最好制成双向螺纹结构。现场常出现的问题为附墙杆与架体通过焊接连接。

(6) 高架必须采用连墙杆连接，而不能使用缆风绳。

(7) 连墙杆间距要符合规范要求。连墙杆与建筑结构相连接并形成稳定结构架，其竖向间隔不得大于9m，且在建筑物的顶层必须设置一组。架体顶部自由高度不得大于6m。

8.2.4 钢丝绳

卷扬机用的钢丝绳应是合格产品，并符合设计的安全系数的要求，不得有磨损、锈蚀、缺油、断丝。绳卡应是合格产品并与钢丝绳匹配。钢丝绳要有过路保护，运行时不得拖地。滑轮与钢丝绳的比值：低架提升机应不小于25，高架提升机应不小于30。严禁选用拉板式滑轮。钢丝绳不得接长使用。

钢丝绳的使用应符合以下要求。

(1) 钢丝绳磨损、断丝达到报废标准的应立即更新。

钢丝绳报废标准可参考如下。

① 钢丝绳满足《塔式起重机安全规程》(GB 5144—2006)中钢丝绳的报废标准。

② 钢丝绳表面磨损或腐蚀使原钢丝绳的直径减少20%。

③ 钢丝绳失去正常状态，产生波浪形、绳股挤出、钢丝挤出、绳径局部增大或减少、钢丝绳被压扁、扭结、弯折等变形情况。

钢丝绳缺油时，将加速磨损，从而导致报废，故钢丝绳在使用时，每月要润滑一次。

(2) 绳卡符合规定。

绳卡规格应与钢丝绳的绳径相匹配，钢丝绳直径为7～16mm时，绳卡不少于3个；钢丝绳直径19～27mm时，绳卡不少于4个。间距不得小于钢丝绳直径的6倍，绳卡滑鞍应在受力绳一侧，不得正反交错设置绳卡，绳头距最后一个绳卡的长度不小于100mm。绳卡紧固应将鞍座放在承受拉力的长绳一边，U形卡环放在返回的短绳一边，不得一倒一正排列。

(3) 当钢丝绳穿越道路时，为避免碾压损伤，应有过路保护。钢丝绳使用中不应拖地，以减少磨损和污染。钢丝绳在经过通道处应挖沟砌槽加盖板，保护行人安全。

(4) 钢丝绳拖地将加剧磨损，从而导致报废；钢丝绳浸水将会锈蚀，从而导致报废。

(5) 钢丝绳与吊笼连接使用鸡心卡环，鸡心卡环的主要作用是减小钢丝绳与吊笼连接处的磨损。

8.2.5 安装、验收与使用

提升机安装好后，需经上级安全部门、设备部门会同安装单位和使用单位共同检查验收，符合要求后方能使用。

验收内容应量化，如垂直度偏差、接地电阻等，必须附有相应的测试记录或报告。

验收单应由各相关责任人签字，验收单位、安装单位、使用单位负责人都在验收单中签字确认后，验收单才算正式有效。

应按规定张贴各规程、合格牌，如操作规程牌、验收合格牌、限载标志牌、安全警示牌、定人定机责任牌。

(1) 操作规程牌：主要放置于卷扬机操作棚内，警示卷扬机操作人员按规范操作。

(2) 验收合格牌：一定要标明提升机验收的单位与时间。

(3) 限载标志牌：标明提升机的最大载荷量。

(4) 安全警示牌：在提升机的进料口处悬挂“禁止通行”“禁止停留”“禁止吊篮乘人”“禁止攀登”“当心落物”等安全标志牌，提醒人们注意安全。

(5) 定人定机责任牌：标明某台卷扬机的责任人。

8.3 物料提升机安全管理一般项目

为保证建筑工程的物料提升机(龙门架、井字架)的安全使用，施工企业除必须做好上述保证项目的安全保证工作外，在其他一般项目的安全管理方面也必须加以重视，这些一般项目包括基础与导轨架、动力与传动、通信装置、卷扬机操作棚、避雷装置等。

8.3.1 基础与导轨架

架体安装与拆除作业前，应根据现场工作条件及设备情况编制作业方案，且必须由上级工程技术负责人审批，对作业人员进行分工交底，确定指挥人员，划定安全警戒区域并设监护人员，排除作业障碍。

施工现场应有基础工程资料，特别是有井字架基础安装图纸，其中应详细标明基础及地脚螺栓预埋件的埋深与做法，应符合设计和提升机出厂使用说明书的要求。物料提升机的基础应按图纸要求施工。高架提升机的基础应进行设计计算；低架提升机在无设计要求时，可按素土夯实后，浇C20混凝土，厚300mm。

为防止落物打击，在架体外侧沿全高用立网(不要求用密目网)防护。立网防护后不应遮挡司机视线。在提升机架体上安装摇臂把杆时，必须按原设计要求进行，并应加装保险绳，确保把杆的作业安全。作业时，吊篮与把杆不能同时使用。井架式提升机的架体在与各楼层通道相接的开口处，应采取加强措施。

架体应符合下列要求。

(1) 土层压实后的承载力应不小于80kPa。

(2) 基础表面应平整，水平度偏差不大于10mm。

(3) 井字架基础应有排水措施。

(4) 距基础边缘5m范围内，开挖沟槽或有较大振动的施工时，必须有保证架体稳定的措施。

(5) 基础与架体应采用预埋地脚螺栓连接，采用弹簧垫圈和双螺母扭紧，牢固可靠。

(6) 新制的提升机，架设安装的垂直偏差，最大不应超过架体高度的1.5‰；多次使用过的提升机，在重新安装后，其垂直偏差不应超过架体高度的3‰，水平偏差不得超过10mm。

(7) 架体与吊篮间隙应控制在5～10mm以内。

(8) 架体外侧用立网防护是防止吊篮运行中发生落物伤人事故，为了不影响操作人员的视线，可采用小网眼的安全平网。

(9) 摇臂把杆必须有设计计算书，一般应满足以下要求：把杆臂长不大于6m，起重量不超过600kg。采用角钢制作时，中间断面不小于240mm×240mm，角钢不小于30mm×4mm；采用无缝钢管时，钢管外径不小于121mm。摇臂把杆安装时，应符合以下要求。

① 把杆不得装在架体的自由端处。

② 把杆底座要高出工作面，其顶部不得高出架体。

③ 把杆应安装保险钢丝绳，起重吊钩应装设限位装置。

④ 把杆与水平面夹角应为45°～70°，转向时不得碰到缆风绳。

⑤ 随工作面升高，把杆需要重新安装时，其下方的其他作业应暂时停止。

(10) 井字架开口处加固，井字架开口处是指两个部位：井字架的卸料平台处、井字架设附墙的标准节处。

8.3.2 动力与传动

卷扬机必须用地锚固定，并要牢固可靠，以防止工作时产生滑动倾覆。不得以树木、电杆代替锚桩。

当钢丝绳在卷筒中间位置时，导向滑轮的位置应与卷筒轴心垂直。

卷筒上防止钢丝绳滑脱保险装置是以钢筋制成的钢筋网，设置于卷筒边缘。

卷扬机与第一个导向滑轮的距离不小于15倍的卷筒直径。

滑轮槽底磨损深度超过绳径的1/4或滑轮绳槽臂磨损达1/5时，滑轮必须报废。滑轮与架体的连接应为刚性连接。滑轮与钢丝绳匹配，按国际规定，滑轮直径D与钢丝绳直径

d 的比值，低架应不小于 25，高架不小于 30。

不允许使用倒顺开关，应使用有上升、停止、下降三个控制开关的按钮开关。

卷扬机应安装在平整坚实的位置上，视线良好。卷筒上钢丝绳要排列整齐，当吊篮处于工作最低位置时，卷筒上的钢丝绳应不少于 3 圈，卷筒外面应安装防止钢丝绳滑脱的保险装置。滑轮翼缘不得破损。警铃按钮应安装在操作棚内。

8.3.3 通信装置

提升机应装设信号装置，以便操作人员与卸料人员相互联系。作业应设信号指挥，司机按照给定的信号操作，作业前必须鸣铃示意。信号指挥人员与司机应密切配合，禁止各层作业人员随意敲击导轨架进行联系的混乱做法。

信号方式合理准确，低架一般使用音量信号装置，由司机控制音量，使各楼层使用提升机装卸物料人员能清晰听到。高架须加装闭路双向电气通信装置，司机和指挥应经培训方可作业。

在各层卸料平台处，应设层站标志，以便操作人员能清晰地看到卸料平台的位置。

8.3.4 卷扬机操作棚

卷扬机和司机若在露天作业应搭设坚固的操作棚。操作棚应防雨，不影响视线。操作棚除影响操作人员视线一面外其他三面须密封。当距离作业区较近时，顶棚应具有一定防落物打击的能力。

操作者必须有卷扬机安全技术操作证，操作者须持证上岗。操作者必须严格按操作规程进行操作，不得违章操作。

8.3.5 避雷装置

井字架及龙门架等机械设备，若在相邻建筑物、构筑物的防雷装置的保护范围以外，又在地区雷暴日规定的高度之中，提升机高度超出相邻建筑物的避雷保护范围时，应安装防雷装置。避雷装置须符合以下几个要求。

（1）须有接闪器，接闪器安装在架体顶部，长 1～2m，直径为 25～32mm 的镀锌钢管或直径不小于 12mm 的镀锌钢筋。

（2）须有专用引雷线(不能用架体，主要是导电性不良)。

（3）接地电阻不大于 10Ω。

“4.30”龙门架吊盘坠落事故分析

1. 事故概况

事故概况详见“案例引入”。

2. 事故原因

1）直接原因

龙门架吊盘装载物料未按规定捆扎，在上升时物料散乱卡阻吊盘上升，导致吊盘坠落。

2）间接原因

××建筑集团使用的龙门架未经国家规定的专门检测机构进行检验；安全设施不齐全；施工现场管理混乱，工地随意录用人员从事特种作业，卷扬机手没经过培训教育就上岗工作；并且在吊盘违章乘人的情况下，进行操作，仅工作 4 天就发生了事故。

3. 事故责任划分

(1) 张某，××建筑集团省直 R 栋工地卷扬机操作手，对事故负有直接责任，移交司法机关依法追究刑事责任。

(2) 熊某，××建筑集团施工队长，对事故负有直接责任，移交司法机关依法追究刑事责任。

(3) 张某，××建筑集团省直 R 栋工地项目经理，对事故和隐瞒事故负有直接领导责任，移交司法机关依法追究刑事责任。

(4) 尤某，××建筑集团总经理，对事故和隐瞒事故负有领导责任，给予行政撤职处分，并建议给予党内严重警告处分。

(5) 董某，××建筑集团副总经理，负责×市工程，对事故负有直接领导责任，按有关规定给予经济处罚。

(6) 张某，××建筑集团省直 R 栋工地工长，对事故负有主要责任，给予撤职处分。

(7) 刘某，××建筑集团省直 R 栋工地安全员，对事故负有主要责任，给予撤职处分。

(8) 王某，××建筑集团安全科长，对工地安全监督管理不到位，并参与隐瞒事故，对事故负有重要责任，给予撤职处分。

(9) 王某，××建筑集团设备科长，给予撤职处分。

(10) 郑某，××建筑集团法人代表、董事长，是该公司安全生产第一责任者，对事故发生和隐瞒事故负有主要领导责任。给予行政记大过处分，并建议给予党内严重警告处分。同时建议×市人大和×区人大罢免其市人大代表资格和区人大常委职务。

(11) 朱某，×市×区工程质量安全监察分站监察员，给予行政记大过处分。

(12) 关某，×市×区工程质量安全监察分站站长，对事故和隐瞒事故负有领导责任，给予行政警告处分。

(13) 刘某，×市×区劳动局安全监察员，给予行政记大过处分。

(14) 王某，×市×区劳动局副科长，对事故负有重要责任，给予行政记过处分。

(15) 孙某，×市×区劳动局局长助理，对隐瞒事故失察，对事故和隐瞒事故负有一定的领导责任，给予行政警告处分。

(16) 余某，×市×区建委主任，给予行政警告处分。

(17) 周某，×市城乡建设安全监察站站长助理，对隐瞒事故负有责任，给予行政警告处分。

(18) 申某，×市城乡建设安全监察站站长，在调查组对“4.30”事故及隐瞒事故问题进行调查时。隐匿本站工作人员在调查时获取的 4 人死亡名单这一重要证据，阻碍事故调查处理，对隐瞒事故负有重要责任，给予行政降级处分，并建议给予党内严重警告处分。

(19) 责成×市×区主管安全生产工作的副区长朱×向×市政府写出深刻检查。

(20) 按照《×省劳动安全条例》有关规定，对×建筑集团及法定代表人和有关责任人分别处以罚款，对×建筑集团给予降低资质等级的处罚，将工业与民用建筑工程施工资质等级1级降低为2级。两年内取消×建筑公司在×省建筑市场承揽工程项目及施工资格。

(21) 对×市建委、×市安全办、市劳动局安全监察处、×区政府等单位进行通报批评，并责成上述单位向×市政府作出深刻检查。

(22) 责成×市政府向省政府写出深刻检查。

特别提示

建筑工程的物料提升机的安全检查，应以《建筑施工安全检查标准》(JGJ 59—2011)中“表B.15 物料提升机检查评分表”为依据(表8-1)。

表8-1 物料提升机检查评分表

序号	检查项目		扣分标准	应得分数	扣减分数	实得分数
1	保证项目	安全装置	未安装起重量限制器、防坠安全器，扣15分 起重量限制器、防坠安全器不灵敏，扣15分 安全停层装置不符合规范要求或未达到定型化，扣5～10分 未安装上行程限位，扣15分 上行程限位不灵敏、安全越程不符合规范要求，扣10分 物料提升机安装高度超过30m未安装渐进式防坠安全器、自动停层、语音及影像信号监控装置，每项扣5分	15		
2		防护设施	未设置防护围栏或设置不符合规范要求，扣5～15分 未设置进料口防护棚或设置不符合规范要求，扣5～15分 停层平台两侧未设置防护栏杆、挡脚板，每处扣2分 停层平台脚手板铺设不严、不牢，每处扣2分 未安装平台门或平台门不起作用，扣5～15分 平台门未达到定型化，每处扣2分 吊笼门不符合规范要求，扣10分	15		
3		附墙架与缆风绳	附墙架结构、材质、间距不符合产品说明书要求，扣10分 附墙架未与建筑结构可靠连接，扣10分 缆风绳设置数量、位置不符合规范要求，扣5分 缆风绳未使用钢丝绳或未与地锚连接，扣10分 钢丝绳直径小于8mm或角度不符合45°～60°要求，扣5～10分 安装高度超过30m的物料提升机使用缆风绳，扣10分 地锚设置不符合规范要求，每处扣5分	10		
4		钢丝绳	钢丝绳磨损、变形、锈蚀达到报废标准，扣10分 钢丝绳绳夹设置不符合规范要求，每处扣2分 吊笼处于最低位置，卷筒上钢丝绳少于3圈，扣10分 未设置钢丝绳过路保护措施或钢丝绳拖地，扣5分	10		

续表

序号	检查项目		扣分标准	应得分数	扣减分数	实得分数
5	保证项目	安装、验收与使用	安装、拆卸单位未取得专业承包资质和安全生产许可证，扣10分 未制订专项施工方案或未经审核、审批，扣10分 未履行验收程序或验收表未经责任人签字，扣5～10分 安装、拆除人员及司机未持证上岗，扣10分 物料提升机作业前未按规定进行例行检查或未填写检查记录，扣4分 实行多班作业未按规定填写交接班记录，扣3分	10		
小计				60		
6	一般项目	基础与导轨架	基础的承载力、平整度不符合规范要求，扣5～10分 基础周边未设排水设施，扣5分 导轨架垂直度偏差大于导轨架高度0.15%，扣5分 井架停层平台通道处的结构未采取加强措施，扣8分	10		
7		动力与传动	卷扬机、曳引机安装不牢固，扣10分 卷筒与导轨架底部导向轮的距离小于20倍卷筒宽度未设置排绳器，扣5分 钢丝绳在卷筒上排列不整齐，扣5分 滑轮与导轨架、吊笼未采用刚性连接，扣10分 滑轮与钢丝绳不匹配，扣10分 卷筒、滑轮未设置防止钢丝绳脱出装置，扣5分 曳引钢丝绳为2根及以上时，未设置曳引力平衡装置，扣5分	10		
8		通信装置	未按规范要求设置通信装置，扣5分 通信装置信号显示不清晰，扣3分	5		
9		卷扬机操作棚	未设置卷扬机操作棚，扣10分 操作棚搭设不符合规范要求，扣5～10分	10		
10		避雷装置	物料提升机在其他防雷保护范围以外未设置避雷装置，扣5分 避雷装置不符合规范要求，扣3分	5		
小计				40		
检查项目合计				100		

小结

本项目重点讲授了如下4个模块。

（1）建筑工程的物料提升机专项安全使用方案。

（2）建筑工程的物料提升机使用过程中应重点实施和检查的保证项目，包括安全装置、防护设施、附墙架与缆风绳、钢丝绳、安装验收与使用等方面的安全知识和技能。

（3）建筑工程的物料提升机使用过程中应重点实施和检查的一般项目，包括基础与导轨架、动力与传动、通信装置、卷扬机操作棚、避雷装置等方面的安全知识和技能。

（4）建筑工程的物料提升机安全事故案例的分析处理与预防。

通过本项目的学习，学生应学会如何在建筑工程的物料提升机使用过程中各个环节采取安全措施，并进行检查，以确保施工过程的安全。

习题

1. 什么是物料提升机？

2. 架体制作设计计算书一般应包括哪几方面内容？

3. 提升机架体稳定的措施有哪些？

4. 卷扬机用的钢丝绳的报废标准是什么？

5. 物料提升机在重新安装后在使用之前，必须进行整机试验，简述其试验方法及内容。

项目 9 外用电梯安全管理

教学目标

掌握外用电梯(人货两用电梯)安装、使用、拆卸过程中安全保障的保证项目：安全装置、限位装置、防护设施、附墙架、钢丝绳、滑轮与对重、安拆、验收与使用等方面的安全知识和技能，熟悉外用电梯(人货两用电梯)安装、使用、拆卸过程中安全保障的一般项目：导轨架、基础、电气安全、通信装置等方面的安全知识和技能。通过本项目的学习，学生应具备基本的预防、分析、处理外用电梯(人货两用电梯)安装、使用、拆卸过程中安全问题和事故的知识与技能。

教学步骤

目　标	内　容	权重
知识点	1. 保证项目：安全装置、限位装置、防护设施、附墙架、钢丝绳、滑轮与对重、安拆、验收与使用等方面的安全概念、注意事项、解决方法和措施 2. 一般项目：导轨架、基础、电气安全、通信装置等方面的安全概念、注意事项、解决方法和措施	35%
技能	针对上述知识点创设相关实训场景以培养学生思考和动手解决实际问题的能力	35%
分析案例	实际工程的外用电梯(人货两用电梯)安装、使用、拆卸过程中安全事故的分析处理和经验教训	30%

章节导读

1. 外用电梯(人货两用电梯)的概念

外用电梯是指在建筑施工中做垂直运输使用，运载物料和人员的人货两用电梯，由于经常附着在建筑物的外侧，所以亦称外用电梯。

2. 外用电梯与物料提升机的区别

物料提升机，顾名思义是用来装物体的，不能载人，而且有高度限制。

外用电梯是类似于室内电梯的形式，可以载人也可以载物，而且高度不受限制，只要加上扶墙就可以随着楼层的增加而增加。

3. 外用电梯使用现场

外用电梯使用现场如图9.1所示。

图9.1 外用电梯使用现场

案例引入

无锡市银仁·御墅“11.14”施工升降机事故

无锡市银仁·御墅花园D区为3座34层高层住宅楼，2007年11月已进入内粉刷、水电安装施工阶段。11月14日10时30分左右，D区A8楼工程中施工升降机西侧吊笼从地面送料上行至33层卸料后，下行逐层搭乘若干名下班工人与1辆手推车，到26层时又进入4人，余3人因笼满只得转乘东侧梯笼，此时西侧吊笼内共载17人(含司机)，关门后未及启动电动机，吊笼即开始下滑并失速下降，女司机当即按下紧急按钮，但未能制动住吊笼，大呼“开关坏了，吊笼控制不住”，吊笼加速坠落至地。本次事故当场死亡4人，后在医院内陆续死亡7人，成为11死6伤的重大设备安全事故。

【案例思考】

针对上述案例，试分析该事故发生的可能原因，事故调查的程序，应采取哪些预防措施?

9.1 外用电梯安全技术

施工外用电梯简称外用电梯，是一种垂直井架(立柱)导轨式外用笼式电梯，是升降机的一种。它主要用于高层建筑的施工及桥梁、矿井、水塔的高层物料和人员的垂直运输。其构造原理是将运载梯笼和平衡重之间，用钢丝绳悬挂在立柱顶端的定滑轮上，立柱与建筑结构进行刚性连结。梯笼内以电力驱动齿轮，凭借立柱上固定齿条的反作用力，梯笼沿立柱导轨作垂直运动。

外用电梯因其结构坚固，装拆方便，不用另设机房等优点，而被广泛使用。其立柱由一个个标准节组装而成，一般高度可达100m左右，最高可达200m。电梯的组装既可借助本身安装在顶部的电动吊杆，也可利用现场的塔式起重机来进行。外用电梯的主要特点是梯笼和平衡重的对称布置，使倾覆力矩非常小。另外立柱通过附壁架同建筑结构牢固连接，所以其受力合理，安全可靠。

1. 构造与安全装置

外用电梯一般由梯笼、底笼、标准节、附壁架、主传动机构、限速器、天轮、平衡重、吊杆、电器等部分组成。

1）梯笼

梯笼用于运载人员上下和物料的垂直运输，笼内有传动机构、限速器及电气箱等装置，外侧附有驾驶室。另外还设置了门保险开关和门联锁。为确保安全，当梯笼前后两道门均关好后，梯笼才能运行。

2）底笼

底笼内焊有一个标准节，外围有钢板网护栏，入口处有门，门的自动开启装置与梯笼门配合动作。在底笼的骨架上装有4个缓冲弹簧，以防梯笼坠落时起缓冲作用。

3）标准节

标准节的高度为1.5m，它由无缝钢管焊接而成，每节装有传动齿条，可按所需高度搭接。在允许运行的最高点和最低点处，装设行程极限开关，当梯笼上升或下降至极限位置，碰到限位开关时，便自行断电。

4）附壁架

立柱的稳定是靠与结构物进行附壁连接来实现的，所以在安装电梯时，随立柱搭设，按说明书规定的距离及时进行连接。附壁架包括稳固撑、附壁撑、导柱管、过桥梁、剪刀撑。

5）主传动机构

电动机通过联轴节带动蜗轮减速箱，驱动蜗轮轴端的传动齿轮，由齿轮与固定在立柱上的齿条相啮合，随齿条的反作用力使梯笼上下运行。

6）限速器

它是升降机的主要安全装置，可以限制梯笼的运行速度，防止坠落。

7）天轮

立柱顶的左前方和右后方安装两组定滑轮，分别支撑两对梯笼和平衡重，当单笼时，只使用一组天轮。

8）平衡重

梯笼在正常运行时挂有平衡重。在电梯顶部装有平衡重保护开关，当平衡重钢丝绳突然断开，梯笼失去平衡时，保护开关会操纵电磁控制器使梯笼停止运行。

9）吊杆

吊杆固定在梯笼顶上，用于电梯拆装。当立柱吊装完毕进入正常运行时，应把吊杆拆下，同时拆下梯笼顶上的护栏，需用时再重新安装。

2. 安装与拆卸要点

（1）地基应浇筑混凝土基础，其承载能力大于 150kN/m^2，找平后其表面不平度不大于 10mm，并有排水设施。基础座 5m 以内，不得开挖井沟。

（2）电梯立柱的纵向中心至建筑物的距离，应按照说明书并视现场的施工条件确定，优先选择较小距离，以利整机的稳定。

（3）安装两节立柱后，在其两节垂直方向调整垂直度，并及时进行平衡重、梯笼的就位。

（4）调试导向滚轮和导轨间隙，以电梯不能自动下滑为限，并在离地面 10m 高度以内，做上下运行试验。

（5）随着立柱的逐节升高，必须按规定进行附壁连接件的安装，第一道附壁杆距地面约为 10m 左右，以后每隔 6m 做一道，连接件必须紧固，边紧固边调整立柱的垂直度，每 10m 偏差不大于 5mm。顶部悬臂部分不得超过说明书规定的高度。

（6）在立柱加节安装时，因尚未安装限位保险装置，所以必须控制梯笼的上滚轮升至离齿条顶端 50cm 处。另外因梯笼处于无配重运行，工作时，还必须用钢丝绳做保险，将梯笼顶部与钢丝绳牢固连在立柱上。

（7）立柱接至全高后，装上天轮组，将梯笼升高到离天轮 1.5m 左右，钢丝绳绕过天轮，其下端与平衡重用卡子(绳夹)固定。当配重碰到下面缓冲弹簧时，梯笼顶离天轮架的距离应不小于 900mm。

（8）安装完毕后进行整机运行调试及荷载试验，合格后方能投入使用。

（9）在拆除平衡重之前，必须对升降机及附壁杆制动器的间隙、主传动机构的运行进行检查，确认正常后，方可拆除。

（10）梯笼升至柱顶，使平衡重落地，然后再点动慢慢上升 50cm 左右，梯笼不发生下滑即可开始按顺序拆除。

（11）先把平衡重拆下放平，然后拆下钢丝绳及天轮组。

（12）把梯笼开至接近柱顶处拆除立柱标准节。每拆除两个标准节，随之把附壁支撑架同时拆下。

（13）安装拆卸附壁杆，以及各层通道架设铺板时，梯笼应随之停置在作业层的高度，不得在拆除过程中同时上下运行。

3. 安全使用要点

（1）电梯应单独安装接地保护和避雷接地装置，并应经常保持接地状态良好。

（2）电梯底笼周围 2.5m 范围内必须设置稳固的防护栏杆，各层站过桥和运输通道应平整牢固，出入口的栏杆应安全可靠。

（3）作业前应对电梯各结构件、连接点、钢丝绳及电器设备节进行仔细检查，确认正常后才能投入运行。

（4）电梯在每班首次载重运行时，必须从最低层上升，严禁自上而下。当梯笼升离地面1～2m时要停车试验制动器的可靠性，确认正常才可运行。

（5）梯笼内乘人或载物时，应使荷载均匀分布，防止偏重，严禁超载荷运行。

（6）电梯须由经考核取证后的专职司机操作。在电梯未切断总电源开关前，司机不得离开操作岗位。

（7）电梯运行中如发现机械有异常情况，应立即停机检查，排除故障后方可继续运行。

（8）在大雨、大雾和六级及以上大风时，电梯应停止运行，并将梯笼降到底层，切断电源。

（9）电梯运行到最上层和最下层时，严禁以行程限位开关自动停车来代替正常操纵按钮的使用。

（10）作业完成后，将梯笼降到底层，各控制开关拨到零位，切断电源，锁好电闸箱，闭锁梯笼门和围护门。

9.2 外用电梯施工方案

施工现场使用的外用电梯要到建筑安全监督部门备案，由当地建筑安全监督部门核发准用证。必须编制行之有效的外用电梯的专项安全施工方案，经公司总工审批方可安装。

1. 现场勘测

现场勘测包括作业现场的地形地貌、拟安装的位置及周边的环境、土壤的承载能力、在建工程的基本情况及现场作业的特点等。

2. 基础的处理

基础处理包括外用电梯的地基和基础处理，地脚紧固螺栓预埋的要求和具体的技术数据，基础排水的处理等。

3. 有关安全防护装置的技术要求

安全防护装置的技术要求包括应配备的安全装置及其型号、规格、技术参数，安装及验收的要求和规则；外用电梯安全装置的设置及有关技术要求应遵守外用电梯使用说明书和有关规范的规定；传动系统的技术要求应符合使用说明书和有关规范的要求；附着装置的设置及附着装置与建筑物连接；每层平台的安全门及卸料平台的防护，卸料平台搭设材料和材质的规定以及其与建筑物的连接；架体的接地装置与避雷装置的设置等。

4. 外用电梯安装和拆除的技术要求

外用电梯安装和拆除的技术要求包括从事安装和拆除作业的队伍和人员的资格，安装及拆除作业前的准备，安装及拆除作业的作业顺序，作业中应遵守的规定，作业现场的控制，作业人员的联络及配合，架体首次安装的高度和分段安装的高度，架体安装的精度及验收的方法和标准等。

5. 安全技术措施

安全技术措施包括操作者的资格，外用电梯及其安全装置的检查、维修和保养制度，外用电梯的安全操作技术规程和规定，有关司机交接班制度的规定，作业中的联络方式，安全用电及夜间作业的照明问题，有关的安全标志等。

6. 绘制有关的施工图纸

施工图纸包括外用电梯的基础、附着装置的设置等施工图纸。

9.3 外用电梯安全管理保证项目

为保证建筑工程的外用电梯(人货两用电梯)的安全使用，施工企业必须做好安全装置设置、限位装置设置、防护设施、附墙架、钢丝绳、滑轮与对重、安拆、验收与使用规定等安全保证工作。

1. 安全装置

安全装置由制动器、坠落限速器、门联锁装置、上下限位装置组成。

1）制动器

制动器是保证电梯运行安全的主要安全装置，由于电梯起动、停止频繁及作业条件的变化，制动器容易失灵，梯笼下滑导致事故，应加强维护，经常保持自动调节间隙机构的清洁，发现问题及时修理。安全检查时应做动作试验验证。

2）坠落限速器

坠落限速器是电梯的保险装置，电梯在每次安装后进行检验时，应同时进行坠落试验。要求限速器每一年标定一次，安全检查时应查标定日期、结果。

3）门联锁装置

门联锁装置是确保梯笼门关闭严密时梯笼方可运行的安全装置。当梯笼门没按规定关闭严密时，梯笼不能投入运行，以确保梯笼内人员的安全。安全检查时应做动作试验验证。

2. 限位装置

确认梯笼运行时上极限限位装置和下极限限位装置的正确及装置灵敏可靠。安全检查时应做动作试验验证。

极限开关与上限位开关安全越程应符合规范要求；极限开关与上、下限位开关不得共用一个触发元件；吊笼门机电联锁装置和吊笼顶窗电气安全开关应灵敏。

3. 防护设施

电梯底笼周围2.5m范围内必须设置牢固的防护栏杆，进出口处的上部应搭设足够尺寸的防护棚，防护棚必须具有防护物体打击的能力，可用5cm厚木板或相当于5cm厚的木板的强度的其他材料。

电梯与各层站过桥和运输通道，除应在两侧设置两道护身栏及挡脚板并用立网封闭外，进出口处尚应设置常闭型的防护门。防护门在梯笼运行时处于关闭状态，当梯笼运行到某一层站时，该层站的防护门方可开启。防护门构造应安全可靠且必须是常闭型，平时全部处于关闭状态。

各层通道或平台必须采用5cm厚木板搭设且平整牢固，不准采用竹板及厚度不一的板材，板与板应固定，沿梯笼运行一侧不允许有局部板伸出的现象。

4. 附墙架

附墙架应采用配套标准产品，当附墙架不能满足施工现场要求时，应对附墙架进行设计计算，附墙架的设计应满足构建刚度、强度、稳定性等要求，制作应满足设计要求。附墙架与建筑结构连接方式、角度应符合说明书要求；附墙架间距、最高附着点以上导轨架的自由高度应符合说明书要求。

5. 钢丝绳、滑轮与对重

对重钢丝绳绳数不得少于2根且应相对独立；钢丝绳磨损、变形、锈蚀应在规范允许范围内；钢丝绳的规格、固定应符合说明书及规范要求；滑轮应安装钢丝绳防脱装置；对重重量、固定应符合说明书及规范要求；对重除导向轮、滑靴外应设有防脱保护装置。

6. 安拆、验收与使用

安装或拆卸之前，由主管部门按照说明书要求结合施工现场的实际情况制定详细的作业方案，经公司技术负责人审批方可安装，并在班组作业之前向全体工作人员进行技术交底和指定监护人员。

安装和拆卸的作业人员，应由专业队伍和取得市级有关部门核发的资格证书的人员担任，并设专人指挥。

电梯安装后应按规定进行验收，验收项目包括基础的制作、架体的垂直度、附墙距离、顶端的自由高度、电气及安全装置的灵敏度检查测试结果，并做空载及额定荷载的试验运行进行验证。

9.4 外用电梯安全管理一般项目

为保证建筑工程的外用电梯(人货两用电梯)的安全使用，施工企业除必须做好上述保证项目的安全保证工作外，在其他一般项目的安全管理方面也必须加以重视，这些一般项目包括导轨架、基础、电气安全、通信装置等。

1. 导轨架

导轨架安装时，应用经纬仪对电梯在两个方向进行测量校准，其垂直度偏差不得超过万分之五或按照说明书规定。

导轨架顶部自由高度、导轨架与建筑物距离、附壁架之间的垂直距离以及最低点附壁架离地面高度均不得超过说明书规定。

附壁架必须按照施工方案与建筑结构进行连接，并对建筑物规定强度要求，严禁附壁架与脚手架进行连接。

2. 基础

基础制作、验收应符合说明书及规范要求；基础设置在地下室顶板或楼面结构上，应对其支承结构进行承载力验算；基础应设置排水设施。

3. 电气安全

电梯应单独安装配电箱，并按规定做保护接零(按地)、重复接地和装设漏电保护装置。装设在阴暗处的电梯或夜班作业的电梯，必须在全行程上装设足够的照明和明显的层站编号标志灯具。电梯的电气装置应由专人管理，负责检查维护调试，并作记录。

4. 通信装置

电梯作业应设信号指挥，司机按照给定的信号操作，作业前必须鸣铃示意。信号指挥人员与司机应密切配合，不允许各层作业人员随意敲击导轨架进行联系。

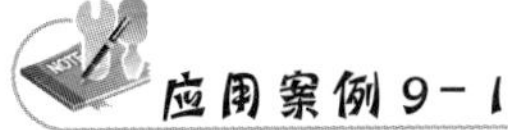
应用案例9-1

无锡市银仁·御墅“11.14”施工升降机事故

1. 事故概况

事故概况详见“案例引入”。

2. 事故调查

1）资料审查

现场发生事故的SCD200/200型施工升降机由某建筑机械厂生产，整机出厂合格证签署时间为1996年，事故吊笼内传动板标牌标注时间为1999年8月。事故传动板上安装两套驱动装置(每套含减速机、联轴器、电动机、常闭式电磁制动器)、一台防坠安全器及上下两个背轮，其中防坠安全器出厂时间为2005年8月。

当建筑主体结构施工到10层时，用户公司从其上海分公司租赁进场安装。该施工升降机安装试运行后，于2007年1月经无锡市建筑工程质量检测中心检测合格，防坠安全器于2007年1月经上海市建设机械检测中心检测合格，发生事故时处于两个合格证的有效期内。

该施工升降机司机持有效操作证上岗，设备无台班日检纪录、无设备维修纪录。

2）现场调查

(1) 事故发生时该吊笼内乘载17人(含司机)、1辆手推车。按平均每人重75kg、手推车重60kg计算，共载重1335kg，为一个吊笼额定载重量2000kg的66.75%。

(2) 西侧吊笼坠落在地面上，平衡重被坠落的吊笼拉动上升顶脱天轮，坠落在施工升降机护栏外西侧，陷入地面约0.5m，钢丝绳未断裂，散落于西侧吊笼及平衡重周围。天轮被平衡重撞出顶部支座并坠于34层平台上，轮缘明显有被平衡重冲顶撞击痕迹。

(3) 吊笼操作室内主令开关位于“0”位，紧急置零按钮位于“按下”状态。

(4) 坠地吊笼传动板的上驱动装置齿轮径向脱离齿条，上驱动装置齿轮的背轮采用杆径ϕ20、强度8.8级的高强度内六角螺栓为固定轴，该轴松弛，上背轮悬挂下垂，失去水平约束作用；下驱动齿轮与齿条处于半离合状态：防坠安全器齿轮与齿条虽处于浮动啮合状态，但下背轮的固定轴为杆径ϕ18的普通内六角螺栓，该螺栓副上的螺母咬死不能松退，内六角头被拉脱并坠落在东侧约10m地面上，防坠安全器齿轮失去水平约束。动力板上未设置齿轮防脱轨挡块。

(5) 吊笼坠地时，动力板上两套驱动装置的电磁制动电机与蜗杆减速机之间的铸铝连接壳体承受不了巨大的惯性力而断裂，两台电磁制动电机当场砸向笼内工人。双包络面蜗杆传动减速机中蜗轮齿数为42，蜗杆头数为3，传动比为14，传动效率为0.90～0.95。在坠落冲击下，蜗轮齿面被蜗杆的冲击载荷压坏。

(6) 第25～26层之间，一节标准节西侧上边框有明显被撞击的凹痕，25层以下的齿条齿面上有明显刮痕。各道附墙装置均未发现被撞击的痕迹或异常。

3) 设备检测

经南京海天检测公司对该吊笼的防坠安全器、电磁制动器、驱动齿轮进行检测，结果如下。

(1) 送检防坠安全器已产生闭锁动作。经专用试验台架检测三次，防坠安全器平均动作速度0.81m/s、平均制动距离为0.86m，均符合《施工升降机齿轮锥鼓形渐进式防坠安全器》(JG 121—2000)的规定，安全器的安全开关动作可靠。

(2) 两个电磁制动器摩擦片严重磨损，制动力矩分别为25N·m、78N·m，均小于《SC系列施工升降机使用说明书》(下称《使用说明书》)标明的120N·m额定力矩。当两制动器同时有效制动时，该吊笼所能承受的最大载重量仅为1058.33kg(静载)。

(3) 上、下驱动齿轮样品齿厚磨损严重，其啮合侧隙超过国标规定的0.2～0.5mm要求，均处于报废状态。下驱动齿轮一齿的齿顶磨低4mm，防坠安全器齿轮一齿的齿顶磨低4mm，失去有效水平约束，与齿条处于半啮合状态。齿顶严重磨损为坠落过程中与齿条剧烈摩擦所致。

3. 事故原因分析

1) 电磁制动器的制动力矩不足

送检样品解体检测结果表明，西侧吊笼的两台电磁制动器的摩擦片磨损严重，测量厚度均为8～10mm，大于《使用说明书》规定的最小厚度5mm，摩擦片合格。制动力矩检测结果表明，两台电磁制动器的制动力矩分别为25.5N·m、77.5N·m，实际总制动力矩为103N·m，小于《使用说明书》规定的2×120N·m=240N·m额定总制动力矩。事故发生时，西侧吊笼实际总制动力矩所能承受的净载荷仅为1058kg，但西侧吊笼内的17名乘员(人均75kg)与一辆手推车(约60kg)的总重量为1035kg。当该吊笼在26层又进入4人时，使吊笼净载荷达到1335kg，超过了现有制动力矩的承载能力。据幸存者口述，此时司机虽未启动吊笼下行，但在吊笼关门冲击载荷的作用下，吊笼已发生下滑，当司机发现吊笼自行下滑后，立即按下紧急置零按钮，试图切断电源以制止吊笼继续下滑，但下滑是制动器故障所致，采取断电措施无效，于是吊笼失控坠落。

事故吊笼电磁制动器的制动片磨损后，制动片与制动盘的间隙增大，压紧弹簧对制动盘的推力减小，所产生的实际制动力矩远远低于额定制动力矩，并小于吊笼内载荷在制动器上产生的自重力矩，导致吊笼失速下坠。

制动器制动力矩不足是本次事故技术方面的起因。

2) 传动板上未设置齿轮防脱轨挡块

吊笼在电动机的驱动下以额定工作速度运行时，防坠安全轴输出端齿轮、驱动齿轮受到齿条较小的水平推力，背轮的轴尚能承受，在背轮的约束下，齿轮不会产生水平分离位移，齿轮—齿条的啮合侧隙通过调整背轮偏心轮的偏心量达到《施工升降机》(GB

10054—2005)规定的0.2～0.5mm。当吊笼失速下滑1～2m、瞬时速度达到0.8～1(m/s)时，防坠安全器产生闭锁动作，其输出端齿轮不转动，与吊笼共同坠落，齿轮撞击并支撑在齿条上。发生撞击时，齿条下斜的齿面对齿轮产生很大的水平上分力，推动齿轮向外水平位移。该施工升降机传动板于1999年生产，当时所执行的强制性国家标准《施工升降机安全规则》(GB 10055—1996)11.1.1条指出："吊笼应设有安全器与安全钩。安全钩应能防止吊笼脱离导轨架或安全器输出端齿轮脱离齿条。"发生事故的吊笼上虽设置了安全钩抱住导轨架立柱，但安全钩与立柱的水平间隙较大，不能有效防止安全器输出端齿轮脱离齿条，因而市场上大部分其他施工升降机吊笼传动板上齿条背部均加设了齿轮防脱轨挡块，且现场3台施工升降机共6个吊笼中6个吊笼的传动板上均有该挡块，如背轮失效则可依靠挡块防止齿轮脱离齿条；但坠落吊笼的传动板上却未设置防脱轨挡块，在吊笼坠落时，完全依靠下背轮阻挡齿轮传来的巨大的冲击水平分力，而此时下背轮轴六角头承受不了该分力，先偏转后六角头发生断裂拉脱，防坠落输出端齿轮失去水平约束而脱轨。

传动板未设置齿轮防脱轨挡块是吊笼坠落的主要技术原因。

3) 更换了规格不当的螺栓轴

从上背轮轴查知，下背轮轴原为杆径ϕ20、8.8级高强度内六角螺栓(螺栓上有标记)，但在日常使用中损坏或失落后，维修人员用外形相近的杆径ϕ18、强度4.8级的内六角螺栓代替。从《塔式起重机设计规范》(GB/T 13752—1992)、《机械设计手册》查阅两种螺栓的强度，并按上述规范所列方法计算出承载能力。经查阅《机械设计手册》中内六角螺栓的结构尺寸与强度知，内六角螺栓六角头的抗拉能力大大高于螺纹根部截面的抗拉能力，而现场发生拉脱断裂的普通材料的内六角螺栓不但强度与承载能力大大低于高强度内六角螺栓，其六角头的构造尺寸也有缺陷，导致其内六角头的抗拉能力大大低于螺纹根部截面的抗拉能力。

采用存在构造缺陷、普通材料的内六角螺栓充当背轮轴，是事故发生的重要技术原因。

4) 背轮结构缺陷

事故吊笼的背轮依靠偏心套调节齿轮—齿条的啮合间隙，调节后紧固螺栓轴的螺母产生摩擦力紧固，偏心轮无固定措施、螺母无防松措施。下背轮承受动载荷后螺母可能产生松动，使偏心轮发生转动，导致齿轮—齿条啮合间隙即分离量加大。再者，背轮轴安装在水平长孔内，在水平推力作用下可能产生横向滑动，使齿轮—齿条的最大水平分离量达到6.9mm，超过《货用施工升降机 第1部分：运载装置可进入的升降机》(GB 10054.1—2014)规定的5.3mm。在齿轮—齿条啮合间隙超标时，两者处于半啮合状态，传动中各轮齿逐个剧烈敲击齿条各齿，强大的冲击水平反力推动背轮轴在长孔中滑动，并导致螺母松动，进一步增加了齿轮—齿条分离量，形成重大安全隐患。事故发生时，上背轮螺栓轴的紧固螺母松动，背轮轴松弛下垂，失去对齿轮的水平约束作用。下背轮螺栓轴的紧固螺母因经常松动，被维修人员锤击变形咬死螺栓轴。在防坠安全器输出端齿轮—齿条间逐渐增强的撞击力的水平分力偏心作用下，螺栓轴只能沿水平长孔向反方向摆动并发生倾斜，由此承受了轴向冲击力，将具有构造缺陷的内六角头(六角头抗剪强度小于横截面抗拉强度)剪切脱落破坏，导致下背轮脱落。因传动板上未设置齿轮防脱轨挡块，防坠安全器输出端齿轮完全失去约束而与齿条分离，导致防坠安全器完全丧失了安全保护功能。

下背轮脱落、上背轮固定螺栓轴松动偏摆，导致驱动齿轮与齿条分离位移量迅速加大。当缺少防脱轨挡块时，驱动齿轮脱离齿条，此时助坠安全器又不能起保护作用，使吊笼完全失去所有垂直支撑点而失速坠地。

传动板结构存在缺陷是事故发生的重要技术原因。

5）产品技术资料不完善

该施工升降机出厂合格证签署时间为1996年，但在坠落吊笼传动板上标牌上签署的出厂时间为1999年8月，但生产厂家为同一建筑机械厂，说明该传动板并非原配，而是将同厂家、同规格、不同生产日期产品的吊笼更换混用，也未见维修、更换记录。

事故发生时现场无《使用说明书》，事故发生后由生产厂家提供了同型号产品的《使用说明书》，其中虽规定了电磁制动器摩擦片厚度、摩擦片与制功盘的间隙及制动力矩的测试方法，但未说明制动力矩的调整方法，不能指导维修人员正确进行日常保修。在事故制动器检测后，通过调整制动片压紧弹簧，可使制动器的制动力矩达到规定数值，若在吊笼使用前如此调整制动器，在使用中即能进行有效制动，并能防止事故的发生。因此，如《使用说明书》详细说明制动器制动力矩的调节方法，现场管理人员按要求定期检测并调节制动力矩到规定数值，则可避免本次事故的发生。

产品技术资料不完善，为本次事故发生的重要原因。

6）设备管理水平低下

(1) 设备安装人员在安装前将其他施工升降机的吊笼随意调换到本机上使用，使存在问题的吊笼投入现场使用。

(2) 设备安装、维修、操作人员未能熟知设备各装置的功能，对背轮的作用、防坠安全器在坠落时卡住吊笼的原理了解肤浅，因此对设备无防脱轨挡块的重大安全隐患浑然不知。

(3) 未按《使用说明书》的规定定期检测电磁制动器的制动力矩并及时调节制动力矩至符合规定。

(4) 在背轮轴损坏或丢失后，维修人员未仔细检查，就随意用普通材料的内六角螺栓代替8.8级高强度螺栓作为背轮轴，大大降低了其承载能力。

现场设备安装、维修人员责任心差、技术水平低是本次事故的重要原因。

4. 事故教训

1）安装施工升降机前应进行全面深入检查

(1) 施工升降机应有各种文件。

进入现场使用的施工升降机应带有产品生产许可证、产品出厂合格证、产品使用说明书、主要部件的合格证等，操作人员应持有有效上岗证。

(2) 设备检查。

① 钢结构：主要有导轨架、吊笼、附着杆系等，应检查是否有导致承载能力下降的变形，焊缝有否裂纹，发现存在严重问题的部件不得使用，并及时更换合格的部件，发现存在一般问题也应及时整改。

② 传动装置：主要有电磁制动器——电动机，应检查电动机启动、制动是否正常，并按《使用说明书》中说明的方法检测制动力矩是否达到规定数值，并及时调试。

③ 安全保护装置：主要有防坠安全器、行程开关等。原《施工升降机安全规则》(GB

10055—1996)第 11.1.6条指出："安全器只能在有效的标定期限内使用，安全器的有效标定期限不得超过 2 年"，2012 年5 月开始实施的《吊笼有垂直导向的人货两用施工升降机》(GB 26557—2011)中，将防坠安全器的有效标定期限减短为一年。防坠安全器应及时送往具有专业资质的检测机构进行检测。吊笼内的上、下限位行程开关调试位置应准确，断电可靠。

④ 背轮及防脱轨装置：背轮的偏心轮调节偏心量后，应有锁片锁定偏心轮的位置，以保证齿轮的啮合间隙在正常范围内。背轮轴不得采用市场上的普通螺栓代替，而应到设备原厂家购买专用高强度螺栓轴或销轴更换。不得使用未设置防脱轨挡块的传动板。背轮安装孔不宜制造为长孔，如为长孔，背轮在调节齿轮间隙后应有可靠的固定措施。

2）施工升降机投入使用前应进行全面检测

×省地方标准《建筑机械安全检测规程》(以下简称《规程》)即将颁布。《规程》对建筑工程中使用的六种主要施工机械的安全检测验收指标作出了详细的规定，对施工升降机的钢结构、安全保护装置、传动装置等各部件的安全要求均有详细要求。检测前应向具有专项检测资质的检测机构提供《施工升降机生产许可证》《施工升降机出厂合格证》《安装单位资质证书》《施工升降机使用说明书》《施工升降机基础地耐力报告》《施工升降机基础隐藏工程验收单》《施工升降机基础验收报告》《施工升降机安装前检查表》《施工升降机拆装方案》《安装人员操作上岗证》《施工升降机安装自检记录表》《防坠安全器检测报告》等文件。检测合格并取得合格证后，才能投入使用。

3）在日常使用中应进行严格管理

在设备日常使用中，应建立多层次的设备安全专项管理网络，由使用单位、租赁公司共同组建安全督察小组，任命责任人按《使用说明书》及×省地方标准《建筑机械安全检测规程》的各项要求，对设备定期进行检查，并对存在的安全隐患及时维修、整改，并由检查责任人填写并签署日常检查、维修记录。在当地安全检查部门组织的定期或专项安全检查中，现场应对照要求严格进行自检并消除隐患。现场专职设备管理人员应通过学习提高职业责任心，并逐渐提高自身的专业技术水平，才能在日常生产中进行行之有效的安全管理。

4）产品技术资料应完善

经比照，事故施工升降机《使用说明书》的蓝本来自某品牌施工升降机产品的《使用说明书》，为节省篇幅，在内容上进行了大幅删减。该《使用说明书》中虽指出应检查制动器的制动力矩，但删减了制动器制动力矩的调整方法，使现场维修人员未能定期、正确地调整制动力矩，在制动器上留下了重大安全隐患。《使用说明书》不但是设备的技术文件，也是产品质量、安全的民事担保书，在产品质量、安全事故中作为重要证据。进口的同类机械产品大多有《使用说明书》《安装说明书》两册，其篇幅均比我国的多一倍，并配制了大量的立体示意图，以便更进一步明确解释条文，避免产生歧义，并适于文化水平一般的操作工人解读。在以往的产品质量、安全事故案例中，产品制造商因《使用说明书》不完善导致安全质量事故而败诉的屡见不鲜，因此产品生产厂家应本着对用户负责的态度，详细解释机械设备的结构与原理，认真编写使用、装拆的每一个操作步骤，对任何可能引起安全问题的细节均应详细说明其注意事项，完善《使用说明书》。

5）事故应急处理应得当

在本次事故中施工升降机吊笼开始失控坠落时，虽司机明知此时开关并未启动，但其自然反应是采取断电的方法停止吊笼下降，并大呼“开关坏了，控制不住了”，一时也想不出应采取什么有效方法，只能眼睁睁地随吊笼坠落至地。以上情况说明司机并不了解电磁制动器是常闭式，在断电时才能起制动作用，而此时升降旋钮并未转至“上升”或“下降”的位置通电，采取断电的方法是不能制止吊笼的坠落，反而浪费了宝贵的时间。此时如启动电动机使吊笼向上或向下开，依靠电动机强制吊笼由加速运行转入匀速运行，或许能控制住危险。但司机应熟知设备性能、操作训练有素，且思路清晰、心理素质稳定，方能临危不乱，在短短数秒内作出准确判断并采取有效规避措施，摆脱危机。

特别提示

建筑工程的外用电梯(人货两用电梯)的安全检查，应以《建筑施工安全检查标准》(JGJ 59—2011) 中“表 3.0.10 施工升降机检查评分表”为依据(见表 9-1)。

表 9-1 施工升降机检查评分表

序号	检查项目		扣分标准	应得分数	扣减分数	实得分数
1	保证项目	安全装置	未安装起重量限制器或起重量限制器不灵敏，扣 10 分 未安装渐进式防坠安全器或防坠安全器不灵敏，扣 10 分 防坠安全器超过有效标定期限，扣 10 分 对重钢丝绳未安装防松绳装置或防松绳装置不灵敏，扣 5 分 未安装急停开关或急停开关不符合规范要求，扣 5 分 未安装吊笼和对重缓冲器或缓冲器不符合规范要求，扣 5 分 SC 型施工升降机未安装安全钩，扣 10 分	10		
2		限位装置	未安装极限开关或极限开关不灵敏，扣 10 分 未安装上限位开关或上限位开关不灵敏，扣 10 分 未安装下限位开关或下限位开关不灵敏，扣 5 分 极限开关与上限位开关安全越程不符合规范要求，扣 5 分 极限开关与上、下限位开关共用一个触发元件，扣 5 分 未安装吊笼门机电联锁装置或不灵敏，扣 10 分 未安装吊笼顶窗电气安全开关或不灵敏，扣 5 分	10		
3		防护设施	未设置地面防护围栏或设置不符合规范要求，扣 5～10 分 未安装地面防护围栏门联锁保护装置或联锁保护装置不灵敏，扣 5～8 分 未设置出入口防护棚或设置不符合规范要求，扣 5～10 分 停层平台搭设不符合规范要求，扣 5～8 分 未安装层门或层门不起作用，扣 5～10 分 层门不符合规范要求、未达到定型化，每处扣 2 分	10		

续表

序号	检查项目		扣分标准	应得分数	扣减分数	实得分数
4	保证项目	附墙架	附墙架采用非配套标准产品未进行设计计算，扣10分 附墙架与建筑结构连接方式、角度不符合说明书要求，扣5～10分 附墙架间距、最高附着点以上导轨架的自由高度超过说明书要求，扣10分	10		
5	保证项目	钢丝绳、滑轮与对重	对重钢丝绳绳数少于2根或未相对独立，扣5分 钢丝绳磨损、变形、锈蚀达到报废标准，扣10分 钢丝绳的规格、固定不符合说明书及规范要求，扣10分 滑轮未安装钢丝绳防脱装置或不符合规范要求，扣4分 对重重量、固定不符合说明书及规范要求，扣10分 对重未安装防脱轨保护装置，扣5分	10		
6	保证项目	安拆、验收与使用	安装、拆卸单位未取得专业承包资质和安全生产许可证，扣10分 未编制安装、拆卸专项方案或专项方案未经审核、审批，扣10分 未履行验收程序或验收表未经责任人签字，扣5～10分 安装、拆除人员及司机未持证上岗，扣10分 施工升降机作业前未按规定进行例行检查，未填写检查记录，扣4分 实行多班作业未按规定填写交接班记录，扣3分	10		
小计				60		
7	一般项目	导轨架	导轨架垂直度不符合规范要求，扣10分 标准节质量不符合说明书及规范要求，扣10分 对重导轨不符合规范要求，扣5分 标准节连接螺栓使用不符合说明书及规范要求，扣5～8分	10		
8	一般项目	基础	基础制作、验收不符合说明书及规范要求，扣5～10分 基础设置在地下室顶板或楼面结构上，未对其支承结构进行承载力验算，扣10分 基础未设置排水设施，扣4分	10		
9	一般项目	电气安全	施工升降机与架空线路不符合规范要求距离，未采取防护措施，扣10分 防护措施不符合规范要求，扣5分 未设置电缆导向架或设置不符合规范要求，扣5分 施工升降机在防雷保护范围以外未设置避雷装置，扣10分 避雷装置不符合规范要求，扣5分	10		
10	一般项目	通信装置	未安装楼层信号联络装置，扣10分 楼层联络信号不清晰，扣5分	10		
小计				40		
检查项目合计				100		

小结

本项目重点讲授了如下4个模块。

（1）外用电梯的专项安全施工方案。

（2）外用电梯(人货两用电梯)安装、使用、拆卸过程中应重点实施和检查的保证项目，包括安全装置、限位装置、防护设施、附墙架、钢丝绳、滑轮与对重、安拆、验收与使用等方面的安全知识和技能。

（3）外用电梯(人货两用电梯)安装、使用、拆卸过程中应常规实施和检查的一般项目，包括导轨架、基础、电气安全、通信装置等方面的安全知识和技能。

（4）外用电梯(人货两用电梯)安装、使用、拆卸中安全事故案例的分析、处理与预防。

通过本项目的学习，学生应学会如何在外用电梯(人货两用电梯)安装、使用、拆卸过程中各个环节采取安全措施，并进行检查，以确保整个过程的安全。

习题

1. 什么是外用电梯(人货两用电梯)？外用电梯与物料提升机的区别是什么？
2. 外用电梯(人货两用电梯)有哪些安全装置？
3. 外用电梯(人货两用电梯)的安全防护有哪些要求？
4. 外用电梯(人货两用电梯)安装后要验收哪些项目？
5. 外用电梯(人货两用电梯)的避雷装置有哪些？

项目 10

塔式起重机安全管理

教学目标

掌握塔式起重机安装、使用、拆卸过程中安全保障的保证项目：荷载限制装置、行程限位装置、吊钩、滑轮、卷筒与钢丝绳、多塔作业、安拆、验收与使用等方面的安全知识和技能，熟悉塔式起重机安装、使用、拆卸过程中安全保障的一般项目：附着装置、基础与轨道、结构设施、电气安全等方面的安全知识和技能。通过本项目的学习，学生应具备基本的预防、分析、处理塔式起重机安装、使用、拆卸过程中安全问题和事故的知识与技能。

教学步骤

目　标	内　容	权重
知识点	1. 保证项目：荷载限制装置、行程限位装置、吊钩、滑轮、卷筒与钢丝绳、多塔作业、安拆、验收与使用等方面的安全概念、注意事项、解决方法和措施 2. 一般项目：附着装置、基础与轨道、结构设施、电气安全等方面的安全概念、注意事项、解决方法和措施	35%
技能	针对上述知识点创设相关实训场景以培养学生思考和动手解决实际问题的能力	35%
分析案例	实际工程的塔式起重机安装、使用、拆卸过程中安全事故的分析处理和经验教训	30%

章节导读

1. 塔式起重机的概念

塔式起重机，又称“塔机”或“塔吊”，是用于修建高层建筑时用的一种起重设备，是常见的建筑机械之一。因样子像铁塔一样，因而得名为“塔式起重机”。

2. 塔式起重机的分类

按国家标准分类，塔式起重机的型号标准是QT，其中的“Q”就代表的是“起重机”，“T”代表的是“塔式”。

塔式起重机也可以按设计的形式不同分为很多个品种，比如自升式塔式起重机、内爬式塔式起重机、平头塔式起重机、动臂式塔式起重机、快装式塔式起重机等。

3. 塔式起重机的组成

一般来说塔式起重机按各部分的功能可以分为基础、塔身、顶升、回转、起升、平衡臂、起重臂、起重小车、塔顶、司机室、变幅等部分。

塔式起重机安装在地面上需要基础部分；塔身是塔式起重机身子，也是升高的部分；顶升部分使得塔式起重机可以升高；回转保持塔式起重机上半身可以水平旋转；起升机构用来将重物提升起来；平衡臂架用来保持力矩平衡；起重臂架一般就是提升重物的受力部分；小车用来安装滑轮组和钢绳以及吊钩，也是直接受力部分；塔顶当然是用来保持臂架受力平衡的；司机室是操作的地方；变幅使得小车沿轨道运行。

4. 塔式起重机使用现场

塔式起重机使用现场如图10.1和图10.2所示。

图10.1 塔式起重机使用现场(一)

图10.2 塔式起重机使用现场(二)

案例引入

×省×市×大厦“12.24”塔式起重机倒塌事故

×省×市×大厦工程地处×市×路×号，建筑面积11100m^2，框架13层，总投资1100万元。建设单位为×市×房地产开发有限责任公司(具有3级开发资质)，×市×建筑公司(具有2级资质)负责施工。×大厦工程在未取得《规划许可证》、未进行工程招标、未委托政府质量监督情况下，于2001年6月擅自开工建设。开工后，×市建设局曾多次书面和口头通知停工，但未能彻底制止。

2001年12月24日下午，该工地塔机正在实施正常作业，使用吊斗吊运土方，塔式起重机斗卸土后轻载回臂时塔式起重机基础节钢构件断裂，致使塔身突然向平衡臂方向倾倒，起重机配重砸在与该工地相邻的×市×路×小学南教学楼上，将3层教学楼击穿，造成4名学生和吊车司机死亡，19名学生重伤的重大伤亡事故，事故发生时，无风、无雨、无地震及其他外力作用。

【案例思考】

针对上述案例，试分析该事故发生的可能原因，事故的责任划分。

10.1 塔式起重机安全技术要求

塔式起重机，其起重臂与塔身能互成垂直，可把它安装在靠近建筑物的周围，其工作幅度的利用率比普通起重机高，可达80%。塔式起重机的工作高度可达100～160m，故被广泛用于高层建筑施工。

1. 塔式起重机的主要类型和技术性能参数

1）主要类型

（1）塔式起重机按工作方法可分为固定式塔式起重机与运行式塔式起重机两种。

① 固定式塔式起重机。塔身不移动，靠塔臂的转动和小车变幅来完成壁杆所能达到的范围内的作业，如爬升式、附着式塔式起重机等。

② 运行式塔式起重机。可由一个作业面移到另一个作业面，并可载荷运行。在建筑群中使用，不需拆卸，即可通过轨道移到新的工作点，如轨道式塔式起重机。

（2）按旋转方式可分为上旋式和下旋式两种。

① 上旋式。塔身不旋转，在塔顶上安装可旋转的起重臂，起重臂旋转时不受塔身限制。

② 下旋式。塔身与起重臂共同旋转，起重臂与塔顶固定。

2）基本技术性能参数

（1）起重力矩。它是塔式起重机起重能力的主要参数。起重力矩(N·m)＝起重量×工作幅度。

（2）起重量。它是起重吊钩上所悬挂的索具与重物的重量之和(N)。对于起重量要考虑两个数据：一是最大工作幅度时的起重量，二是最大额定起重量。

（3）工作幅度。也称回转半径，它是起重吊钩中心到塔式起重机回转中心线之间的水平距离(m)。

（4）起重高度。在最大工作幅度时，吊钩中心至轨顶面的垂直距离(m)。

（5）轨距。视塔式起重机的整体稳定和经济效果而定。

2. 塔式起重机的主要安全装置

塔式起重机的主要安全装置包括起重量限制器、力矩限制器、高度限制器、幅度限制器、行程限制器、吊钩保险装置及卷筒保险装置。

1）起重量限制器

它是一种能使起重机不至超负荷运行的保险装置，当吊重超过额定起重量时，能自动切断提升机构的电源，停车或发出警报。

2）力矩限制器

力矩限制器的作用是在某一定幅度范围内，如果被吊物重量超出起重机额定起重量，电路就被切断，使起升不能进行，保证了起重机的稳定安全。

3）高度限制器

高度限制器一般都装在起重臂的头部，当吊钩滑升到极限位置，便托起杠杆，压下限位开关，切断电路停车，再合闸时，吊钩只能下降。

4）幅度限制器

一般的动臂起重机的起重臂上都挂有这个幅度限制器。当起重臂变幅时，臂杆运行到上下两个极限位置时，会压下限位开关，切断主控制电路，变幅电机停车，达到限位的作用。

5）行程限制器

它是一种防止起重机发生撞车或限制在一定范围内行驶的保险装置。

6）吊钩保险装置

吊钩保险装置是防止吊钩上的吊索自动脱落的一种保险装置。

7）卷筒保险装置

为防止钢丝绳因缠绕不当越出卷筒之外造成事故，应设置卷筒保险装置。

3. 塔式起重机的稳定性验算

对塔式起重机在吊重状态和不工作状态两种情况，都应进行稳定性计算。前者称为“起重稳定性”，后者称为“自重稳定性”。由于塔式起重机的围转幅度大、起重高度高，计算时还应考虑风荷载、惯性力和地面倾斜度等因素的影响。

4. 塔式起重机使用的安全技术要求

塔式起重机使用的安全技术要求，分轨道式与附着式、爬升式两种。

1）轨道式塔式起重机的安全技术要求

为保证轨道式塔式起重机的使用安全和正常作业，起重机的路基和轨道的铺设必须严格按以下规定执行。

（1）路基施工前必须经过测量放线，定好平面位置和标高。

（2）路基范围内如有洼坑、洞穴、渗水井、垃圾堆等，应先消除干净，然后用素土填平并分层压实，土壤的承载能力要达到规定的要求。中型塔式起重机的路基土壤承载能力为 80～120(kN/m^2)，而重型塔式起重机的则为 120～160(kN/m^2)。

（3）为保证路基的承载能力使枕木不受潮湿，应在压实的土壤上铺一层 50～100mm 厚含水少的黄砂并压实，然后铺设厚度为 250mm 左右粒径为 50～80mm 的道砟层(碎石或卵石层)并压实。路基应高出地面 250mm 以上，上宽 1850mm 左右。路基旁应设置排水沟。

（4）轨距偏差不得超过其名义值的 1/1000，在纵横方向上钢轨顶面的倾斜度不大于 1/1000。

（5）两道轨道的接头必须错开，钢轨接头间隙在 3～6mm 之间，接头处应架在轨枕上，两端高差不大于 2mm。

(6) 距轨道终端1m处必须设置极限位置阻挡器，其高度应不小于行走轮半径。

轨道式塔式起重机的位置应与建筑物保持适当的距离，以免行走时台架与建筑物相碰而发生事故。

起重机安装好后，要按规定先进行检验和试吊，确认没有问题后，方可进行正式吊装作业。起重机安装后，在无载荷情况下，塔身与地面的垂直度偏差值不得超过3/1000。

塔式起重机作业前专职安全员除认真进行轨道检查外，还应重点检查起重机各部件是否正常，是否符合标准和规定。

操纵各安全控制器要依次逐级操作，严禁越档操作。操作时力求平稳，严禁急开急停。

吊钩提升接近壁杆顶部、小车行至端点或起重机行走接近轨道端部时，应减速缓行至停止位置。吊钩距臂杆顶部不得小于1m，起重机距轨道端部不得小于2m。

两台起重机同在一条轨道上或在相近轨道上进行作业时，两机最小间距不得小于5m。

起重机转弯时应在外轨轨面上撒上砂子，内轨轨面及两翼涂上润滑脂，配重箱转至转弯外轮的方向。严禁在弯道上进行吊装作业或吊重物转弯。

作业后，起重机应停放在轨道中间位置，壁杆应转到顺风方向，并放松回转制动器。小车及平衡重应移到非工作状态位置。吊钩提升到离臂杆顶端2～9m处。将每个控制开关拨至零位，依次断开各路开关，切断电源总开关。最后锁紧夹轨器，使起重机与轨道固定。

2) 附着式、爬升式塔式起重机的安全技术要求

附着式、爬升式塔式起重机除需满足塔式起重机的通用安全技术要求外，还应遵守以下事项。

(1) 附着式或爬升式起重机的基础和附着的建筑物其受力强度必须满足塔式起重机的设计要求。

(2) 附着式塔式起重机安装时，应用经纬仪检查塔身的垂直情况并用撑杆调整垂直度。每道附着装置的撑杆布置方式、相互间隔和附墙距离应按附着式塔式起重机制造厂要求。

(3) 附着装置在塔身和建筑物上的框架，必须固定可靠，不得有任何松动。

(4) 起重机载人专用电梯断绳保护装置必须可靠，电梯停用时，应降至塔身底部位置，不得长期悬在空中。

(5) 如风力达到4级以上，不得进行顶升、安装、拆卸等作业。

(6) 塔身顶升时，必须使吊臂和平衡臂处于平衡状态，并将回转部分制动住。顶升到规定高度后必须先将塔身附着在建筑物上后方可继续顶升。

(7) 塔身顶升完毕后，各连接螺栓应按规定的力矩值紧固，爬升套架滚轮与塔身应吻合良好。

10.2 塔式起重机施工方案

塔式起重机的安装和拆卸是一项既复杂又危险的工作，再加上塔式起重机的类型较多，作业环境不同，安装队伍的熟悉程度不一，所以要求工作之前必须针对塔式起重机的

类型、特点及说明书的要求，结合作业条件，制定详细的施工方案，具体包括作业程序、作业人员的数量及工作位置、配合作业的起重机械类型及工作位置、索具的准备和现场作业环境的防护等。对于自升塔的顶升工作，必须有吊臂和平衡臂保持平衡状态的具体要求、顶升过程中的顶升步骤及禁止回转作业的可靠措施等。

专项安全施工方案的主要内容包括以下6个方面。

1. 现场勘测

现场勘测包括施工现场的地形、地貌，作业场地周边环境，运输道路及架体安装作业的场地、空间，在建工程的基本情况，外电线路和现场用电的基本情况，塔式起重机拟安装的位置和地下管、线及地下建筑物的情况，土壤承载能力等。

2. 塔式起重机基础(路基和轨道)

在确定塔式起重机的安装位置时，应考虑以下内容。

(1) 塔式起重机起重(平衡)臂与建筑物及建筑物外围施工设计之间的安全距离。

(2) 塔式起重机的任何部位与架空线路之间的安全距离。

(3) 多塔作业时的防碰撞措施。

(4) 塔式起重机基础(或路基和轨道)的设计(包括地基的处理)。

(5) 塔式起重机基础(或路基和轨道)排水的设计。

(6) 架体附着装置、架体附着装置与建筑物连接点的设计、制作，有关材料的材质、规格和尺寸。

(7) 架体和轨道用于电气保护的接地装置的设计和验收。

(8) 塔式起重机基础(路基和轨道)和架体附着等的设计。

以上项目均应符合塔式起重机使用说明书和有关规范中关于塔式起重机安全使用的要求。

3. 塔式起重机安全装置的设置与技术要求

塔式起重机安全装置的设置与技术要求包括应配备的安全装置及其型号、规格、技术参数，安装及验收的要求和规则，塔式起重机安全装置的设置及有关技术要求应遵守塔式起重机使用说明书和有关规范的规定。此外，还包括传动系统的技术要求(应符合使用说明书和有关规范的要求)，附着装置的设置及附着装置与建筑物的连接；架体的接地装置与避雷装置的设置，夹轨钳的设置和使用，架体超高时的避雷及避撞装置的设计；塔式起重机作业时的指挥和通信等。

4. 塔式起重机安装和拆除的技术要求

塔式起重机安装和拆除的技术要求包括进行塔式起重机安装和拆除作业的队伍及其作业人员的资格，塔式起重机安装及拆除前的准备，安装及拆除作业的作业顺序，作业时应遵守的规定，架体首次安装的高度及每次分段安装的高度，首次安装和分段安装的技术要求，架体的安装精度及验收的方法和标准等。

5. 塔式起重机作业的安全技术措施

塔式起重机作业的安全技术措施包括塔式起重机司机和指挥人员的资格，塔式起重机及其安全装置的检查、维修和保养制度，作业区域的管制措施，有关安全用电的措施，有关的安全标志，夜间作业及上、下塔式起重机通道的照明设置，上、下塔式起重机的电梯安全使用措施，突发性天气影响的对应措施和季节性施工的安全措施等。

6. 有关的施工图纸

有关的施工图纸包括塔式起重机基础(路基和轨道)、附着装置的平面图、立面图和细部构造的节点详图等施工图纸。

10.3 塔式起重机安全管理保证项目

为保证建筑工程的塔式起重机的安全使用，施工企业必须做好荷载限制装置设置，行程限位装置设置，保护装置设置，吊钩、滑轮、卷筒与钢丝绳规定，多塔作业规定，安拆、验收与使用规定等安全保证工作。

1. 荷载限制装置

安装力矩限制器后，当发生重量超重或作业半径过大而导致力矩超过该塔式起重机的技术性能时，即自动切断起升或变幅动力源，并发出报警信号，防止发生事故。

装有机械型力矩限制器的动臂变幅式塔式起重机，在每次变幅后，必须及时对超载限位的吨位按照作业半径的允许载荷进行调整。对塔式起重机试运转记录进行检查，确认该机当时对力矩限制器的测试结果符合要求，且力矩限制器系统综合精度满足±5%的规定。

有的塔式起重机机型同时装有超载限制器(起升载荷限制器)，当荷载达到额定起重量的90%时，发出报警信号；当起重量超过额定起重量时，切断上升方向的电源，机构可作下降方向运动。进行安全检查时，应同时进行试验确认。

进行安全检查时，若现场无条件检查力矩限制器，则可通过另两种方式进行检查：一是可检查安装后的试运转记录，二是可检查其公司平时的日常安全检查记录。

2. 行程限位装置

限位器有超高限位器、变幅限位器、行走限位器及回转限位器四种。

1） 超高限位器

超高限位器也称上升极限位置限制器，即当塔式起重机吊钩上升到极限位置时，自动切断起升机构的上升电源，机构可作下降运动，防止吊钩上升超过极限而损坏设备并发生事故的安全装置。有重锤式和蜗轮蜗杆式两种，一般安装在起重臂头部或起重卷扬机上。超高限位器应能保证动力切断后，吊钩架与定滑轮的距离至少有两倍的制动行程，且不小于2m。安全检查时，可对超高限位器现场做试验确认。

2） 变幅限位器

变幅限位器有小车变幅与动臂变幅两种。

(1) 小车变幅。

塔式起重机采用水平臂架，吊重悬挂在起重小车上，靠小车在臂架上水平移动实现变幅。小车变幅限位器是利用安装在起重臂头部和根部的两个行程开关及缓冲装置对小车运行位置进行限定。

(2) 动臂变幅。

塔式起重机变换作业半径(幅度)是依靠改变起重臂的仰角来实现的。通过装置触点的变化，将灯光信号传递到司机室的指示盘上，并指示仰角度数，当控制起重臂的仰角分别到了上下限位时，则分别压下限位开关切断电源，防止超过仰角造成塔式起重机失稳。现场做动作验证时，应由有经验的人员做监护指挥，防止发生事故。

3）行走限位器

行走限位器是控制轨道式塔式起重机运行时不发生出轨事故。安全检查时，应进行塔式起重机行走动作试验，碰撞限位器验证其可靠性。

4）回转限位器

回转限位器防止电缆扭转过度而断裂或损坏电缆，造成事故。一般安装在回转平台上，与回转大齿圈啮合。其作用是限制塔机朝一个方向旋转一定圈数后，切断电源，只能作反方向旋转。安全检查时，可对其现场做试验确认。

3. 保护装置

小车变幅的塔式起重机应安装断绳保护及断轴保护装置，并符合规范要求；行走及小车变幅的轨道行程末端应安装缓冲器及止挡装置，并应符合规范要求；起重臂根部绞点高度大于50m的塔式起重机应安装风速仪，并应灵敏可靠；当塔式起重机顶部高度大于30m且高于周围建筑物时，应安装障碍指示灯。

4. 吊钩、滑轮、卷筒与钢丝绳

保险装置有吊钩保险装置、卷筒保险装置、滑轮防绳滑脱装置和爬梯护圈四种。

1）吊钩保险装置

吊钩保险装置主要防止当塔式起重机工作时，重物下降被阻碍但吊钩仍继续下降而造成的索具脱钩事故。工作中使用的吊钩必须有制造厂的合格证书，吊钩表面应光滑，不得有裂纹、刻痕、锐角等现象存在。部分塔式起重机出厂时，吊钩无保险装置，如自行安装保险装置，应采取环箍固定，禁止在吊钩上打眼或焊接，防止影响吊钩的机械性能。另外，弹簧锁片与吊钩的磨损值不得超过钩口尺寸的10%。

2）卷筒保险装置

卷筒保险装置主要防止当传动机构发生故障时，造成钢丝绳不能够在卷筒上顺排，以致越过卷筒端部凸缘，发生咬绳等事故。当吊物需中间停止时，使用的滚筒棘轮保险装置防止吊物自由向下滑动。其一般安装在起升卷扬机的滚筒上。

3）滑轮防绳滑脱装置

这种装置实际上是滑轮总成的一个不可分割的组成部分，它的作用是把钢丝绳束缚在滑轮绳槽里以防跳槽。

4）爬梯护圈

当爬梯的通道高度大于5m时，从平台以上2m处开始设置护圈。护圈应保持完好，不能出现过大变形和少圈、开焊等现象。

当爬梯设于结构内部时，如爬梯与结构的间距小于1.2m，可不设护圈，上塔人行通道是为行走和检修的需要而设置的，为防止工作人员发生高处坠落事故，故需设安全防护栏杆，防护栏杆应由上、下两根横杆及立杆组成，上杆离平台高度为1～1.2m，下杆离平台高度为0.5～0.6m，并由安全立网进行封闭。栏杆应能承受1000N水平移动的集中载荷。

5. 多塔作业

两台以上塔式起重机作业，应编制防碰撞安全技术措施。防碰撞安全技术措施的制订应按《建筑塔式起重机安全规程》的标准：两台起重机之间的最小架设距离应保证处于低位的起重机的臂架端部与另一台起重机的塔身之间至少有 2m 的距离；处于高位的起重机(吊钩升至最高点)与低位的起重机之间，在任何情况下，其垂直方向的间隙不得小于 2m。多台塔式起重机同时作业，要保证上下左右安全距离，要有方案和可靠的防碰撞安全措施。塔式起重机在风力达到 4 级以上时，不得进行顶升、安装、拆卸作业，作业时突然遇到风力加大，必须立即停止作业；6 级风力以上，禁止塔式起重机作业。

6. 安拆、验收与使用

塔式起重机的安装与拆卸应满足以下要求。

(1) 出租单位在建筑起重机械首次出租前，自购建筑起重机械的使用单位在建筑起重机械首次安装前，应持建筑起重机械特种设备制造许可证、产品合格证和制造监督检验证明，到本单位工商注册所在地县级以上地方人民政府建设主管部门办理备案。应当在签订的建筑起重机械租赁合同中，明确租赁双方的安全责任，并出具建筑起重机械特种设备制造许可证、产品合格证、制造监督检验证明、备案证明和自检合格证明，提交安装使用说明书。

(2) 有下列情形之一的建筑起重机械，不得出租、使用。

① 属国家明令淘汰或者禁止使用的。

② 超过安全技术标准或者制造厂家规定的使用年限的。

③ 经检验达不到安全技术标准规定的。

④ 没有完整安全技术档案的。

⑤ 没有齐全有效的安全保护装置的。

(3) 建筑起重机械安全技术档案应当包括购销合同、制造许可证、产品合格证、制造监督检验证明、安装使用说明书、备案证明等原始资料；定期检验报告、定期自行检查记录、定期维护保养记录、维修和技术改造记录、运行故障和生产安全事故记录、累计运转记录等运行资料。

(4) 安装单位应当依法取得建设主管部门颁发的相应资质和建筑施工企业安全生产许可证，并在其资质许可范围内承揽建筑起重机械安装、拆卸工程。建筑起重机械使用单位和安装单位应当在签订的建筑起重机械安装、拆卸合同中明确双方的安全生产责任。安装单位应当履行下列安全职责。

① 按照安全技术标准及建筑起重机械性能要求，编制建筑起重机械安装、拆卸工程专项施工方案，并由本单位技术负责人签字。

② 按照安全技术标准及安装使用说明书等检查建筑起重机械及现场施工条件。

③ 组织安全施工技术交底并签字确认。

④ 制定建筑起重机械安装、拆卸工程生产安全事故应急救援预案。

⑤ 将建筑起重机械安装、拆卸工程专项施工方案，安装、拆卸人员名单，安装、拆卸时间等材料报施工总承包单位和监理单位审核后，告知工程所在地县级以上地方人民政府建设主管部门。

(5) 安装单位应当按照建筑起重机械安装、拆卸工程专项施工方案及安全操作规程组织安装、拆卸作业。安装单位的专业技术人员、专职安全生产管理人员应当进行现场监督，技术负责人应当定期巡查。建筑起重机械安装完毕后，安装单位应当按照安全技术标准及安装使用说明书的有关要求对建筑起重机械进行自检、调试和试运转。自检合格的，应当出具自检合格证明，并向使用单位进行安全使用说明。安装单位应当建立建筑起重机械安装、拆卸工程档案。建筑起重机械安装、拆卸工程档案应当包括以下资料。

① 安装、拆卸合同及安全协议书。

② 安装、拆卸工程专项施工方案。

③ 安全施工技术交底的有关资料。

④ 安装工程验收资料。

⑤ 安装、拆卸工程生产安全事故应急救援预案。

(6) 总承包单位应当履行下列安全职责。

① 向安装单位提供拟安装设备位置的基础施工资料，确保建筑起重机械进场安装、拆卸所需的施工条件。

② 审核建筑起重机械的特种设备制造许可证、产品合格证、制造监督检验证明、备案证明等文件。

③ 审核安装单位、使用单位的资质证书、安全生产许可证和特种作业人员的特种作业操作资格证书。

④ 审核安装单位制定的建筑起重机械安装、拆卸工程专项施工方案和生产安全事故应急救援预案。

⑤ 审核使用单位制定的建筑起重机械生产安全事故应急救援预案。

⑥ 指定专职安全生产管理人员监督检查建筑起重机械安装、拆卸、使用情况。

⑦ 施工现场有多台塔式起重机作业时，应当组织制定并实施防止塔式起重机相互碰撞的安全措施。

(7) 建筑起重机械安装完毕后，使用单位应当组织出租、安装、监理等有关单位进行验收，或者委托具有相应资质的检验检测机构进行验收。建筑起重机械经验收合格后方可投入使用，未经验收或者验收不合格的不得使用，使用单位应当自建筑起重机械安装验收合格之日起30日内，将建筑起重机械安装验收资料、建筑起重机械安全管理制度、特种作业人员名单等，向工程所在地县级以上地方人民政府建设主管部门办理建筑起重机械使用登记，登记标志置于或者附着于该设备的显著位置。

(8) 使用单位应当履行下列安全职责。

① 根据不同施工阶段、周围环境以及季节、气候的变化，对建筑起重机械采取相应的安全防护措施。

② 制定建筑起重机械生产安全事故应急救援预案。

③ 在建筑起重机械活动范围内设置明显的安全警示标志，对集中作业区做好安全防护。

④ 设置相应的设备管理机构或者配备专职的设备管理人员。

⑤ 指定专职设备管理人员、专职安全生产管理人员进行现场监督检查。

⑥ 建筑起重机械出现故障或者发生异常情况的，立即停止使用，消除故障和事故隐

患后，方可重新投入使用。使用单位应当对在用的建筑起重机械及其安全保护装置、吊具、索具等进行经常性、定期的检查、维护和保养，并做好记录。

（9）使用单位在建筑起重机械租期结束后，应当将定期检查、维护和保养记录移交出租单位。建筑起重机械租赁合同对建筑起重机械的检查、维护、保养另有约定的，从其约定。建筑起重机械在使用过程中需要附着顶升的，使用单位应当委托原安装单位或者具有相应资质的安装单位按照专项施工方案实施，验收合格后方可投入使用。禁止擅自在建筑起重机械上安装非原制造厂制造的标准节和附着装置。验收表中需要有实测数据的项目，如垂直度偏差、接地电阻等，必须附有相应的测试记录或报告。

验收单位、安装单位、使用单位负责人都在验收表中签字确认后，验收表才算正式有效。

塔式起重机使用必须有完整的运转记录，这些记录作为塔式起重机技术档案的一部分，应归档保存。每个台班都要如实做好设备的运转、交接签字和设备的维修保养记录。交接班记录要求有每个台班的设备运转情况记录，设备的维修记录要对维修设备的主要零配件更换情况进行记录。

塔式起重机在露天工作，环境恶劣，必须及时正确进行维护保养，使机械处于完好状态，高效安全地运行，避免和消除可能发生的故障，提高机械使用寿命。机械的保养应该做到：清洁、润滑、紧固、防腐。

塔式起重机的维护保养分日常保养、一级保养和二级保养：日常保养在班前班后进行，一级保养每工作1000小时进行一次，二级保养每工作3000小时进行一次。

标志牌挂设应整齐美观，具体要求如下。

① 操作规程牌：主要警示塔式起重机操作人员按规范操作。

② 验收合格牌：一定要标明塔式起重机验收的单位和时间。

③ 限载标志牌：标明塔式起重机的最大载荷量。

④ 安全警示牌：在塔式起重机下方悬挂“禁止攀登”“当心落物”等安全标志牌，提醒人们注意安全。

⑤ 定人定机责任牌：标明某台塔式起重机的责任人。

塔式起重机的安装与拆卸必须由取得建设行政主管部门颁发的《拆装许可证》的专业队伍进行，且安装人员必须有《安装资格证书》。塔式起重机安装完毕，必须由安装队长、塔式起重机司机、工地的技术、施工、安全等负责人进行量化验收签字。塔式起重机安装、加节好后，需经上级安全部门、设备部门会同安装单位和使用单位共同检查验收，符合要求后方能使用。塔式起重机的验收必须按《建筑机械使用安全技术规程》(JGJ 33—2012)和安装方案进行验收，即资料部分、结构部分、机械部分、塔机与输电线路距离、安全装置等。在安装、加节和拆卸方案中，较危险过程一定要有具体安全措施，如平臂与起重臂的平衡问题，顶升加节时禁止回转运行问题等。塔式起重机的安装、加节与拆卸是一项技术性很强的工作，必须按使用说明书和现场的具体情况制订详尽的技术方案。制订的方案必须由公司的施工技术负责人审批方可实施。作业时，必须严格按方案制订的程序进行。

安装验收应进行如下试验。

（1）技术检查。

检查安全装置及塔式起重机安装精度。在无载荷情况下，塔身与地面垂直度偏差不得超过 3‰。

(2) 空载试验。

按提升、回转、变幅、行走机构分别进行动作试验，并作提升、行走、回转联合动作试验。试验过程中碰撞各限位器，检验其灵敏度。

(3) 额定载荷试验。

吊臂在最小工作幅度，提升额定最大起重量，重物离地 20cm，保持 10 分钟，离地距离不变(此时力矩限制器应发出报警信号)。试验合格后，分别在最大、最小、中间工作幅度进行提升、行走、回转动作试验及联合动作试验。

进行以上试验时，应用经纬仪在塔式起重机的两个方向观测塔式起重机变形及恢复变形情况、观察试验过程中有无异常现象，如升温、漏油、油漆脱落等情况，进行记录、测定，最后确认合格才可以投入运行。

对试运转及验收参加人员和检测结果应有详细如实的记录，并由有关人员签字确认符合要求，报机械检测中心检测，取得合格证后方可投入使用。

10.4 塔式起重机安全管理一般项目

为保证建筑工程的塔式起重机的安全使用，施工企业除必须做好上述保证项目的安全保证工作外，在其他一般项目的安全管理方面也必须加以重视这些一般项目包括附着装置、基础与轨道、结构设施、电气安全等。

1. 附着装置

(1) 附着装置的使用要求如下。

① 附着在建筑物时其受力强度必须满足设计要求且必须使用塔式起重机生产厂家产品。

② 附着时应用经纬仪检查塔身垂直度，并进行调整。每道附着装置的撑杆布置方式、相互间隔以及附着装置的垂直距离应按照说明书规定。

③ 当由于工程的特殊性需改变附着杆的长度、角度时，应对附着装置的强度、刚度和稳定性进行验算，确保不低于原设计的安全度。

④ 轨道式起重机作附着式使用时，必须提高轨道基础的承载能力并切断行走机构的电源。

⑤ 一般塔式起重机的使用说明书都对附墙高度有明确规定，必须按规定严格执行。

(2) 附墙装置的安装应注意以下 6 个方面。

① 附墙杆与建筑物的夹角以 45°～60°为宜，至于采用哪种方式，要根据塔式起重机和建筑物的结构而定。

②附墙杆与建筑物连接必须牢固，保证起重作业中塔身不产生相对运动，在建筑物上打孔与附墙杆连接时，孔径应与连接螺栓的直径相称。分段拼接的各附着杆、各连接螺栓、销子必须安装齐全，各连接件的固定要符合要求。

③ 塔机的垂直度偏差，自由高度时为 3‰，安装附墙后为 1‰。

④ 当塔式起重机未超过允许的自由高度，而在地基承受力弱的场合或风力较大的地段施工，为避免塔机在弯矩作用下基础产生不均匀沉陷以及其他意外事故，必须提前安装

附着装置。

⑤ 因附墙杆只能受拉、受压，不能受弯，故其长度应能调整，一般调整范围为200mm为宜。

⑥ 塔机附墙的安装，必须在靠近现浇柱处。

2. 基础与轨道

必须掌握塔机混凝土基础底下的地质构造，不能有涵管、防空洞等。土质应达到设计规定的地耐力要求，否则应采取打基础桩等技术要求。

混凝土基础除要保证外形尺寸、混凝土级别、配筋设置达到要求外，特别要注意预埋地脚螺栓与钢筋、塔机地面定位之间的施工焊接工艺，尤其是对中碳钢制的地脚螺栓更应防止焊接缺陷和应力集中存在。

混凝土基础附近不能挖坑，否则必须打围护桩进行保护，以确保基础在塔式起重机使用过程中不移位、倾斜。

行走或塔式起重机路基要坚实、平整，枕木材质要合格，铺设要符合设计要求，道钉与接头螺栓的设置要符合规定。

3. 结构设施

主要结构件的变形、锈蚀应在允许范围内；平台、走道、梯子、护栏的设置应符合规范要求；高强螺栓、销轴、紧固件的紧固、连接应符合规范要求，高强螺栓应使用力矩扳手或专用工具紧固。

4. 电气安全

塔式起重机与外电线间要保证足够的安全操作距离，当小于安全距离时要有符合要求的防护措施。轨道要按现行行业标准《施工现场临时用电安全技术规范(附条文说明)》(JGJ 46—2005)做接地、接零保护。应有能确保使用功能的卷线器。

由于塔式起重机是金属结构体，因此塔式起重机的任何部位及被吊物边缘与架空线路安全距离都必须满足表10-1的要求。

表10-1 塔式起重机与输送电线的安全距离

位置	电压/kV				
	<1	1～15	20～40	60～110	220
沿垂直方向/m	1.5	3	4	5	6
沿水平方向/m	1	1.5	2	4	6

如果不符合要求，则必须采取保护措施，增加屏障、遮栏、围栏或防护网，悬挂醒目的警告标志牌。严禁塔式起重机设置在有外电线路的一侧。防护措施要根据施工现场的实际情况，按照施工现场临时用电的外电防护规范进行制定。

塔式起重机要有专用电箱，并由专用电缆供电。塔式起重机专用电箱至少应配置带熔断器的主隔离开关、具有短路及失压保护的空气自动开关、漏电保护器。

电缆线因重量大，长期悬挂时，电缆线机械性能将改变，从而影响供电的可靠性，故需固定。可采用瓷柱、瓷瓶等方式固定，禁止用金属裸线绑扎固定。电缆线拖地易被重物或车辆压坏，易被磨破皮，破坏其绝缘性，也易浸水，造成线路短路故障，接头破损后易造成现场工人触电事故。

起重臂距地面高度大于50m时，在塔顶与臂架头部应设避雷装置。避雷接地体的材料要采用角钢、钢管、圆钢，不允许采用螺纹钢。接地线与塔式起重机的连接可用螺栓连接或焊接，用螺栓连接时应有防锈、防腐蚀、防松动措施，以使接地可靠；接地线应采用钢筋，不能用铜丝或铝丝；避雷接地要有明显的测试点。

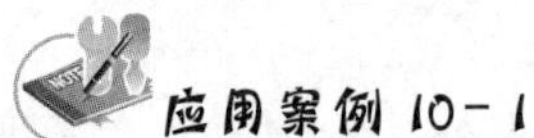
应用案例10-1

×省×市×大厦“12.24”塔式起重机倒塌事故分析

1. 事故概况

事故概况详见“案例引入”。

2. 事故原因

1）直接原因

（1）该塔式起重机型号为OT2—40c，×省第二建筑机械厂制造，有生产许可证和检验合格证。×市×建筑公司于1998年购进，先后搬家3次，除第一次安装使用了原厂基础节外，其余两次均使用施工单位自制的基础节。调查表明，施工单位自制的基础节无论构造形式还是钢材的用料都与原设计相差较大，严重违反了《塔式起重机技术条件》(GB/T 5031—2008)中4.3.5条“承受交变载荷(应力循环特征$x<0$)时，主要承受压弯载荷的结构不许结料”的规定及4.3.10条“材料代用必须保证不降低原设计计算强度、刚度、稳定性、疲劳性，不影响原设计规定的性能和功能要求”的规定，为事故发生埋下了隐患。

（2）该塔式起重机在使用过程中严重违反了《建筑机械使用安全技术规程》(JGJ 33—2012)中4.1.12条“严禁使用起重机进行斜拉、斜吊和起吊地下埋设或凝固在地面上的重物以及其他不明重量的物体”的规定，曾使用塔式起重机吊拔降水井套管，并将吊环拉断，使塔式起重机承受了极大的破坏力，塔身产生极大振幅，使本来就达不到设计要求的基础节角钢造成损伤，再加上长期起吊荷载承受反复拉压作用，在损伤处引起应力集中，进一步加重损伤，最后导致塔式起重机倾倒。经对事故调查中取样的科学检测证明，事故发生前塔式起重机基础节弦杆已断裂截面占91.6%，只有8.4%的截面被此次倾倒时拉断。

事实证明，违章作业是这起事故的直接原因。

2）间接原因

塔式起重机安装由该工程项目部委托给由王某等6人临时组合的、不具备塔式起重机拆装资格的塔式起重机拆装队伍，王某通过个人关系取得×省×建公司的“塔式起重机拆装许可证”正本复印件，承接了该项安装任务，安装方案经×省×建公司批准。

由于该塔式起重机安装的非法委托和违规安装，未能发现和清除事故隐患，是此次事故的间接原因。

3. 事故责任划分及处理情况

（1）×市×建筑公司在该工程施工中，违反《建筑法》第五章规定和《塔式起重机技术条件》《建筑机械使用安全技术规程》的相关规定，自制塔式起重机基础节，非法安装塔式起重机并未按规定组织自检，严重违章作业，安全管理混乱，应负事故的主要责任。决定降低企业资质一级，依法追究法人代表和分管领导的责任；吊销该工程项目经理的二级项目经理资质，建议依法追究其刑事责任。建议撤销该工地安全员的职务，调回原工人岗位。

(2) ×市×房地产开发有限责任公司未依法组织工程招标，私自确定施工队伍，未取得《规划许可证》和《施工许可证》，擅自开工建设，严重违反了《建筑法》第六十四条规定，决定降低资质一级，并决定依法对该公司给予经济处罚，对公司法人代表给予行政处罚，该工程停工整顿，重新办理有关手续，重新组织工程施工招标，待取得《施工许可证》、完善工程施工安全条件后，再行施工。

(3) 解散王某等6人非法安装队伍，没收违法所得，解除当事人劳动合同。建议将王某移交司法机关依法处理。

(4) ×省×建公司内部管理不善，给予全省通报批评，对机械吊装队队长行政撤职处分。

(5) 对×市建设局在全省范围内通报批评；责成×市建设局向×市政府作出书面检查，并对所属其他相关责任人员进行处理。

(6) 给予×省工程运输机械质量监督检验站塔式起重机主检人员、审核人员、检验站副站长行政记大过处分。

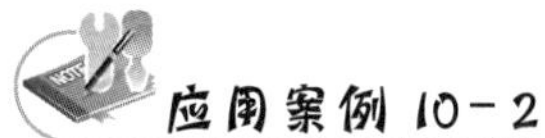

钢丝绳断裂致使塔臂坠落事故

1. 事故概况

2004年×月×日，×建筑安装工程公司一项目部在某综合楼工地拆卸塔式起重机过程中，因租用的起重机钢丝绳断裂，致使塔臂坠落，造成5人死亡2人受伤。

2. 事故原因分析

事故发生的主要原因：一是该施工单位在未取得《塔式起重机拆卸许可证》、吊车司机未取得《特种作业人员操作上岗证》的情况下，违规、违章操作；二是施工单位现场指挥人员违章指挥；三是在拆卸塔式起重机过程中，捆绑塔臂的钢丝绳断裂。

3. 事故教训

这是一起在塔式起重机拆卸过程中无证操作、违章指挥、使用不合格索具引发的塔臂坠落致人伤亡事故。从事故中应吸取以下教训。

(1) 从事起重机械安装、拆卸施工，必须由取得起重机械安装许可的单位进行。因为只有取得许可的单位才能在人员、技术、设备等资源和能力上有可靠保证，从而保障起重机械安装、拆卸的安全施工。

(2) 参与起重机械安装、拆卸、操作的人员必须经专业培训和考核，取得地、市级以上质量技术监督行政部门颁发的特种设备作业人员资格证书后，方可从事相应工作。否则，由于缺乏必要的知识、技能和经验，很容易发生违章指挥和违章操作，产生人为事故。

(3) 在起重机械作业中，无论是起重机本身的拉索、钢丝绳还是吊装用的索具等，都应进行认真的检查，确认满足安全使用要求后，方可用于吊装作业。本次事故正是由于使用了租来的未经检验、检查合格的钢丝绳而发生的。

4. 预防措施

(1) 起重机械的安装、拆卸，必须由依照国家有关法规取得许可的单位进行。在本单位不具备相应资质的情况下，应委托有资质的单位进行，且不可违章作业。

(2) 起重机械的操作、安拆、维修、检测人员及其相关管理人员，应当按照国家有关规定，经特种设备安全监督管理部门考核合格，取得国家统一格式的特种作业人员证书，方可从事相应的作业或者管理工作。杜绝无证上岗和违章操作、违章指挥现象。

(3) 吊装作业中需使用钢丝绳等索具时，应由有关技术人员根据吊装载荷情况对索具的破断拉力等进行计算和校核，确定所使用钢丝绳的规格，并在作业指导书中予以明确。在吊装作业前，无论采用何种方式取得钢丝绳，都必须认真检查钢丝绳的合格证或试验证明，以保证其机械性能、规格符合吊装作业指导书要求。

5. 违反何种标准、规定、规程及其条款

本事故是由于违反如下条款而造成的。

1)《特种设备安全监察条例》(国务院令第 373 号)

第十七条　起重机械的安装、改造、维修，必须由依照本条例取得许可的单位进行。

第三十九条　起重机械的作业人员及其相关管理人员，应当按照国家有关规定经特种设备安全监督管理部门考核合格，取得国家统一格式的特种作业人员证书，方可从事相应的作业或者管理工作。

2)《特种设备质量监督与安全监察规定》(国家质量技术监督局令第 13 号)

第十一条　特种设备安装、维修保养、改造单位必须对特种设备安装、维修保养、改造的质量和安全技术性能负责。安装、维修保养、改造单位必须具备相应的条件，向所在地省级特种设备安全监察机构或者其授权的特种设备安全监察机构申请资格认可，取得资格证书后，方可承担认可项目的业务。

第十九条　特种设备作业人员(指特种设备安装、维修保养、操作等作业的人员)必须经专业培训和考核，取得地、市级以上质量技术监督行政部门颁发的特种设备作业人员资格证书后，方可从事相应工作。

3)《中华人民共和国国家标准——起重机械安全规程》(GB 6067.1—2010)

5.2.3.1　起重机的操作，只应由下述人员进行：a. 经考试合格的司机；……

2.2.10　钢丝绳的维护：……f. 领取钢丝绳时，必须检查该钢丝绳的合格证，以保证机械性能、规格符合设计要求；g. 对日常使用的钢丝绳每天都应进行检查，包括对端部的固定连接、平衡滑轮处的检查，并作出安全性的判断。

5.1.2.1　有下述情况之一时，不应进行操作：……b. 结构或零部件有影响安全工作的缺陷或损伤。如制动器、安全装置失灵，吊钩螺母防松装置损坏，钢丝绳损伤达到报废标准等。

4)《中华人民共和国电力行业标准——电力建设安全工作规程(火力发电厂部分)》(DL 5009.1—2002)

10.3.1　起重机的操作人员应经专业技术培训，并经实际操作及有关安全规程考试合格、取得合格证后方可独立操作。

10.3.5 起重机安全操作的一般要求：(4)应对制动器、吊钩、钢丝绳以及安全装置等进行检查并做必要的试验。如有异常，应在作业前排除。

10.4.1 起重机的指挥人员必须经有关部门按《起重吊运指挥信号》(GB 5082—1985)的规定进行安全技术培训，并经考试合格、取得合格证方后可上岗指挥。

特别提示

建筑工程的塔式起重机的安全检查，应以《建筑施工安全检查标准》(JGJ 59—2011)中“表B.17塔式起重机检查评分表”为依据(表10-2)。

表10-2 塔式起重机检查评分表

序号	检查项目		扣分标准	应得分数	扣减分数	实得分数
1	保证项目	荷载限制装置	未安装起重量限制器或不灵敏，扣10分 未安装力矩限制器或不灵敏，扣10分	10		
2		行程限位装置	未安装起升高度限位器或不灵敏，扣10分 起升高度限位器的安全越程不符合规范要求，扣6分 未安装幅度限位器或不灵敏，扣10分 回转不设集电器的塔式起重机未安装回转限位器或不灵敏，扣6分 行走式塔式起重机未安装行走限位器或不灵敏，扣10分	10		
3		保护装置	小车变幅的塔式起重机未安装断绳保护及断轴保护装置，扣8分 行走及小车变幅的轨道行程末端未安装缓冲器及止挡装置或不符合规范要求，扣4～8分 起重臂根部绞点高度大于50m的塔式起重机未安装风速仪或不灵敏，扣4分 塔式起重机顶部高度大于30m且高于周围建筑物未安装障碍指示灯，扣4分	10		
4		吊钩、滑轮、卷筒与钢丝绳	吊钩未安装钢丝绳防脱钩装置或不符合规范要求，扣10分 吊钩磨损、变形达到报废标准，扣10分 滑轮、卷筒未安装钢丝绳防脱装置或不符合规范要求，扣4分 滑轮及卷筒磨损达到报废标准，扣10分 钢丝绳磨损、变形、锈蚀达到报废标准，扣10分 钢丝绳的规格、固定、缠绕不符合说明书及规范要求，扣5～10分	10		
5		多塔作业	多塔作业未制订专项施工方案或施工方案未经审批，扣10分 任意两台塔式起重机之间的最小架设距离不符合规范要求，扣10分	10		

续表

序号	检查项目		扣分标准	应得分数	扣减分数	实得分数
6	保证项目	安拆、验收与使用	安装、拆卸单位未取得专业承包资质和安全生产许可证，扣10分 未制订安装、拆卸专项方案，扣10分 方案未经审核、审批，扣10分 未履行验收程序或验收表未经责任人签字，扣5～10分 安装、拆除人员及司机、指挥未持证上岗，扣10分 塔式起重机作业前未按规定进行例行检查，未填写检查记录，扣4分 实行多班作业未按规定填写交接班记录，扣3分	10		
	小计			60		
7	一般项目	附着装置	塔式起重机高度超过规定未安装附着装置，扣10分 附着装置水平距离不满足说明书要求未进行设计计算和审批，扣8分 安装内爬式塔式起重机的建筑承载结构未进行承载力验算，扣8分 附着装置安装不符合说明书及规范要求，扣5～10分 附着前和附着后塔身垂直度不符合规范要求，扣10分	10		
8		基础与轨道	塔式起重机基础未按说明书及有关规定设计、检测、验收，扣5～10分 基础未设置排水措施，扣4分 路基箱或枕木铺设不符合说明书及规范要求，扣6分 轨道铺设不符合说明书及规范要求，扣6分	10		
9		结构设施	主要结构件的变形、锈蚀不符合规范要求，扣10分 平台、走道、梯子、护栏的设置不符合规范要求，扣4~8分 高强螺栓、销轴、紧固件的紧固、连接不符合规范要求，扣5～10分	10		
10		电气安全	未采用TN－S接零保护系统供电，扣10分 塔式起重机与架空线路安全距离不符合规范要求，未采取防护措施，扣10分 防护措施不符合规范要求，扣5分 未安装避雷接地装置，扣10分 避雷接地装置不符合规范要求，扣5分 电缆使用及固定不符合规范要求，扣5分	10		
	小计			40		
	检查项目合计			100		

小结

本项目重点讲授了如下 4 个模块。

(1) 塔式起重机的施工方案。

(2) 塔式起重机安全使用过程中应重点实施和检查的保证项目，包括荷载限制装置、行程限位装置、保护装置、吊钩、滑轮、卷筒与钢丝绳、多塔作业、安拆、验收与使用等方面的安全知识和技能。

(3) 塔式起重机安全使用过程中应常规实施和检查的一般项目，包括附着装置、基础与轨道、结构设施、电气安全等方面的安全知识和技能。

(4) 塔式起重机使用安全事故案例的分析、处理与预防。

通过本项目的学习，学生应学会如何在塔式起重机使用过程中的各个环节采取安全措施，并进行检查，以确保使用过程的安全。

习题

1. 塔式起重机的分类有哪些?
2. 塔式起重机的组成有哪些?
3. 塔式起重机限位器有哪些类型?
4. 塔式起重机附着装置的安装应注意哪些方面?
5. 什么情况下的建筑起重机械不得出租、使用?
6. 建筑起重机械安全技术档案应当包括哪些资料?

项目11 起重吊装安全管理

教学目标

掌握起重吊装施工过程中安全保障的保证项目：施工方案、起重机械、钢丝绳与地锚、索具、作业环境、作业人员等方面的安全知识和技能，熟悉起重吊装施工中安全保障的一般项目：起重吊装、高处作业、构件码放、警戒监护等方面的安全知识和技能。通过本项目的学习，学生应具备基本的预防、分析、处理起重吊装施工中安全问题和事故的知识与技能。

教学步骤

目　标	内　容	权重
知识点	1. 保证项目：施工方案、起重机械、钢丝绳与地锚、索具、作业环境、作业人员等方面的安全概念、注意事项、解决方法和措施 2. 一般项目：起重吊装、高处作业、构件码放、警戒监护等方面的安全概念、注意事项、解决方法和措施	35%
技能	针对上述知识点创设相关实训场景以培养学生思考和动手解决实际问题的能力	35%
分析案例	实际工程起重吊装施工中的安全事故分析处理和经验教训	30%

章节导读

1. 起重吊装的概念

起重吊装是指建筑工程中，采用相应的机械和设施来完成结构吊装和设备吊装，其作业属高处危险作业，作业条件多变，施工技术也比较复杂。

2. 起重吊装的危险性

起重吊装施工过程中的危险主要在于被吊装物的碰撞和坠落，此类情况一旦发生，将造成巨大的人身伤害和经济损失，并产生十分恶劣的社会影响。

3. 起重吊装施工现场

起重吊装施工现场如图11.1～图11.3所示。

图11.1 起重吊装施工现场(一)

图11.2 起重吊装施工现场(二)

图11.3 起重吊装施工现场(三)

案例引入

起重机吊装过程中发生倒塌，致36人死

2000年9月，沪东中华造船(集团)有限公司(甲方，以下简称“沪东厂”)与作为承接方的上海电力建筑工程公司(乙方，以下简称“电建公司”)、上海建设机器人工程技术研究中心(丙方，以下简称“机器人中心”)、上海东新科技发展有限公司(丁方，属沪东厂三产公司)签订了600t×170m龙门起重机结构吊装合同书。合同中规定：甲方负责提供设计图纸、参数、现场地形及当地气象等资料。乙方负责吊装、安全、技术、质量等工作；配备和安装起重吊装所需的设备、工具(液压提升设备除外)；指挥、操作、实施起重机吊装全过程中的起重、装配、焊接等工作。丙方负责液压提升设备的配备、布置；操作、实施液压提升工作。丁方负责与甲方协调，为乙方、丙方的施工提供便利条件等。

2001年4月，电建公司通过包工头陈某与上海大力神建筑工程有限公司(以下简称“大力神公司”)以包清工的承包方式签订了劳务合同。该合同虽然以大力神公司名义签约，但实际上，此项业务由陈某(江苏溧阳市人，非大力神公司雇员，也不具有法人资格)承包，陈某招用了25名现场操作工人参加吊装工程。

2001年7月17日上午8时许，在沪东中华造船(集团)有限公司的船坞工地，由上海电力建筑工程公司等单位承接安装的600t×170m龙门起重机在吊装主梁过程中发生倒塌事故，造成36人死亡，3人受伤，直接经济损失达8000多万元。

【案例思考】

针对上述案例，试分析该事故发生的原因，事故的责任划分，应该吸收哪些经验教训？

11.1 起重机械

1. 起重机械的种类

起重机械的种类很多，大致可分为三大类。

(1) 第一类为轻、小型起重设备，包括千斤顶、滑车、起重葫芦和卷扬机等。

(2) 第二类为起重机，包括各种桥架式起重机、缆索式起重机、桅杆式起重机、汽车(轮胎)式起重机、履带式起重机和塔式起重机等。

(3) 第三类为升降机，包括简易升降机、井架提升机和施工电梯等。

2. 起重机械的工作特点

虽然起重机械种类很多，各自的结构、功能特点也是千差万别，但从作业安全的角度分析，大致可归纳为以下五个方面的特点。

(1) 吊运载荷经常变化。

任何一台起重机械其实际载荷，在额定起重量范围内是经常变化的，运吊物体的形状也是多变的。这种多变化性，使吊运过程更趋复杂，不安全因素增多。

(2) 吊运动作无规则。

吊钩的运动轨迹在整个作业面内任意变化，在现场内的工作人员都有可能受到吊物的撞击；吊钩的运动速度变化范围也较大，而且起动、制动频繁，对设备易造成动载冲击，使重物摆动。

(3) 运行轨迹复杂。

通常起重机具有多个运动方向，而且往往需要多个方向的运动同时进行，因而要求驾驶员操作技术高，动作协调好。稍有不慎，就会造成设备损毁、人员伤亡的事故。

(4) 结构庞大。

如塔式起重机幅度在90m左右，起重高度可达160m。这样大的结构，难于运转灵活，而且驾驶员离运动着的吊物较远，不易控制，凭经验因素增多，造成事故的概率较高。

(5) 外部环境复杂。

塔式起重机和汽车式起重机等臂架型起重机作业时，可能会与周围的建筑物或空中架设的高压输电线路及通信线路等碰触。起重机行走及吊物运行时，都有可能碰到地面上的障碍物。另外，露天作业的起重机随时都有遭遇大风袭击的危险。这些不利的外部环境，都会对起重作业安全构成严重威胁。

3. 起重机械的一般安全规定

起重机械的一般安全规定大致有以下八条。

(1) 作业前，必须对工作现场周围环境、行驶道路、架空电线，建筑物，以及构件重量和分布等情况进行全面了解并采取对应安全保护措施。作业时，应有足够的工作场地，起重臂杆起落及回转半径内无障碍物。

（2）操作人员在进行起重机回转、变幅、行走和吊钩升降等动作前，应鸣声示意。操作时应严格执行指挥人员的信号命令。

（3）遇到六级以上大风或大雨、大雪、大雾等恶劣天气时，应停止起重机露天作业。起重机在雨雪天气作业时，应先经过试吊，确认制动器灵敏可靠后方可进行作业。

（4）起重机的变幅指示器、力矩限制器和各种行程限位开关安全保护装置，必须齐全完整、灵敏可靠，不得随意调整和拆除。

（5）起重机作业时，重物下方不得有人停留或通过。严禁用非载人起重机载运人员。

（6）起重机械必须按规定的起重性能作业，不得超载和起吊不明重量的物件。在特殊情况下需超载荷使用时，必须有保证安全的技术措施，严禁使用起重机进行斜拉、斜吊和起吊地下埋设或凝结在地面上的重物。

（7）起重机在起吊满载或接近满载时，应先将重物吊起离地面 20～50cm 停止提升并检查起重机的稳定性、制动器的可靠性、重物的平稳性、绑扎的牢固性。确认无误后方可再行提升。

（8）起重机使用的钢丝绳，其结构形式、规格、强度必须符合该型起重机的要求。并要有制造厂的技术证明文件作为依据。每班作业前，应对钢丝绳所有可见部分以及钢丝绳的连接部位进行检查。

11.2 起重吊装安全管理保证项目

为保证建筑工程的起重吊装的施工安全，施工企业必须做好施工方案的编制与审批、起重机械的安全使用规定、钢丝绳与地锚的安全使用规定、索具设置、作业环境、作业人员操作规定等安全保证工作。

1. 施工方案

起重吊装包括结构吊装和设备吊装，其作业属高处危险作业，作业条件多变，施工技术也比较复杂，施工前应编制专项施工方案，其内容应包括现场环境、工程概况、施工工艺、起重机械的选择依据、起重扒杆的设计计算、地锚设计、钢丝绳及索具的设计选用、地耐力及道路的要求、构件堆放就位图以及吊装过程中的各种防护措施等。

专项施工方案必须针对工程状况和现场实际，具有指导性，并经上级技术部门审批确认符合要求。

专项安全施工方案的主要内容包括以下五项。

（1）现场勘测。

现场勘测包括作业的对象、施工现场的地形地貌、作业场地的周边环境、场内道路及作业场地起重机械行驶道路的承载能力等。

（2）起重吊装作业的设计和计算。

起重吊装作业的设计和计算包括起重吊装的方式，起重吊装机械设备的选用，场内道路及作业场地起重机械行驶道路的设计和计算，起重扒杆的设计和计算、有关材料的材质、规格、尺寸、制作的要求，有关起重吊装作业的作业顺序，作业时的联络方式，高处作业及悬空作业的防护等。

(3) 起重吊装机械设备的安装和拆除。

起重吊装机械设备的安装和拆除包括起重吊装机械设备安装和拆除的工作顺序，安装作业时应遵守的有关标准，安装的质量要求、验收方法及标准等。

(4) 起重吊装作业的安全技术措施。

起重吊装作业的安全技术措施包括起重吊装作业人员的资格；作业人员的技术等级是否与所从事的作业相适应，与作业内容有关的技术和安全专项培训教育是否符合要求；作业的指挥和起重信号的规定；高处作业及悬空作业的防护措施；作业通道的设置和登高工具的配置；作业区域的管制措施、安全标志；起重机械、设备的安全使用措施；起重吊装的安全技术规程和规定；安全用电问题；突发性天气影响的应对措施等。

(5) 有关的施工图纸。

施工图纸包括起重吊装作业的施工平面图、立面图，有关防护设施的平面图、立面图，使用扒杆进行起重作业的设计、制作及细部构造的大样图等。

2. 起重机械

起重机械包括起重机与起重扒杆两种。

1) 起重机

起重机应有超载、变幅和力矩限制器，吊钩要有保险装置。应根据工程特点选用不同的起重设备，起重机要取得当地建筑安全管理部门核发的准用证或备案证，经技术部门、安全部门、机械部门验收合格后，方准使用。

2) 起重扒杆

起重扒杆的选用应符合作业工艺要求，扒杆的规格、尺寸应通过设计计算确定，其设计计算应按照有关规范标准进行并经上级技术部门审批。

扒杆选用的材料、截面以及组装形式必须按设计图纸要求进行，组装后应经有关部门检验确认符合要求。

扒杆与钢丝绳、滑轮、卷扬机等组合后，应先经试吊确认。可按 1.2 倍额定荷载吊离地面 200～500mm，使各缆风绳就位，起升钢丝绳并逐渐绷紧，确认滑车及钢丝绳受力良好，轻轻晃动吊物，检查扒杆、地锚及缆风绳情况，确认符合设计要求。

3. 钢丝绳与地锚

钢丝绳与地锚的使用应满足以下要求。

(1) 吊装用的钢丝绳、锁具、吊具都应符合标准，损坏程度超过报废标准的应及时更换，地锚的埋设要符合设计要求。

(2) 钢丝绳断丝数在一个节距中超过 10%、钢丝绳锈蚀或表面磨损达 40%以上及有死弯、绳芯挤出时，应报废停止使用。断丝或磨损小于报废标准的应按比例折减承载能力。钢丝绳应按起重方式确认安全系数：人力驱动时，$K=4.5$；机械驱动时，$K=5\sim6$。

(3) 扒杆滑轮及地面导向滑轮的选用应与钢丝绳的直径相适应，其直径比值不应小于 15，各组滑轮必须用钢丝绳牢靠固定，滑轮出现翼缘破损等缺陷时应及时更换。

(4) 缆风绳应使用钢丝绳，其安全系数 $K=3.5$，规格应符合施工方案要求，缆风绳应与地锚牢固连接。

(5) 地锚的埋设作法应经计算确定，地锚的位置及埋深应符合施工方案要求并适应扒杆作业时的实际角度。当移动扒杆时，也必须使用经过设计计算的正式地锚，不准随意拴在电杆、树木和构件上。地锚的施工是在地上挖1m见方、深为1.5m的坑，用两根直径12～15cm且长度不大于1m的硬木作十字绑扎，套入钢筋环内，埋入坑中，回填土分层夯实，钢筋环露出地面20cm并与缆风绳连接，荷载大的缆风绳可以设双地锚，两个地锚一前一后相距1m。

4. 索具

索具采用编结连接时，编结长度不应小于15倍的绳径，且应不小于300mm；当索具采用绳夹连接时，绳夹的规格应与钢丝绳相匹配，绳夹数量、夹间距应符合规范要求；索具安全系数应符合规范要求；吊索规格应互相匹配，机械性能符合设计要求。

5. 作业环境

起重机行走作业处地面承载能力应符合说明书要求，且必须采用有效加固措施；起重机与架空线路安全距离应符合规范要求。

6. 作业人员

起重机司机属特种作业人员，应经正式培训考核并取得合格证书。合格证书或培训内容必须与司机所驾驶起重机类型相符。汽车吊、轮胎吊必须由起重机司机驾驶，严禁同车的汽车司机与起重机司机相互替代(司机持有两种证的除外)。起重机的信号指挥人员应经正式培训考核并取得合格证书，其信号操作应符合国家标准GB 5052—1985《起重吊运指挥信号》的规定。起重机在地面而吊装作业在高处时，必须专门设置信号传递人员，以确保司机能清晰准确地看到和听到指挥信号。

11.3 起重吊装安全管理一般项目

为保证建筑工程的起重吊装的施工安全，施工企业除必须做好上述保证项目的安全保证工作外，在其他一般项目的安全管理方面也必须加以重视，这些一般项目包括起重吊装规范、高处作业规范、构件码放规定、警戒监护等。

1. 起重吊装

建筑行业中的起重作业涉及面广、施工环境复杂，群体、多层、立体作业几率高，施工危险性较大，稍有不慎，就会造成事故。在建筑行业历年的事故中，起重伤害占相当大的比例。

起重作业中安全方面需注意的问题如下所示。

(1) 起重机司机应对施工作业中所起吊重物的重量确认清楚，并有交底记录。

(2) 司机必须熟知该机车起吊高度、幅度情况下的实际起吊重量，正确使用机车中各装置，熟悉操作规程，做到不超载作业。

① 作业面平整坚实。支脚全部伸出、垫牢，机车平稳不倾斜。

② 不准斜拉、斜吊。重物启动上升时应逐渐缓慢进行，不得突然起吊而形成超载。

③ 不得起吊埋于地下和粘在地面或其他物体上的重物。

④ 多机台共同工作时，必须随时掌握各起重机起升的同步性，单机负荷不得超过该机额定起重量的80%。

(3) 起重机首次起吊或重物重量变换后首次起吊时，应先将重物吊离地面200～300mm后停住，检查起重机的工作状态，在确认起重机稳定、制动可靠、重物吊挂平衡牢固后，方可继续起升。

(4) 安全站位。在起重作业中，有些位置十分危险，如吊杆下、吊物下、被吊物起吊前区、导向滑轮钢绳三角区、快绳周围、斜拉的吊钩及导向滑轮受力方向等，如果处在这些位置，一旦发生危险极不易躲开，所以，起重作业人员的站位非常重要，不但自己要时刻注意，还需要互相提醒、检查落实，以防不测。

(5) 吊索具安全系数小。起重作业中，对吊索具安全系数理解错误，在选用时往往以不断为使用依据，致使超重作业，总是处在危险状态。

(6) 拆除作业时缺乏预见因素。由于种种原因，如物件估重不准、切割不彻底、拽拉物多、拆除件受挤压增加荷重、连接部位未被发现而强行起吊等，造成吊车、吊索具骤加荷重冲击而导致意外。

(7) 误操作。起重作业涉及面大，经常使用不同单位、不同类型的吊车，吊车日常操作习惯不同，性能不同，再加上指挥信号的差异影响，容易发生误操作等事故。

(8) 绑扎不牢。高空吊装拆除时，对被吊物未采取“锁”的措施，而用“兜”的方法；对被吊物的尖锐棱角未采取“垫”的措施；成束材料垂直吊送时捆缚不牢，致使吊物在空中一旦颤动、受刮碰即失稳坠落或“抽签”。

(9) 滚筒缠绳不紧。大件吊装拆除时，吊车或机动卷扬机滚筒上缠绕的钢绳排列较松，致使受大负荷的快绳勒进绳束，造成快绳剧烈抖动，极易失稳，结果经常出现继续作业危险、停又停不下来的尴尬局面。

(10) 临时吊鼻焊接不牢。

① 临时吊鼻焊接强度不够。由于焊接母材表面锈蚀，施焊前清除锈斑不彻底，造成焊肉外表美观丰实，而实际焊肉与母材根本没有熔解在一起，载荷增加或受到冲击时便发生断裂。

② 吊鼻受力方向单一。在吊立或放倒长柱形物体时，随着物体角度的变化，吊鼻的受力方向也在改变，而这种情况在设计与焊接吊鼻中考虑不足，致使有缺陷的吊鼻在起重作业中突然发生折断(掰断)。为防止这类情况，需要事先在吊鼻两侧焊接立板，立板的大小、厚度应由技术人员设计。

③ 吊鼻焊接材料与母材不符及非正式焊工焊接。

(11) 吊装工具或吊点选择不当。设立吊装工具或借助管道、结构等作吊点来吊物缺乏理论计算，靠经验估算的吊装工具或管道、结构承载力不够或局部承载力不够，一处失稳，导致整体坍塌。

(12) 滑轮、绳索选用不合理。设立起重工具时，对因快绳夹角变化而导致滑轮和拴滑轮的绳索受力变化的认识不足，导向滑轮吨位选择过小，拴滑轮的绳索选择过细，受力过载后造成绳断轮飞。

(13) 无载荷吊索具意外兜挂物体。起重工作已经结束后，当吊钩带着空绳索具运行时，自由状态下的吊索具挂拉住已摘钩的被吊物或其他物体，操作的司机或指挥人员如反应不及时，瞬间事故便发生了。

(14) 起重吊装施工方案与实际作业脱节。其主要表现为施工方案内容不全、缺乏必要的数据或施工方法与实际操作情况不符，使施工方案变为应付上级检查过关的挡箭牌，没有起到指导施工的作用。

(15) 空中悬吊物较长时间没有加封安全保险绳。如果没有安全保险绳，一旦受到意外震动、冲击等伤害，将造成悬吊物坠落的严重后果。

(16) 工序交接不清或多单位施工工序平衡有漏洞。有的结构或平台上，一班拆除但下班交接不清楚；如张三搭的棚子能否上人，王五不知道；甲单位切断了平台梁而乙单位继续往平台上放重物，以致造成临时支撑过载，结果是问题发生了，还不知道是怎么回事。

(17) 施工进度确认不够。吊车站位没有进行地下咨询，作业前对吊运物重量确认不准，周围环境中的高压线路、运转设备、煤气管道泄漏点等隐患及业主单位的安全警示标志没有及时发现而吃大亏。

(18) 使用带有“毛病”的吊具。有些人为了省事，找根绳扣就用，殊不知这是别人扔的报废的绳扣，有的受过内伤，有的局部退过火，还有的让电焊打过，而这些毛病和问题是不容易检查出来的；还有些人贪图便宜，购买非正式厂家生产的滑轮、吊环等不合格吊具，使工人作业时提心吊胆。为了确保施工安全，请不要用别人扔的绳扣，对损坏报废的绳扣应及时切断，防止他人误用，不要购买非正式厂家生产的吊具。

(19) 将麻绳当作安全绳。因为麻绳的承载性能远远不及钢绳，而且麻绳在日常保管及使用中极易遭受损害而降低抗拉力。所以，使用麻绳作安全绳起不到安全作用，容易造成事故。

(20) 未设警示区。大件吊装及高空作业下方的危险区域未及时拉设安全警示区和安排安全监护人，导致他人不明情况进入危险区域而发生事故。

(21) 吊车长臂杆吊重物时对“刹杆”考虑不周。吊车长臂杆起吊重物时，由于吊车臂杆受力下“刹”，杆头与重物重心垂直线改变，如果起杆调整不准，将造成被吊重物瞬间移位，再加上作业人员考虑不周，没采取回避措施(特别是在空中)，就可能引发事故。

(22) 两车翻转一件物品时计重不准。由于翻转中重心在变换，如果计算不准，特别容易导致其中一台吊车过载失稳而发生问题，需要特别引起施工及技术人员的重视。

(23) 危险区域作业未采取必要的防范措施。如在天车梁上作业，事先与天车司机联系确认不够或因天车司机忙中出错而误操作、未挂警示旗、警示灯、未设车挡，致使天车突然出现，施工人员躲避不及而发生意外。

(24) 对气候影响考虑不足。露天未安装完的龙门吊等起重设备未采取可靠的封固措施，使用中暂停的塔式起重机吊钩未升到安全位置或锚封在较轻的重物上等，一阵风刮来便可能造成事故，有时突然出现阵风、暴雨使电源短路，想抬钩都来不及。刮风时大件吊装必须要考虑风载对吊车的影响因素，有危险或风力超过安全规定时不要作业。

综上所述，起重作业涉及施工组织、作业设计、方案制订、机具选择、人员操作技巧、施工经验、协作互保、多工种配合、环境特点及气候因素等方面，因此，要做好起重作业中的安全工作，对施工管理到人员操作等各方面都要予以高度重视，严格按科学办事。

2. 高处作业

起重吊装在高处作业时，应按规定设置安全措施防止高处坠落，包括各洞口盖严盖牢，临边作业应搭设防护栏杆、封挂密目网等。结构吊装时，可设置移动式节间安全平网，随节间吊装，平网可平移到下一节间，以防护节间高处作业人员的安全。高处作业规范规定："屋架吊装以前，应预先在下弦挂设安全网，吊装完毕后，即将安全网铺设固定。"

吊装作业人员在高处移动和作业时，必须系安全带。独立悬空作业人员除有安全网的防护外，还应以安全带作为防护措施的补充。例如在屋架安装过程中，屋架的上弦不允许作业人员行走，当走下弦时，必须将安全带系牢在屋架上的脚手杆上(这些脚手杆是在屋架吊装之前临时绑扎的)；在行车梁安装过程中，作业人员从行车梁上行走时，其一侧护栏可采用钢索，作业人员将安全带扣牢在钢索上随人员滑行，确保作业人员的移动安全。

作业人员上下应有专用爬梯或斜道，不允许攀爬脚手架或建筑物上下。对爬梯的制作和设置应符合《高处作业规范》中"攀爬作业"的有关规定。

3. 构件码放

构件堆放应平稳，底部按设计位置设置垫木。楼板堆放高度一般不应超过 1.6m。

构件多层叠放时，柱子不超过两层，梁不超过 3 层，大型屋面板、多孔板 6～8 层，钢屋架不超过 3 层。各层的支撑垫木应在同一垂直线上，各堆放构件之间应留不小于 0.7m 宽的通道。

重心较高的构件(如屋架、大梁等)，除在底部设垫木外，还应在两侧加设支撑，或将几榀大梁以方木、铁丝将其连成一体，提高其稳定性，侧向支撑沿梁长度方向不得少于三道。墙板堆放架应经设计计算确定，并确保地面抗倾覆要求。

4. 警戒监护

起重吊装作业前，应根据施工组织设计要求划定危险作业区域，设置醒目的警示标志，防止无关人员进入。

除设置标志外，还应视现场作业环境专门设置监护人员，防止高处作业或交叉作业时造成的落物伤人事故。

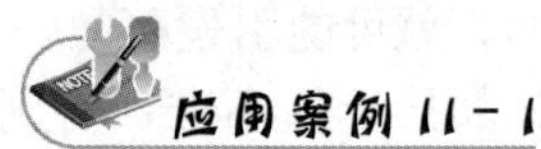
应用案例 11-1

起重机吊装过程中发生倒塌，致 36 人死亡

1. 事故概况

事故概况详见"案例引入"。

2. 事故原因分析

1) 直接原因

在吊装主梁过程中，由于违规指挥、操作，在未采取任何安全保障措施的情况下，放松了内侧缆风绳，致使刚性腿向外侧倾倒，并依次拉动主梁、塔架向同一侧倾坠、垮塌。

刚性腿在缆风绳调整过程中受力失衡是事故的直接原因。

2) 主要原因

电建公司第三分公司的施工现场指挥张某在发生主梁上小车碰到缆风绳而需要更改施工方案时，违反吊装工程方案中关于"在施工过程中，任何人不得随意改变施工方案的作业要求。如有特殊情况须进行调整，必须通过一定的程序以保证整个施工过程安全"的规定，未按程序编制修改书面作业指令和逐级报批，在未采取任何安全保障措施的情况下，下令放松刚性腿内侧的两根缆风绳，导致事故发生。

施工作业中违规指挥是事故的主要原因。

3）重要原因

由电建公司第三分公司编制、电建公司批复的吊装工程方案中提供的施工阶段结构抗倾覆稳定验算资料不规范、不齐全；对沪东厂600t龙门起重机刚性腿的设计特点，特别是刚性腿顶部外倾710mm后的结构稳定性没有予以充分的重视；对主梁提升到47.6m时，主梁上小车碰刚性腿内侧缆风绳这一可以预见的问题未予考虑，对此情况下如何保持刚性腿稳定这一关键施工过程更无定量的控制要求和操作要领。

吊装工程方案及作业指导书编制后，虽经规定程序进行了审核和批准，但有关人员及单位均未发现上述存在问题，使得吊装工程方案和作业指导书在重要环节上失去了指导作用。

吊装工程方案不完善、审批把关不严是事故的重要原因。

4）关键原因

(1) 施工现场组织协调不力。在吊装工程中，施工现场甲、乙、丙三方立体交叉作业，但没有及时形成统一、有效的组织协调机构来对现场进行严格管理。在主梁提升前的7月10日仓促成立的“600t龙门起重机提升组织体系”，由于机构职责不明、分工不清，并没有起到施工现场总体调度及协调作用，致使施工各方不能相互有效沟通。乙方在决定更改施工方案、放松缆风绳后，未正式告知现场施工各方采取相应的安全措施，乙方也未明确将7月17日的作业具体情况告知甲方，导致沪东厂23名在刚性腿内作业的职工死亡。

(2) 安全措施不具体、不落实。6月28日由工程各方参加的“确保吊装安全”专题安全工作会议上，在制定有关安全措施时，没有针对吊装施工的具体情况让各方进行充分研究并提出全面、系统的安全措施，有关安全要求中既没有对各单位在现场必要人员作出明确规定，也没有关于现场人员如何进行统一协调管理的条款，施工各方均未制定相应程序及指定具体人员对会上提出的有关规定进行具体落实。

施工现场缺乏统一严格的管理，安全措施不落实是事故伤亡扩大的关键原因。

综上所述，沪东“7·17”特大事故是一起由于吊装施工方案不完善，吊装过程中违规指挥、操作，缺乏统一严格的现场管理而导致的重大责任事故。

3. 事故处理建议

(1) 张某，上海电力建筑工程公司第三分公司职工，沪东厂600t龙门起重机吊装工程7月17日施工现场指挥。作为17日施工现场指挥，对于主梁受阻问题，未按施工规定进行作业，安排人员放松刚性腿内侧缆风绳，导致事故发生。对事故负有直接责任，涉嫌重大工程安全事故罪，建议给予开除公职处分，移交司法机关处理。

(2) 王某，中共党员，上海电力建筑工程公司第三分公司副经理。作为沪东厂600t龙门起重机吊装工程项目经理，忽视现场管理，未制定明确、具体的现场安全措施，明知7月17日要放松刚性腿内侧缆风绳，未采取有效保护措施，且事发时不在现场。对事故负有主要领导责任，涉嫌重大工程安全事故罪，建议给予开除公职、开除党籍处分，移交司法机关处理。

(3) 陈某，上海大力神建筑工程有限公司经理。作为法人代表，为赚取工程提留款，在对陈某承包项目及招聘人员未进行审查的情况下，允许陈某使用大力神公司名义进行承包，只管收取管理费而不对其进行实质性的管理。涉嫌重大工程安全事故罪，建议移交司法机关处理。

(4) 陈某，中共党员，600t 龙门起重机吊装工程劳务工包工头。在不具备施工资质的情况下，借用大力神公司名义与电建公司签订承包协议，招聘没有资质证书人员进入施工队担任关键岗位技术工作。涉嫌重大工程安全事故罪，建议给予开除党籍处分，移交司法机关处理。

(5) 史某，中共党员，上海电力建筑工程公司第三分公司副总工程师，沪东厂 600t 龙门起重机吊装工程项目技术负责人。在编制施工方案时，对主梁提升中主梁上小车碰缆风绳这一应该预见的问题没有制定相应的预案，施工现场技术管理不到位。对事故负有重要责任，建议给予行政撤职、留党察看一年的处分。

(6) 刘某，中共党员，上海电力建筑工程公司第三分公司副经理兼总工程师，主管生产、技术工作。审批把关不严，没有发现施工方案及作业指导书中存在的问题。对事故负有重要领导责任，建议给予行政撤职、留党察看一年的处分。

(7) 刘某，上海电力建筑工程公司第三分公司党支部书记。贯彻党的安全生产方针政策不力，对公司在生产中存在的违规作业问题失察，安全生产教育抓办不力。对事故负有主要领导责任，建议给予撤销党内职务处分。

(8) 汤某，中共党员，上海电力建筑工程公司副总工程师。在对施工方案复审时，技术把关不严，没有发现施工方案中主梁上小车碰缆风绳的问题。对事故负有重要责任，建议给予行政降级、党内严重警告处分。

(9) 李某，中共党员，上海电力建筑工程公司经理、公司党委委员。作为公司安全生产第一责任人，管理不力，没有及时发现、解决三分公司在施工生产中存在的安全意识淡薄、施工安全管理不严格等问题。对事故负有主要领导责任，建议给予撤销行政职务、党内职务处分。

(10) 施某，上海电力建设有限公司董事长、党委书记。贯彻落实党和国家有关安全生产方针政策和法律法规不力。对事故负有领导责任，建议给予行政记大过、党内警告处分。

(11) 瞿某，中共党员，沪东中华造船(集团)有限公司安全环保处科长。作为沪东厂 600t 龙门起重机吊装工程现场安全负责人，对制定的有关安全制度落实不力。对事故负有一定责任，建议给予行政记过处分。

(12) 顾某，沪东中华造船(集团)有限公司 600t 龙门起重机吊装工程项目甲方协调人(原沪东造船集团副总经理)。对现场安全管理工作重视不够，协调不力。对事故负有领导责任，建议给予行政记过处分。

(13) 乌某，同济大学上海建设机器人工程技术研究中心工程部负责人、600t 龙门起重机吊装工程提升项目技术顾问，现场地面联络人。施工安全意识不强，安全管理、协调不力。对事故负有一定责任，建议给予行政记过处分。

(14) 徐某，同济大学上海建设机器人工程技术研究中心主任，安全意识不强，对于机器人中心施工安全管理不力。对事故负有一定的领导责任，建议给予行政警告处分。

4. 教训和建议

(1) 工程施工必须坚持科学的态度，严格按照规章制度办事，坚决杜绝有章不循、违章指挥、凭经验办事和抱侥幸心理。

此次事故的主要原因是现场施工违规指挥所致，而施工单位在制定、审批吊装方案和实施过程中都未对沪东厂600t龙门起重机刚性腿的设计特点给予充分重视，只凭以往曾采用过的放松缆风绳的“经验”处理此次缆风绳的干涉问题。对未采取任何安全保障措施就完全放松刚性腿内侧缆风绳的做法，现场有关人员均未提出异议，致使电建公司现场指挥人员的违规指挥得不到及时纠正。此次事故的教训证明，安全规章制度是长期实践经验的总结，是用鲜血和生命换来的，在实际工作中，必须进一步完善安全生产的规章制度，并坚决贯彻执行，以改变那种纪律松弛、管理不严、有章不循的情况。不按科学态度和规定的程序办事，有法不依、有章不循，想当然、凭经验、靠侥幸是安全生产的大敌。今后在进行起重吊装等危险性较大的工程施工时，应明确禁止其他与吊装工程无关的交叉作业，无关人员不得进入现场，以确保施工安全。

(2) 必须落实建设项目各方的安全责任，强化建设工程中外来施工队伍和劳动力的管理。

这次事故的最大教训是“以包代管”。为此，在工程的承包中，要坚决杜绝“以包代管、包而不管”的现象。首先是严格市场的准入制度，对承包单位必须进行严格的资质审查。在多单位承包的工程中，发包单位应当对安全生产工作进行统一协调管理。在工程合同的有关内容中必须对业主及施工各方的安全责任做出明确规定，并建立相应的管理和制约机制，以保证其在实际中得到落实。同时，在社会主义市场经济条件下，由于多种经济成分共同发展，出现利益主体多元化、劳动用工多样化趋势，特别是在建设工程中大量使用外来劳动力，增加了安全管理的难度。为此，一定要重视对外来施工队伍及临时用工的安全管理和培训教育，必须坚持严格的审批程序，严格执行先培训后上岗的制度，对特种作业人员要严格培训考核、发证，做到持证上岗。此外，企业在进行重大施工之前，应主动向所在地安全生产监督管理机构备案，各级安全生产监督管理机构应当加强监督检查。

(3) 要重视和规范高等院校参加工程施工时的安全管理，使“产、学、研相结合”走上健康发展的轨道。

在高等院校科技成果向产业化转移过程中，高等院校以多种形式参加工程项目技术咨询、服务或直接承接工程的现象越来越多。但从这次调查发现的问题来看，高等院校教职员工在介入工程时一般都存在工程管理及现场施工管理经验不足，不能全面掌握有关安全规定，施工风险意识、自我保护意识差等问题，而一旦发生事故，善后处理难度最大，极易成为引发社会不稳定的因素。有关部门应加强对高等院校所属单位承接工程的资质审核，在安全管理方面加强培训，高等院校要对参加工程的单位加强领导，加强安全方面的培训和管理，要求其按照有关工程管理及安全生产的法规和规章制订完善的安全规章制度，并实行严格管理，以确保施工安全。

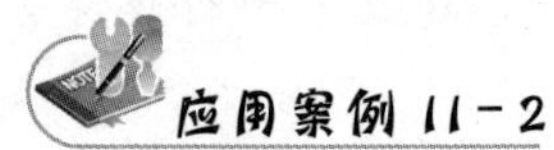
应用案例 11-2

超载起吊导致倾翻折臂事故

1. 事故概况

2006年×月×日，某公司在一建设工地用一50t汽车起重机作卸煤沟廊道板墙钢筋上料施工时，准备将一批钢筋放置在廊道西侧双排架子上面，就位半径约20m。起重工捆绑挂好吊钩后，操作工按起重指挥信号先由拖拉机上吊起(此时回转半径14m)，然后摆杆、爬杆，在爬杆过程中，致使起重机倾翻折臂，造成四、五节臂损坏，操作人员在起重机前倾离地1～1.5m时从驾驶室跳出，幸未造成人员伤亡。

2. 事故原因分析

事故发生后，经勘察现场、测量分析，得知：此次吊起的是ϕ25的钢筋，长3.6m，共168根，计为2.3t，而该汽车起重机的力矩限制器损坏后还未恢复，另外，前一天晚上有一操作人员加班一通宵，此次白天发生事故时只有另一名操作人员在操作。钢筋就位半径约为20m，而该起重机在$R=20$m时的净起重量仅为2.2t。在力矩限制器未恢复好的情况下，操作人员对所吊重物的重量轻信施工人员所提供的口头数据，说“不超过2t重”。由此可见，此次事故的主要原因就是因为操作人员在起重机力矩限制器失灵的情况下，未对起吊重物的重量作详细核实，同时对就位半径也没有实测、搞清楚，思想麻痹，责任心不强，且对起重机的起重力矩等基本概念等模糊，在具体操作时，对如此恶劣场地及全部伸出臂杆的工况没有做到仔细谨慎的操作，没有严格执行起重机安全操作规程及“十不吊”的规定。致使在操作中造成实际力矩大于起重机在本工况下的额定力矩而发生倾翻。另外，未有监护人员和起重指挥人员提供所吊重物的准确重量且缺乏作为一名起重指挥人员应具备的有关起重机性能方面的基本常识，是造成该事故的又一原因。

3. 事故教训

此次事故的教训是明显的。起重机械安全保护装置(力矩限制器)要始终处于灵敏可靠状态，否则，要有可靠措施，确保操作人员搞清起吊重物重量和就位半径；按起重机安全操作规程，监护人员不能省去或离开工作岗位；起重机械操作人员一定要培训到位，确实明白起重机的性能，不能一知半解，起重指挥也要清楚起重机械性能，不能不顾情况盲目指挥，操作人员不能一味执行不明白机械性能的指挥人员的盲目指挥，要互相提醒，要从根本上弄懂“起重机在某一工况下起重力矩是额定的”这一基本道理。

4. 事故措施与预防

操作人员一定要培训且合格后方可上岗，一定要有责任心，一定要很清楚并很明白、很坚决地执行起重机械安全操作规程。起重机械安全保护装置损坏后要及时修复，在未修复期间一定要有相关的措施，以确保操作人员清楚起吊重物的重量和就位半径。起重机械操作人员的配备一定要符合国家规定。特殊情况，一定要采取特殊措施。

特别提示

建筑工程的起重吊装的安全检查，应以《建筑施工安全检查标准》(JGJ 59—2011)中“表B.18起重吊装安全检查评分表”为依据(表11-1)。

表11-1 起重吊装安全检查评分表

序号	检查项目		扣分标准	应得分数	扣减分数	实得分数
1	保证项目	施工方案	未编制专项施工方案或专项施工方案未经审核、审批，扣10分 超规模的起重吊装专项施工方案未按规定组织专家论证，扣10分	10		
2		起重机械	未安装荷载限制装置或不灵敏，扣10分 未安装行程限位装置或不灵敏，扣10分 起重拔杆组装不符合设计要求，扣10分 起重拔杆组装后未履行验收程序或验收表无责任人签字，扣5～10分	10		
3	保证项目	钢丝绳与地锚	钢丝绳磨损、断丝、变形、锈蚀达到报废标准，扣10分 钢丝绳规格不符合起重机说明书要求，扣10分 吊钩、卷筒、滑轮磨损达到报废标准，扣10分 吊钩、卷筒、滑轮未安装钢丝绳防脱装置，扣5～10分 起重拔杆的缆风绳、地锚设置不符合设计要求，扣8分	10		
4		索具	索具采用编结连接时，编结部分的长度不符合规范要求，扣10分 索具采用绳夹连接时，绳夹的规格、数量及绳夹间距不符合规范要求，扣5～10分 索具安全系数不符合规范要求，扣10分 吊索规格不匹配或机械性能不符合设计要求，扣5～10分	10		
5		作业环境	起重机行走作业处地面承载能力不符合说明书要求或未采用有效加固措施，扣10分 起重机与架空线路安全距离不符合规范要求，扣10分	10		
6		作业人员	起重机司机无证操作或操作证与操作机型不符，扣5～10分 未设置专职信号指挥和司索人员，扣10分 作业前未按规定进行安全技术交底或交底未形成文字记录，扣5～10分	10		
小计				60		
7	一般项目	起重吊装	多台起重机同时起吊一个构件时，单台起重机所承受的荷载不符合专项施工方案要求，扣10分 吊索系挂点不符合专项施工方案要求，扣5分 起重机作业时起重臂下有人停留或吊运重物从人的正上方通过，扣10分 起重机吊具载运人员，扣10分 吊运易散落物件不使用吊笼，扣6分	10		

续表

序号	检查项目		扣分标准	应得分数	扣减分数	实得分数
8	一般项目	高处作业	未按规定设置高处作业平台，扣10分 高处作业平台设置不符合规范要求，扣5～10分 未按规定设置爬梯或爬梯的强度、构造不符合规范要求，扣5～8分 未按规定设置安全带悬挂点，扣8分	10		
9		构件码放	构件码放荷载超过作业面承载能力，扣10分 构件码放高度超过规定要求，扣4分 大型构件码放无稳定措施，扣8分	10		
10		警戒监护	未按规定设置作业警戒区，扣10分 警戒区未设专人监护，扣5分	10		
小计				40		
检查项目合计				100		

小结

本项目重点讲授了以下3个模块。

(1) 起重吊装安全施工中应重点实施和检查的保证项目，包括施工起重吊装施工方案、起重机械、钢丝绳与地锚、索具、作业环境、作业人员等方面的安全知识和技能。

(2) 起重吊装安全施工中应常规实施和检查的一般项目，包括起重吊装、高处作业、构件码放、警戒监护等方面的安全知识和技能。

(3) 起重吊装安全事故案例的分析处理与预防。

通过本项目的学习，学生应学会如何在建筑工程起重吊装施工过程中的各个环节采取安全措施，并进行检查，以确保施工过程的安全。

习题

1. 起重吊装安全检查的保证项目包括哪些项目？
2. 起重吊装安全检查的一般项目包括哪些项目？
3. 起重吊装专项安全施工方案的主要内容是什么？
4. 起重机司机和信号指挥人员应具备什么条件才能正式上岗操作？
5. 起重吊装“十不吊”规定是哪些内容？
6. 起重吊装机械的钢丝绳使用有哪些要求？

项目 12

施工机具安全管理

教学目标

熟悉各种建筑施工机具：平刨、圆盘锯、手持电动工具、钢筋机械、电焊机、搅拌机、气瓶、翻斗车、潜水泵、振捣器、打桩机械等的安全使用保障项目。通过对本项目的学习，学生应具备基本的预防、分析、处理各种建筑施工机具使用过程中安全问题和事故的知识与技能。

教学步骤

目　　标	内　　容	权重
知识点	各种建筑施工机具：平刨、圆盘锯、手持电动工具、钢筋机械、电焊机、搅拌机、气瓶、翻斗车、潜水泵、振捣器、打桩机械等的安全保障项目	35%
技能	针对上述知识点创设相关实训场景以培养学生思考和动手解决实际问题的能力	35%
分析案例	实际工程建筑施工机具使用过程中的安全事故分析处理和经验教训	30%

章节导读

1. 木工机械

平刨和圆盘锯都属于木工机械，具有转速高、刀刃锋利、振动大、噪声大、制动比较慢等特点。

2. 手持电动工具

手持电动工具是用手操作的可移动的电动工具。其种类很多，如电动螺丝刀、电动砂轮机、电动砂光机、电圆锯、电钻、冲击电钻、电镐、电锤、电剪、电刨、混凝土振动棒、电动石材切割机等都属于手持电动工具类。

3. 钢筋加工机械

钢筋加工机械主要包括钢筋切断机、钢筋弯曲机、钢筋冷拉机、钢筋对焊机等。

4. 机动翻斗车

机动翻斗车是一种方便灵活的水平运输机械，在建筑施工中常用于运输砂浆、混凝土熟料及散装物料等。

5. 潜水泵

潜水泵主要用于基坑、沟槽及孔桩等抽水，是施工现场应用比较广泛的一种抽水设备。

6. 部分施工机具图片

混凝土搅拌机、电焊机分别如图 12.1 和图 12.2 所示。

图 12.1　混凝土搅拌机

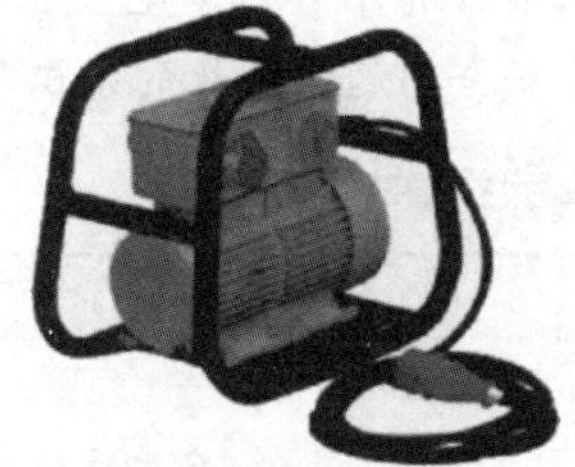

图 12.2　电焊机

案例引入

混凝土搅拌机料斗夹到工人头部，造成死亡事故

2002 年 4 月 24 日，在×中建局总包、广东×建筑公司清包的动力中心及主厂房工程工地上，动力中心厂房正在进行抹灰施工，现场使用一台 JGZ350 型混凝土搅拌机用来拌制抹灰砂浆。上午 9 时 30 分左右，由于从搅拌机出料口到动力中心厂房西北侧现场抹灰施工点约有 200m 左右的距离，两台翻斗车进行水平运输，加上抹灰工人较多，造成砂浆供应不上，工人在现场停工待料。身为抹灰工长的文某非常着急，到砂浆搅拌机边督促拌料。因文某本人安全意识不强，趁搅拌机操作工去备料而不在搅拌机旁的情况下，私自违章开启搅拌机，且在搅拌机运行过程中，将头伸进料口查看搅拌机内的情况，被正在爬升的料斗夹到其头部后，人跌落在料斗下，料斗下落后又压在文某的胸部，造成头部大量出血。事故发生后，现场负责人立即将文某急送医院，经抢救无效，文某于当日上午 10 时左右死亡。

【案例思考】

针对上述案例，试分析该事故发生的原因，事故的责任划分，可采取哪些事前预防及事后控制措施？

建筑工程的施工机具检查涉及平刨、圆盘锯、手持电动工具、钢筋机械、电焊机、搅拌机、气瓶、翻斗车、潜水泵、打桩机械等机具类型。

12.1 木工机械安全管理

1. 平刨

平刨和圆盘锯都属于木工机械，具有转速高、刀刃锋利、振动大、噪声大、制动比较慢等特点，其加工的木材又存在质地不均匀的情况，如硬节疤、斜纹或有木钉等，容易发生崩裂、回弹、强烈跳动等现象。如果防护不严、操作不当，就可能造成人身伤害。木工机械最不安全的地方是刀具与木材的接触处，使用中多为手工送料，易发生伤手、断指事故，同时木屑、刨花极易引起火灾，所以平刨安装后必须有验收手续，方可交付使用。

1）平刨安装验收内容

平刨设备进场应经有关部门组织进行检查验收并记录存在问题及改正结果，确认合格。其安装验收内容如下。

（1）刨口要设有安全防护罩，对刀口非工作部分进行遮盖。

（2）传动部位要设防护罩。

（3）刀片和刀片螺丝的厚度、重量必须一致，刀架夹板必须平整贴紧，刀片紧固螺钉应嵌入刀片槽内，槽端离刀背不得小于10mm，紧固刀片时螺栓不得过紧或过松。

（4）设置“一机一闸一漏一箱”装设漏电保护器，选用漏电动作电流不大于30mA，动作时间不大于0.1s，电机绝缘电阻值应大于0.5MΩ。

（5）工作场所必须整洁、干燥、无杂物、配备可靠消防器材。

（6）不准使用倒顺开关或闸刀开关直接操作，安装接触器、操作按钮控制。

（7）操作规程牌齐全，有维修、保养制度。

2）护手安全装置

平刨在使用时主要是人工送料，如不慎极易发生伤手、断指事故，因此平刨必须装置护手安全装置，操作规程要求在刨料时，手应按在料的上面，手指必须离开刨口50mm以上，严禁用手在木料后端送料跨越刨口进行刨削。当刨削长400mm、厚30mm以下的短料时要用推棍送料，刨削长400mm、厚30mm以下的薄板要用安全推板送料以免伤手。平刨护手装置应达到作业人员刨料发生意外情况时，不会造成手部被刨刃伤害的事故。明露的机械传动部位应有牢固、适用的防护罩，防止作业人员衣物被不慎带入，保障作业人员的安全。

3）传动部位防护罩

传动部位必须安装防护罩，主要是防止操作人员不慎将衣、裤绞进去，发生意外伤害。要求“有轮必有罩，有轴必有套”，就是这个道理。

4）保护接零

设备本身应设有“一机一闸一漏一箱”用操作按钮接触器控制，不得装倒顺开关或刀开关直接控制，开关箱距设备距离不大于3m，以便在发生故障时，迅速切断电源。当使用完毕应切断电源，以免发生误操作伤人。当作业人员准备离开机械时，应先拉闸切断电源后再走，避免误碰触开关发生事故。

5）维修保养

维修保养差是指设备本身状况差，如漏油、污垢多、电线没有保护及乱拉乱接等，另外还指周围作业环境差，如木料乱堆乱放、刨花木屑到处都是而不及时清理、没有消防灭火器材等。所有设备要有定期保养维修制度和责任制制度。

6）严禁戴手套操作

旋转机械戴手套是最危险的，因为旋转速度快，而手套的毛边、线头很容易与旋转的机械部位绞扭在一起，连同手一起绞进去，这样的血的教训很多，因此操作此类机具是严禁戴手套操作的。

7）严禁使用多功能木工机具

严禁使用平刨和圆盘锯合用一台电机的多功能木工机具，因为平刨和圆锯作业都较频繁，易发生误操作，而且在同时进行时，操作面又较小会发生意外伤害，当使用一台机具时，另一台机具同时运转，因全用一台电机同时启动同时停止，无法起到保护作用。故严禁使用多功能平刨(即平刨、电锯、打眼三种功能合置在一台机械上，开机后同时转动)。

2. 圆盘锯

设备进场应经有关部门组织进行检查验收并记录存在问题及改正后结果，确认合格。

圆盘锯安装验收内容如下。

(1) 锯片上方必须安装防护罩，在锯片后面，离锯齿10～15mm处，必须安装弧形楔刀。锯片的安装应保持与轴同心，锯片前面设置挡网或棘爪等防护倒退装置。

(2) 锯片必须平整，锯齿尖锐，不得连续缺齿两个，裂纹长度不得超过20mm，末端应冲止裂孔；锯木料厚度，以锯片能露出木料10～20mm为限，夹持锯片的法兰盘的直径应为锯片直径的1/4。

(3) 设置专用开关箱，做到“一机一闸一漏一箱”，漏电保护器选用漏电电流不大于30mA，动作时间0.1s，按钮控制接触器操作，电机绝缘电阻值应大于0.5MΩ；无人操作时应切断电源。

(4) 工作场所整洁、干燥、无杂物，配齐消防器材；操作规程牌齐全，有维修保养制度。有锯盘防护罩、分料器、防护挡板等安全装置。

① 锯盘防护罩。安装于锯片上方，其作用是罩住锯片上方裸露部分，阻挡飞溅的木屑，防止伤手、锯片崩裂及木料反弹伤人。锯盘上方安装防护罩，防止锯片发生问题时造成的伤人事故。

② 分料器。也称分离刀，为一弧形楔刀。锯盘的前方安装分料器(劈刀)，木料经锯盘锯开后向前继续推进时，由分料器将木料分离一定缝隙，不致造成木料夹锯现象，使锯料顺利进行。

锯片后方距锯齿10～15mm处的机台面上，其作用是使已锯开的木料连续分离，防止出现夹锯而发生木料反弹或回击伤人。

③ 防护挡板。安装于锯片前方，当木料中遇有铁钉、硬节等情况时，不能继续前进，突然倒退而打伤作业人员。因此，应设置挡网或棘爪等防倒退装置。挡网可以从网眼中看

到被锯木料的墨线，不影响作业，又可挡住倒退的木料。棘爪的作用是在木料突然倒退时，棘爪插入木料中，防止木料倒退伤人。

(5) 必须安装传动部位防护。以免衣服、人体部位及碎木等卷入而发生事故，也可防止皮带断裂后伤人。明露的机械传动部位应有牢固、适用的防护罩，防止作业人员衣物被不慎带入，保障作业人员的安全。

(6) 按照电气的规定，设备外壳应做保护接零(接地)，开关箱内装设漏电保护器(30mA×0.1s)。当作业人员准备离开机械时，应先拉闸切断电源后再离开，避免误碰触开关发生事故。圆盘锯使用倒顺开关易发生误操作，使木料崩裂；直接用闸刀开关操作易发生弧光短路，且使用不安全。

12.2 手持电动工具安全管理

手持电动工具顾名思义是用手操作的可移动的电动工具。其种类很多，如电动螺丝刀、电动砂轮机、电动砂光机、电圆锯、电钻、冲击电钻、电镐、电锤、电剪、电刨、混凝土振动棒、电动石材切割机等，都属于手持电动工具类，其产品和使用必须符合《手持式电动工具的安全 第一部分：通用要求》(GB 3883.1—2008)和《手持式电动工具的管理、使用、检查和维修安全技术规程》(GB 3787—2006)。

手持式电动工具在使用前必须进行检查验收合格后方可使用。主要应检查验收以下内容。

(1) 手持电动工具外壳、手柄、负荷线、插头、开关等需完好无损，刃具应刃磨锋利。

(2) 手持砂轮机、角向磨光机必须装防护罩，砂轮与接盘间软垫应安装稳妥，螺帽不得过紧。

(3) 使用25mm以上冲击电钻，作业场所应设防护栏杆，地面应有固定平台，使用Ⅰ类手持电动工具时漏电保护器的参数为30mA×0.1s，露天、潮湿场所或金属构架上操作时，严禁使用Ⅰ类工具；使用Ⅱ类工具时，漏电保护器的参数为15mA×0.1s。

(4) 工具中运动的(转动的)危险零件，必须按有关的标准装设防护罩。

使用刃具的机具，应保持刃磨锋利，完好无损，安装正确，牢固可靠。使用砂轮的机具，应检查砂轮与接盘间的软垫并安装稳固，螺帽不得过紧，凡受潮、变形、裂纹、破碎、磕边缺口或接触过油、碱类的砂轮均不得使用，并不得将受潮的砂轮片自行烘干使用。

1. 手持电动工具按触电保护划分

手持电动工具按触电保护划分为Ⅰ类、Ⅱ类、Ⅲ类手持电动工具。

(1) Ⅰ类手持电动工具。在防止触电的保护方面不仅依靠基本绝缘，而且它还包含一个附加安全预防措施。其方法是将可触及的可导电的零件与已安装的固定线路中的保护(接地)导线连接起来，以这样的方法来使可导电零件在基本绝缘损坏的事故中不成为带电体。Ⅰ类手持电动工具的绝缘电阻不小于2MΩ。

(2) Ⅱ类手持电动工具。在防止触电的保护方面不仅依靠基本绝缘，而且它还提供双重绝缘或加强绝缘的附加安全预防措施和设有保护接地或依赖安装条件的措施。Ⅱ类工具分绝缘外壳Ⅱ类工具和金属外壳Ⅱ类工具，在工具的明显部位标有Ⅱ类结构符号——回

（注："回"标志——外正方框边长应为内正方边长两倍左右，外正方框边长不应小于5mm)。Ⅱ类手持电动工具的绝缘电阻不小于7MΩ。

(3) Ⅲ类手持电动工具。在防止触电的保护方面依靠由安全特低电压供电和在工具内部不会产生比安全特低电压高的电压。Ⅲ类手持电动工具的绝缘电阻不小于1MΩ。

2. Ⅰ类手持电动工具保护接零

依据上述手持电动工具分类解释，Ⅰ类工具仅依靠基本绝缘，在使用过程中或长年失修，其绝缘损坏或下降如碰壳即会触电，因此要求使用Ⅰ类工具必须其外壳做接零保护。目前国际上一些国家已停止生产和销售Ⅰ类手持电动工具，我国也正逐步淘汰这类产品。

使用Ⅰ类手持电动工具(金属外壳)外壳应做保护接零，在加装漏电保护器的同时，作业人员还应穿戴绝缘防护用品，且应双手握住把柄。漏电保护器的参数为30mA×0.1s；露天、潮湿场所或在金属构架上操作时，严禁使用Ⅰ类工具。在潮湿地区或在金属构架、压力容器、管道等导电良好的场所作业时，必须使用双重绝缘或加强绝缘的电动工具。非金属壳体的电动机、电器，在存放和使用时不应受压、受潮，并不得接触汽油等溶剂。

3. 使用手持电动工具不得随意接长电源线和更换插头

手持电动工具自带的软电缆或软线不允许任意拆除或接长；插头不得任意拆除更换。当不能满足作业距离时，应采用移动式电箱加以解决，避免接长电缆带来的事故隐患；工具自带的电缆压接插头，不但使用牢靠不易断线，同时由于金属插头规格按规定的接触顺序设计制造，从而防止零线误插入事故。

电动工具的软电缆与电源的联接常见的有X型和M型联接，一般是插头模压在软线上的护套和卷过的终端进线，手持电动工具应采用耐气候型的橡胶护套铜芯软电缆，并使电源线在工具内的连接处不受拉力、扭力。如随意接长电源线或更换插头，势必破坏了工具本身带来的成型导线和插头，降低其安全可靠性。同时工具要经常移动导线，接头处包扎易损坏，也可造成短路或触电事故。如不能满足作业距离时，应采用移动式电箱加以解决。

4. 不允许电源线拖地过长和使用多面插座

电源线破损是很危险的，因为使用工具的场所一般均为装饰、加工材料工序，周围环境材料多、通道狭窄、作业人员交叉。如电源线破皮、拖地就很容易造成意外触电事故。多面插座容量有限，如几台工具和用电设备同时使用，可能将接触点烧毁。因多面插座只有一个开关，使用不安全也不方便，在现场可用移动式开关箱，制作成"一箱一闸一漏一插座"。

5. 作业前的检查及使用时注意事项

(1) 作业前的检查应符合下列要求。

① 外壳、手柄不出现裂缝、破损。

② 电缆软线及插头等完好无损，开关动作正常，保护接零连接正确、牢固、可靠。

③ 各部防护罩齐全牢固，电气保护装置可靠。

(2) 使用过程中的注意事项。

① 机具起动后，应空载运转，应检查并确认机具联动灵活无阻。作业时，加力应平

稳，不得用力过猛。

② 严禁超载使用。作业中应注意音响及温升，发现异常应立即停机检查。在作业时间过长，机具温升超过60℃时，应停机，自然冷却后再行作业。

③ 作业中，不得用手触摸刃具、模具和砂轮，发现其有磨钝、破损情况时，应立即停机修整或更换，然后再继续进行作业。

④ 机具转动时，不得撒手不管。

6. 使用冲击电钻或电锤时应符合下列要求

作业时应掌握电钻或电锤手柄，打孔时先将钻头抵在工作表面，然后开动，用力适度，避免晃动；转速若急剧下降，应减少用力，防止电机过载，严禁用木杠加压。

钻孔时，应注意避开混凝土中的钢筋。

电钻和电锤为40％断续工作制，不得长时间连续使用。

作业孔径在25mm以上时，应有稳固的作业平台，周围应设护栏。

7. 使用瓷片切割机时应符合下列要求

作业时应防止杂物、泥尘混入电动机内，并应随时观察机壳温度，当机壳温度过高及产生炭刷火花时，应立即停机检查、处理。

切割过程中用力应均匀适当，推进刀片时不得用力过猛。当发生刀片卡死时，应立即停机，慢慢退出刀片，重新对正后方可再切割。

8. 使用角向磨光机时应符合下列要求

砂轮应选用增强纤维树脂型，其安全线速度不得小于80m/s。配用的电缆与插头应具有加强绝缘性能，并不得任意更换。

磨削作业时，应使砂轮与工件面保持15°～30°的倾斜位置；切削作业时，砂轮不得倾斜，并不得横向摆动。

9. 使用射钉枪时应符合下列要求

严禁用手掌推压钉管和将枪口对准人。

击发时，应将射钉枪垂直压紧在工作面上，当两次扣动扳机，子弹均不击发时，应保持原射击位置数秒钟后，再退出射钉弹。

在更换零件或断开射钉枪之前，射枪内均不得装有射钉。

10. 使用铆枪时应符合下列要求

被铆接物体上的铆钉孔应与铆钉滑配合，并不得过盈量太大。

铆接时，当铆钉轴未拉断时，可重复扣动扳机，直到拉断为止，不得强行扭断或撬断；作业中，接铆头子或并帽若有松动，应立即拧紧。

12.3 钢筋机械安全管理

钢筋加工机械主要包括钢筋切断机、钢筋弯曲机、钢筋冷拉机、钢筋对焊机等。设备进场应经有关部门组织进行检查验收并记录存在问题及改正结果，确认合格。

按照电气的规定，设备外壳应做保护接零(接地)，开关箱内装设漏电保护器(30mA×

0.1s）。明露的机械传动部位应有牢固、适用的防护罩，防止物料带入、保障作业人员的安全。对焊作业要有防止火花烫伤的措施，防止作业人员及过路人员烫伤。机械的安装应坚实稳固，保持水平位置。固定式机械应有可靠的基础；移动式机械作业时应揳紧行走轮。室外作业应设置机棚，机旁应有堆放原料、半成品的场地。钢筋加工机械必须做到“一机一闸一漏一箱”，使用操作按钮控制接触器运转，不允许使用倒顺开关或刀开关直接控制机械，否则易发生误操作事故。使用按钮开关宜使用三极按钮，不宜使用两极按钮操作。

钢筋加工机械如无防雨措施其电机和线路很容易被雨水浸泡，其绝缘程度下降，导致电机烧毁和线路短路，而机械本身也易侵蚀损坏。维修保养差是指设备本身状况差，漏油、污垢、电线乱拉接，周围作业环境差，钢筋头没有及时清理，钢筋无序堆放，无作业通道，站在钢筋上操作，成品、半成品没有分类堆放，作业区杂乱无章等。要制定维修保养制度，并落实责任人。

1. 钢筋切断机安装验收内容

钢筋切断机安装验收内容如下。

(1) 切刀应无裂纹，刀架螺栓紧固，防护罩牢靠完整，然后用手转动皮带轮，检查齿轮啮合间隙，调整切刀间隙。

(2) 接送料工作台面应和切刀下部保持水平，基础牢固，设备无渗漏油现象。

(3) 安装后要进行空运转检查，各部传动及轴承运转是否正常。

(4) 要制定本机操作规程，并将操作牌悬挂机械旁醒目的部位。

(5) 设置“一机一闸一漏一箱”，漏电保护器参数为30mA×0.1s，用操作按钮控制接触器，不得使用倒顺开关或刀开关直接送电，电机绝缘电阻值应大于0.5MΩ。

(6) 机械周围必须整洁、无杂物、无钢筋断头，设置防护棚及围栏。

2. 钢筋弯曲机安装验收内容

钢筋弯曲机安装验收内容如下。

(1) 工作台和弯曲机台面要保持水平，并准备有各种芯轴和工具。

(2) 检查芯轴、挡块、转盘应无损坏和裂纹，防护罩紧固可靠，经空运转确认正常。

(3) 加工钢筋直径和弯曲半径的要求，要与芯轴、成型轴、挡铁轴或可变挡架相配套，芯轴直径为钢筋直径的2.5倍。

(4) 制定本机操作规程，并将操作规程牌挂在本机旁醒目处。

(5) 设置“一机一闸一漏一箱”，漏电保护器参数为30mA×0.1s，用操作按钮控制接触器，不得使用倒顺开关或开关直接送电，电机绝缘电阻值大于0.5MΩ。

(6) 机械周围必须整洁、加工材料堆放整齐，设置防护棚。

3. 钢筋冷拉机安装验收内容

钢筋冷拉机安装验收内容如下。

(1) 钢筋加工机械必须做到“一机一闸一漏一箱”，漏电保护器参数为30mA×0.1s，电机绝缘电阻值应大于0.5MΩ，使用操作按钮控制接触器运转，不允许使用倒顺开关或刀开关直接控制机械，否则易发生误操作事故。使用按钮开关宜使用三极按钮，不宜使用两极按钮操作。

(2) 根据冷拉钢筋的直径，合理选用卷扬机，卷扬机钢丝绳应经封闭式导向滑轮，并和被拉钢筋方向成直角。卷扬机的位置必须使操作人员能见到全部冷拉场地距离冷拉中心线不小于5m；钢筋冷拉作业区域较大，人员操作频繁，与对焊作业区如无防护措施，在对焊作业时其喷射的火花可伤及冷作业区的操作人员，火花落在正在进行冷拉钢筋上，可能拉断，造成伤人事故，两作业区之间相邻要有防护措施。冷拉场地应设置警戒区，设置防护栏杆及标志。冷拉作业应有明显的限位指示标记，卷扬钢丝绳应经封闭式导向滑轮与被拉钢筋方向成直角，防止断筋后伤人。

(3) 冷拉场地在两端地锚外侧设置警戒线，装设防护栏杆及警告标志。

(4) 应检查冷拉夹具、夹齿完好，滑轮、拖拉小车应润滑灵活，挂钩、地锚及防护装置均应齐全牢固。

(5) 用配重控制的设备必须与滑轮匹配，并有指示起落的信号，配重框提起高度应限制在离地300mm以内，配重架四周应有栏杆及警告标志。

(6) 用延伸率控制的设备必须装设明显的限位标志；要制定本机操作规程，并将操作规程牌挂在本机旁醒目处，有维修保养制度。

(7) 场地照明其高度应在5m以上，灯泡有防护罩；机械周围必须整洁，设置防护棚及防护围栏和警告标志。

4. 对焊机安装验收内容

对焊机安装验收内容如下。

(1) 对焊机外壳完整，一、二次接线处应有防护罩。

(2) 焊机应安置在室内，并有可靠的接地接(零)系统。

(3) 焊机的压力机构应灵活，夹具应牢固可靠，气、液压系统无泄露。

(4) 断路器的接触点、电极应定期光磨，二次电路全部连接螺栓应定期紧固。

(5) 闪光区应设挡板，焊接时无关人员不得靠近。

(6) 作业区应干燥无杂物，并设置消防器材。

(7) 操作规程牌齐全，有维修保养制度。

加工较长的钢筋时，应有专人帮扶，并听从操作人员指挥，不得任意推拉。作业后，应堆放好成品，清理场地，切断电源，锁好开关箱，做好润滑工作。

12.4 电焊机安全管理

1. 基本要求

电焊机进场应经有关部门组织进行检查验收并记录存在问题及改正结果，确认合格。焊工必须持证上岗，无特种作业人员安全操作证的人员，不准进行焊、割作业。

2. 安装验收内容

安装验收内容如下。

(1) 电焊机应设在通风、干燥地点，并有防雨、防潮、防晒机棚，备有消防器材。

(2) 焊机所有外露带电部分，应有完好的隔离防护罩，即焊机的接线柱、极板和接线端应有防护罩，施焊周围10m以内无堆放气瓶及易燃物质。

(3) 焊把线应绝缘良好，应使用 YH 型专用电缆，绝缘值不小于 1MΩ，一次线不超过 5m，二次线不超过 30m，不宜有接头。

(4) 次级抽头连接铜板必须压紧，接线柱应有垫圈，螺帽、螺栓及其他部件应无松动或损坏。

(5) 装设二次空载降压保护器及触电保护器。

(6) 设置“一机一闸一漏一箱”，漏电保护器参数为 30mA×0.1s，线圈绝缘电阻值不小于 0.5MΩ；按照电气的规定，设备外壳应做保护接零(接地)，开关箱内装设漏电保护器。

(7) 焊钳结构应轻便，利于操作，手弧焊钳重量一般不超过 0.6kg。

(8) 产品合格证齐全。

(9) 要求电焊工人戴帆布手套、穿胶底鞋，防止电弧熄灭和换焊条时，发生触电事故。

(10) 电源使用自动开关。

(11) 不允许隔层作业或随意拖地。

(12) 接线端子板、隔离罩完好。

(13) 配线不乱接乱搭。

3. 不准焊割的情况

不准焊割的各种情况如下。

(1) 凡属一、二、三级动火范围的焊、割，未经办理动火审批手续，不准进行焊、割。

(2) 焊工不了解焊、割现场周围情况，不得进行焊、割。

(3) 焊工不了解焊件内部是否安全时，不得进行焊、割。

(4) 各种装过可燃气体、易燃液体和有毒物质的容器，未经彻底清洗，排除危险性之前，不准进行焊、割。

(5) 用可燃材料作保温层、冷却层、隔热设备的部位，或火星能飞溅的地方，在未采取切实可靠的安全措施之前，不准焊、割。

(6) 有压力或密闭的管道、容器，不准焊、割。

(7) 焊、割部位附近有易燃易爆物品，在未做清理或未采取有效的安全措施之前，不准焊、割。

(8) 附近有与明火作业相抵触的工种在作业时，不准焊、割。

(9) 与外单位相连的部位，在没有弄清有无险情，或明知存在危险而未采取有效的措施之前，不准焊、割。

12.5 搅拌机安全管理

1. 基本要求

搅拌机进场应经有关部门组织进行检查验收记录、存在问题及改正结果，确认合格。搅拌机是由搅拌筒、上料机构、搅拌机构、配水系统、出料机构、传动机构和动力部分组成。混凝土机械包括混凝土搅拌机、砂浆搅拌机、混凝土泵送设备、振捣器(振捣棒)等。各传动部位都应装设防护罩。固定式搅拌机应有可靠的基础，移动式搅拌机应在平坦坚硬的地坪上用方木或撑架架牢。

2. 混凝土搅拌机安装验收内容

混凝土搅拌机安装验收内容如下。

(1) 固定式搅拌机，应安装在牢固的台座上，若长期使用，应埋设地脚螺栓，若短期使用，应在机下铺设木枕并找平放稳；移动式搅拌机，应安装在平坦坚硬的地坪上，用木方或支撑架架牢，并保持水平，不准以轮胎代替支撑，使用时间较长的(一般超过三个月的)应将轮胎卸下妥善保管，轮轴端部应做好清洁和防锈工作。

(2) 传动机构、工作装置、离合器、制动器，均应紧固，灵活可靠，防护罩齐全。

(3) 搅拌机钢丝绳不得有锈蚀、断丝、压扁等报废情况。

(4) 机体上保险挂钩、料斗上吊耳应完好，当料斗升起时，应挂上保险钩；当停止作业或维修时，应将料斗挂牢，主要考虑到保险挂钩未挂钩上，当上料斗误操作和其他意外情况，使上料斗突然降落，其下面维修人员或有关人员经过时会砸伤甚至造成伤亡事故。

对需挖设上料斗地坑的搅拌机，其坑口周围应以垫高夯实，上料轨道架的底端面也应夯实或铺砖，架的后面应用木料加以支撑以防止工作时间长，轨道变形。

(5) 露天使用的搅拌机应有防雨棚确保作业安全。搅拌机是电动机械设备，无防雨棚电气设备易受绝缘下降，烧毁电机，同时无防雨棚操作人员工作也不方便，搅拌用材料水泥、砂、石被雨淋后，也无法保证其质量。

(6) 在塔式起重机作业半径范围内，必须搭设双层防护棚。搅拌机上料斗应设保险挂钩，当停止作业或维修时，应将料斗挂牢。

(7) 机械周围无泥水，干净整洁，各种牌示齐全。

(8) 搅拌机应设置“一机一闸一漏一箱”，漏电保护器参数为30mA×0.1s，电机绝缘电阻值应大于0.5MΩ；设备外壳应做保护接零(接地)，保护零线不少于两处。

(9) 空载和满载运行时检查传动机构是否符合要求，检查钢丝绳磨损是否超过规定，离合器、制动器是否灵敏可靠。

(10) 自落式搅拌机出料时，操作手柄轮应有锁住保险装置，防止作业人员在出料口操作时发生误动作。

(11) 传动部位应设置防护罩。

3. 作业前重点检查的项目应符合下列要求

作业前重点检查的项目应符合的要求如下。

(1) 电源电压升降幅度不超过额定值的5%。

(2) 电动机和电器元件的接线牢固，保护接零或接地电阻符合规定。

(3) 各传动机构、工作装置、制动器等均紧固可靠，开式齿轮、皮带轮等均有防护罩。

(4) 作业前，应先启动搅拌机空载运转。应确认搅拌筒或叶片旋转方向与筒体上箭头所示方向一致。对反转出料的搅拌机，应使搅拌筒正、反转运转数分钟，并应无冲击抖动现象和异常噪声；作业前，还应进行料斗提升试验，应观察并确认离合器、制动器灵活可靠。

(5) 应检查并校正供水系统的指示水量与实际水量的一致性；当误差超过2%时，应检查管路的漏水点，或应校正节流阀。

(6) 应检查骨料规格并应与搅拌机性能相符，超出许可范围的不得使用。搅拌机启动后，应使搅拌筒达到正常转速后进行上料。上料时应及时加水。每次加入的拌和料不得超过搅拌机的额定容量并应减少物料粘罐现象，加料的次序应为石子—水泥—砂子，或者是砂子—水泥—石子。

4. 使用时应注意的内容

使用时应注意的内容如下。

(1) 进料时，严禁将头或手伸入料斗与机架之间。

(2) 运转中，严禁用手或工具伸入搅拌筒内扒料、出料。搅拌机作业中，当料斗升起时，严禁任何人在料斗下停留或通过；当需要在料斗下检修或清理料坑时，应将料斗提升后用铁链或插入销锁住。

(3) 作业中，应观察机械运转情况，当有异常或轴承温升过高等现象时，应停机检查；当需检修时，应将搅拌筒内的混凝土清除干净，然后再进行检修。

(4) 搅拌机的搅拌叶片与搅拌筒底及侧壁的间隙，应经常检查并确认符合规定，当间隙超过标准时，应及时调整。当搅拌叶片磨损超过标准时，应及时修补或更换。

(5) 作业后，应对搅拌机进行全面清理。当操作人员需进入筒内时，必须切断电源或卸下熔断器，锁好开关箱，挂上“禁止合闸”标牌，并应有专人在外监护。

(6) 作业后，应将料斗降落到坑底，当需升起时，应用链条或插销扣牢。

(7) 冬季作业后，应将水泵、放水开关、量水器中的积水排尽。

(8) 搅拌机在场内移动或远距离运输时，应将进料斗提升到上止点，用保险铁链或插销锁住。

12.6 气瓶安全管理

1. 各种气瓶标准色

氧气瓶为天蓝色瓶、黑字，乙炔瓶为白色瓶、红字，氢气瓶为绿色瓶、红字，液化石油气瓶为银灰色瓶、红字。

2. 气瓶存放

气瓶存放包括集中存放和零散存放。施工现场应设置集中存放处，不同类的气瓶存放有隔离措施，存放环境应符合安全要求，管理人员应经培训，存放处有安全规定和标志。零散存放是属于在班组使用过程中的存放，不能存放在住宿区和靠近油料、火源的地方。存放区应配备灭火器材。

运输气瓶的车辆，不能与其他物品同车运输，也不准一车同运两种气瓶。使用和运输应随时检查防振圈的完好情况，为保护瓶阀，应装好瓶帽。

用于气焊和气割的氧气瓶属于压缩气瓶，乙炔瓶属于溶解气瓶，液化石油气属于液化气瓶，应根据各类气瓶的不同特点，采取相应的安全措施。

乙炔瓶瓶体温度不准超过40℃，夏季应防爆晒，冬天解冻用温水。

3. 氧气瓶

氧气瓶其主要构造由瓶体、瓶帽、瓶阀、瓶箱及减振橡胶圈组成，瓶体由42Mn低合金钢制成的无缝瓶体，底部呈凹状，瓶体上部瓶头内口设有内螺纹，用来安装瓶阀，瓶头外面套有车过丝的瓶筐，用来旋扭瓶帽。氧气瓶规格有9种：12L、12.5L、25L、30L、33L、40L、45L、50L、55L，工业上较为常用的是40L容积钢瓶，瓶体外径为ϕ219mm，高为1370mm±20mm，重55kg，工作压力为15MPa，可储存6m^{3}的氧气。

氧气瓶的安全使用应做到如下要求。

(1) 氧气瓶竖立放妥后，操作人员站在气瓶出气的侧面，稍打开瓶阀，将手轮旋约1/4圈，吹洗1～2s，以防止污物、灰尘或水分带入减压器，随后立即关闭。

(2) 装上减压器，此时减压器的调节螺栓应处于松开状态，慢慢开启瓶阀，观察高压表是否正常，各部位有无漏气。

(3) 接上氧气皮管并用铁丝扎牢，拧紧调节螺栓，调节到工作压力。

(4) 氧气瓶内的氧气不能用完，应留有0.1～0.15MPa的余气，以便充气时检查。

(5) 氧气瓶在电焊场所，若地面是铁板，气瓶下面垫木板绝缘，以防气瓶带电。

(6) 氧气瓶与乙炔瓶同时并列使用时，两个减压器不能成相对放置，以免气流射出时，冲击另一支减压器而造成事故。

(7) 氧气瓶一般应每3年进行一次全面检查，包括22.5MPa的水压试验。

(8) 氧气瓶阀不得沾有油脂，同时也不能用沾有油脂的工具、手套或油污工作服等接触阀门或减压器。

4. 乙炔气瓶

其形状与氧气瓶相似，但它的构造要比氧气瓶复杂，因为乙炔气瓶是实心的，内部有溶剂和多孔性填料。其主要构造由瓶体、瓶帽、瓶阀、易熔塞、多孔性填料、瓶座、毛毡等组成。瓶体必须采用镇静钢，并具有良好的焊接性能，其化学成分、机械性能、冷弯实验等要符合《溶解乙炔气瓶安全监督规程》要求。

瓶阀要采用碳素钢或低合金钢制造，因为乙炔与铜接触会形成爆炸性乙炔铜。如选用铜合金时，含铜量必须小于70%。

内部填料的主要成分是硅藻土、石灰、硅石、石英石、石棉和水玻璃等。经粉碎，加水搅拌成料浆填入瓶内，再经烘干窑烘干而成，生产周期为8～9天，填料的孔隙率为85%～92%，孔隙中再加入丙酮，灌装的乙炔气就溶解在丙酮中。常用的填料有硅酸钙和活性炭。我国生产的乙炔气瓶规格见表12-1。

表12-1 乙炔气瓶规格表

公称容积/L	≤25	40	50	60
公称直径/mm	≤200	250		300

乙炔气瓶充装乙炔，在15℃时，限定充装压力为1.55MPa以下。在15℃时，一个体积的丙酮可溶解23倍的标准状态的乙炔气，工业用一般为40L容积，内充丙酮14kg，乙炔气7kg。每只乙炔瓶必须设置符合《气瓶用易熔合金塞装置》(GB 8337—2011)规定的易熔合金塞，容积10L的乙炔瓶应不少于两只，10L以下的不少于一只。

易熔合金塞的动作温度为100℃±5℃。当瓶壁温度超过100℃时易熔塞熔化，放气、泄气，防止气瓶爆炸。

5. 气瓶间距

氧气瓶是高压容器，瓶内氧气压力达14.71MPa(150kgf/cm^2)，为防止氧气瓶使用时爆炸，应做到氧气瓶与乙炔气瓶间距应保持5m以上，与明火和易燃易爆物品应距10m以上，如达不到上述规定距离时，必须设置隔离措施。

6. 运输和装卸乙炔气瓶应遵守的规定

运输和装卸乙炔气瓶应遵守下列规定。

(1) 运输车、船要有明显的危险物品运输标志，严禁无关人员搭乘，必须经过市区时，应按照当地公安机关规定的线路和时间行驶。

(2) 运输车船严禁停靠在人口稠密区、重要机关和有明火的场所，中途停靠时，驾驶人员和押运人员不得同时离开。

(3) 长途运输装有乙炔气的乙炔气瓶，应轻装轻卸，严禁抛、滑、滚、碰和倒置。

(4) 吊装乙炔瓶应使用专用夹具，严禁使用电磁起重机和用链绳捆扎。

(5) 应带好瓶帽，立放时，应妥善固定，且厢体高度不得低于瓶高2/3，横放时，乙炔瓶头部应方向一致，且堆放高度不得超过厢体高度。

(6) 装卸现场严禁烟火，必须配备灭火器。

7. 使用乙炔气瓶应遵守下列规定

使用乙炔气瓶应遵守下列规定。

(1) 使用前，应对钢印标记、颜色标记及安全状态进行检查，凡是不符合规定的乙炔气瓶不准使用。

(2) 乙炔气瓶的放置地点，不得靠近热源和电器设备，与明火距离不得小于10m。

(3) 使用乙炔气瓶时，必须直立，并应采取措施防止倾倒，严禁卧放使用(因卧放时，丙酮会流出，引起燃烧爆炸，丙酮蒸汽与空气混合气爆炸极限为2.9%～13%)。

(4) 乙炔气瓶严禁放置在通风不良或有放射性射线的场所使用。

(5) 乙炔气瓶严禁敲击、碰撞，严禁在瓶体上引弧，严禁乙炔气瓶放置在电绝缘体上使用。

(6) 应采取措施防止乙炔气瓶受曝晒或受烘烤，严禁用40℃以上热水或其他热源对乙炔气瓶进行加热(瓶温过高，会降低丙酮对乙炔的溶解度，导致瓶内乙炔压力急剧增加，在普通大气压下，瓶温15℃时1L丙酮可溶解23L乙炔，30℃时1L丙酮可溶解16L乙炔，40℃时1L丙酮可溶解13L乙炔，超过40℃时，则应立即停止使用)。

(7) 移动作业时，应采取专用小车搬运，如需乙炔气瓶与氧气瓶放在同一车上搬运，必须用非燃材料隔板隔开。

(8) 瓶阀出口处必须配置专用的减压器和回火防止器。正常使用时，减压器指示的放气压力不得超过0.15MPa，放气流量不得超过0.5m^3/(h·L)。开启时，操作者应站在阀口的侧后面，且动作要轻缓。

(9) 乙炔气瓶使用过程中，发现泄露要及时处理，严禁在泄露情况下使用。

(10) 乙炔气瓶内气体严禁用尽，必须留有不低于0.05MPa的剩余压力。

8. 气瓶存放符合要求

气瓶存放必须符合以下要求。

(1) 气瓶应置于专用仓库储存，气瓶仓库应符合《建筑设计防火规范》(GB 50016—2014)的有关规定，应有良好的通风、降温等措施，不得有地沟、暗道和底部通风口，并严禁各种管线穿过。气瓶应存放在通风干燥场所，不能置于阳光下曝晒，并应避开放射性射线源。

(2) 氧气瓶库和氧气瓶周围10m禁堆易燃易爆物品和明火。

(3) 氧气瓶应轻装轻卸，严禁抛掷，也不得在地面滚运，以免发生火花导致爆炸。不得用人力背负氧气瓶，禁止用吊车吊运氧气瓶。

(4) 空瓶与实瓶应分开放置，并有明显标志；放置应整齐，戴好瓶帽，立放时，妥善固定；横放时，头部朝同一方向，垛高不宜超过5层。

(5) 在现场所使用的乙炔气瓶，储存量不得超过5瓶($30m^3$)，超过5瓶但在20瓶以下，应在现场隔成单独的储存间；严禁乙炔气瓶、氯气瓶、氧气瓶同间储存。

(6) 乙炔气瓶在使用、运输、储存时，环境温度一般不得超过40℃，超过时应采取有效的降温措施；储存仓库或储存间应有专人管理并设置“乙炔危险”“严禁烟火”的标志。

(7) 气瓶无防振圈、防护帽的严禁使用。

在搬运过程中，为防止氧气瓶碰撞振动必须装置防振圈；一般工业矿物油与氧气瓶高压氧气作用，能导致氧气爆炸，因此在不使用时或装车运输时必须戴好防护帽及套上防振圈。易燃易爆品、油脂和带有油污的物品不得同车运输。

9. 皮管

氧气胶管和乙炔胶管由于在气焊、气割中担负输送氧、乙炔可燃、助燃气体的功能，如果皮管老化泄漏、堵塞，都可能导致火灾、爆炸事故发生，因此应严格遵守下列要求。

(1) 要保持胶管清洁，不受损坏，不得与酸、碱、油类及其他有机溶剂接触，使用时避免阳光照射，距热源不少于1m，对使用日久老化脆硬的胶管，应按规定报废；氧气胶管应符合《气体焊接设备焊接、切割和类似作业用橡胶软管》(GB/T 2550—2007)标准，乙炔胶管应符合《气体焊接设备焊接、切割和类似作业用橡胶软管》(GB/T 2550—2007)标准，并有出厂合格证。

(2) 氧气管和乙炔管虽然都是用优质橡胶和麻织或纤维制成，但它们的厚度和承受压力不同，故不能混用，其区别为胶管外表面颜色不同，氧气胶管为红色，乙炔胶管为黑色；胶管使用时最大承受压力不同，氧气胶管为1.96MPa($20kgf/cm^2$)，乙炔胶管为0.49MPa($5.kgf/cm^2$)；胶管的外径不同，氧气胶管外径为18mm、内径为8mm，乙炔胶管外径为16mm、内径为8mm。

达不到上述要求和已老化的胶管，必须更换。

12.7 翻斗车安全管理

按照有关规定，机动翻斗车应定期进行年检，并应取得上级主管部门核发的准用证。机动翻斗车是一种方便灵活的水平运输机械，在建筑施工中常用于运输砂浆、混凝土熟料及散装物料等。目前使用的载重量为1t的翻斗车，该车采用前轴驱动，后轮转向，整车无拖挂装置。前桥与车架成刚性连接，后桥用销轴与车架铰接，能绕销轴转动，确保在不平整的道路上正常行驶，翻斗车由柴油机、胶带张紧装置、离合器、变速器、传动轴、驱动桥、制动器、转向桥、翻斗锁紧机构组成。翻斗车的使用应符合以下要求。

(1) 必须具有翻斗车准用证。

机动翻斗车属于厂内运输车辆，必须按照《厂内机动车辆安全管理规定》[1995年4月12日劳动部劳部发(1995)161号]："在用、新增及改装的厂内机动车辆应由用车单位到所在地区劳动行政部门办理登记，建立车辆档案，经劳动行政部门对车辆运行安全技术检验合格，核发牌照后方可使用。"企业必须遵守《厂内机动车辆安全管理规定》中的要求，不能在没有进行任何检验合格的情况下，无照使用。翻斗车牌照由劳动部门统一核发。

(2) 翻斗车制动装置必须灵活。

机动翻斗车一般在施工现场作业的路面都不好，施工人员多，现场堆放材料多，制动装置不灵活，可能发生意外事故，同时翻斗车向坑槽或混凝土料斗卸料时，制动装置不灵，会自动下溜或卸料时翻车。

(3) 司机持证驾车。

根据《厂内机动车辆安全管理规定》[劳部发(1995)161号]："厂内机动车辆驾驶人员属于特种作业人员，由地、市级以上劳动行政部门组织考核发证。"因此，无特种作业操作证人员严禁驾驶。特种作业人员的培训考核，按《特种作业人员安全技术培训考核管理规定》[劳安字(1991)31号]进行。

(4) 机动翻斗车除一名司机外，车上及斗内不准载人。司机应遵章驾车，起步平稳，不得用二、三挡起步。往基坑卸料时，接近坑边应减速。行驶前必须将翻斗锁牢，离机时必须将内燃机熄火，并挂挡拉紧手制动器。

行驶前，应检查锁紧装置并将料斗锁牢，不得在行驶时掉斗。行驶时应从一挡起步。不得用离合器处于半结合状态来控制车速。上坡时，当路面不良或坡度较大时，应提前换入低挡行驶；下坡时严禁空挡滑行；转弯时应先减速；急转弯时应先换入低挡。翻斗车制动时，应逐渐踩下制动踏板，并应避免紧急制动。

通过泥泞地段或雨后湿地时，应低速缓行，应避免换挡、制动、急剧加速，且不得靠近路边或沟旁行驶，并应防侧滑。

翻斗车排成纵队行驶时，前后车之间应保持8m的间距，在下雨或冰雪的路面上，应加大间距。在坑沟边缘卸料时，应设置安全挡块，车辆接近坑边时，应减速行驶，不得剧烈冲撞挡块。

停车时，应选择适合地点，不得在坡道上停车。冬季应采取防止车轮与地面冻结的措施。操作人员离机时，应将内燃机熄火，并挂挡、拉紧手制动器。内燃机运转或料斗内载荷时，严禁在车底下进行任何作业。

作业后，应对车辆进行清洗，清除砂土及混凝土等黏结在料斗和车架上脏物。

12.8 潜水泵安全管理

潜水泵主要用于基坑、沟槽及孔桩等抽水，是施工现场应用比较广泛的一种抽水设备，因此潜水泵下水前一定要密封良好，绝缘测试电阻达到要求并应使用YHS型防水橡皮护套电缆。不可受力。潜水泵宜先装在坚固的篮筐里再放入水中，也可在水中将泵的四周设立坚固的防护围网。泵应直立于水中，水深不得小于0.5m，不得在含泥沙的水中使用。因为潜水泵在水中作业，其漏电保护的灵敏性要求更高，所以潜水泵的漏电保护器应使用高灵敏度的防溅型漏电保护器，其额定漏电动作电流小于15mA，额定漏电动作时间小于0.1s。

潜水泵使用时注意事项。

(1) 保持保护装置灵敏。

潜水泵的保护装置应从两个方面考虑：一是用电安全要求，必须使用合乎要求的漏电保护器的专用电缆，因为潜水泵在水中作业一旦漏电是很危险的，所以在检查时对电气方面的保护装置必须仔细认真，尤其是额定漏电动作电流必须小于15mA，额定漏电动作时间小于0.1s的漏电保护装置；二是泵本身的要求，泵应放在坚固的篮筐里置于水中，或将泵的四周设立坚固的防护围网，泵应直立于水中，水深不得小于0.5m，不得在含泥沙的浑水中使用，应经常注意水位变化，叶轮中心至水面距离应为0.5～3m，泵体不得陷入污泥或露出水面。电缆不得与井壁、池壁相擦。叶轮和进水节应无杂物，各螺栓塞应旋紧。

(2) 严禁带电移动。

潜水泵移动或提出水面时，必须先切断电源，不准带电移动，主要考虑到带电移动时，电源电缆可能与井壁、池壁相摩擦破损，泵机由于移动接线柱可能触壳短路造成移动人触电事故。

(3) 操作者离潜水泵距离符合要求。

(4) 潜水泵必须设置“一机一闸一漏一箱”，开关箱与潜水泵距离不得超过3m，操作者的视线应能看到潜水泵启动过程和正常工作情况，一旦发现异样情况可以及时停车。泵在工作时周围30m以内水面不得有人畜进入。提出水面时，应先切断电源，严禁拉拽电缆或出水管。

(5) 启动前检查项目应符合下列要求：水管结扎牢固；放气、放水、注油等螺塞均旋紧；叶轮和进水节无杂物；电缆绝缘良好。

(6) 接通电源后，应先试运转，并应检查并确认旋转方向正确，在水外运转时间不得超过5min。

(7) 新泵或新换密封圈后，在使用50h后，应旋开放水封口塞，检查水、油的泄漏量。当泄漏量超过5mL时，应进行0.2MPa的气压试验，查出原因，予以排除。以后应每月检查一次。当泄漏量不超过25mL时，可继续使用。检查后应换上规定的润滑油。

(8) 经过修理的油浸式潜水泵，应先经0.2MPa气压试验，检查各部无泄漏现象，然后将润滑油加入上、下壳体内。当气温降到0℃以下时，在停止运转后，应从水中提出潜水泵擦干后存放室内。

(9) 每周应测定一次电动机定子绕组的绝缘电阻，其值应无下降。

12.9 振捣器安全管理

振捣器作业时保护接零应单独设置，并应安装漏电保护装置；应使用移动式配电箱，电缆线长度不应超过30m；操作人员应按规定穿戴绝缘手套、绝缘鞋。

12.10 打桩机械安全管理

打桩机械分静力压桩机与钻孔灌注桩机两种。

1. 静力压桩机

按照有关规定，打桩机应定期进行年检，并应取得市级主管部门核发的准用证。打桩作业选定打桩机后，要办理当地建筑安全管理部门核发的准用证及备案，同时安装后要技术部门验收签发合格使用证，并制定施工方案和作业人员的操作规程，使用时要按施工方案进行。

按照说明书规定检查安全限位装置的灵敏性和可靠性。施工场地应按坡度不大于1%，地耐力不小于83kPa的要求进行平整压实，或按该机说明书要求进行。施工前应针对作业条件和桩机类型编写专项作业方案并经审核批准。

1）准备工作注意事项

（1）压桩机安装地点应按施工要求进行先期处理，应平整场地，地面应达到35kPa的平均地基承载力。

（2）安装时，应控制好两个纵向行走机构的安装间距，使底盘平台能正确对位。

（3）电源在导通时，应检查电源电压并使其保持在额定电压范围内。应检查并确认电缆表面无损伤，保护接地电阻符合规定，旋转方向正确。

（4）各液压管路连接时，不得将管路强行弯曲。安装过程中，应防止液压油过多流损。

（5）安装配重前，应对各紧固件进行检查，在紧固件未拧紧前不得进行配重安装。

（6）安装完毕后，应对整机进行试运转，对吊桩用的起重机，应进行满载试吊。

（7）作业前应检查并确认各传动机构、齿轮箱、防护罩等良好，各部件连接牢固；起重机起升、变幅机构正常，吊具、钢丝绳、制动器等良好；润滑油、液压油的油位符合规定，液压系统无泄漏，液压缸动作灵活。

2）压桩作业注意事项

（1）压桩作业时，应有统一指挥，压桩人员和吊桩人员应密切联系，相互配合。当压桩机的电动机尚未正常运行前，不得进行压桩。

（2）起重机吊桩进入夹持机构进行接桩或插桩作业中，应确认在压桩开始前吊钩已安全脱离桩体。接桩时，上一节应提升350～400mm，此时，不得松开夹持板。

（3）压桩时，应按桩机技术性能表作业，不得超载运行。操作时动作不应过猛，避免冲击。顶升压桩机时，四个顶升缸应两个一组交替动作，每次行程不得超过100mm。当单个顶升缸动作时，行程不得超过50mm。

（4）压桩时，非工作人员应离机10m以外。起重机的起重臂下，严禁站人。

（5）压桩过程中，应保持桩的垂直度，如遇地下障碍物使桩产生倾斜时，不得采用压桩机行走的方法强行纠正，应先将桩拔起，待地下障碍物清除后，重新插桩。

（6）当桩在压入过程中，夹持机构与桩侧出现打滑时，不得任意提高液压缸压力，强行操作，而应找出打滑原因，排除故障后，方可继续进行。

(7) 当桩的贯入阻力太大，使桩不能压至高程时，不得任意增加配重。应保护液压元件和构件不受损坏。

(8) 当桩顶不能最后压到设计标高时，应将桩顶部分凿去，不得用桩机行走的方式，将桩强行推断。

(9) 当压桩引起周围土体隆起，影响桩机行走时，应将桩机前进方向隆起的土铲平，不得强行通过。压桩机行走时，长、短船与水平坡度不得超过5°。纵向行走时，不得单向操作一个手柄，应两个手柄一起动作。压桩机在顶升过程中，船形轨道不应压在已入土的单一桩顶上。

(10) 作业完毕，应将短船运行至中间位置，停放在平整地面上，其余液压缸应全部回程缩进，起重机吊钩应升至最上部，并应使各部制动生效，最后应将外露活塞杆擦干净。应将控制器放在“零位”，并依次切断各部电源，锁闭门窗，冬季还应放尽各部积水应清除机上积雪，工作平台应有防滑措施。

(11) 转移工地时，应按规定程序拆卸后，用汽车装运。

2. 钻孔灌注桩机

在施工全过程中，应严格执行有关机械的安全操作规程，由专人操作并加强机械维修保养，经有关部门检测合格，领证后方可投入使用。

电气设备的电源，应按有关规定架设安装；电气设备均须有良好的接地接零，接地电阻不大于4Ω，并装有可靠的触电保护装置。

注意现场文明施工，对不用的泥浆地沟应及时填平；对正在使用的泥浆地沟(管)加强管理，不得任泥浆溢流，捞取的沉渣应及时清走。各个排污通道必须有标志，夜间有照明设备，以防踩入泥浆，造成行人跌伤事故。

机底枕木要填实，保证施工时机械不倾斜、不倾倒。

护筒周围不宜站人，防止不慎跌入孔中。

吊车作业时，在吊臂转动范围内，不得有人走动或进行其他作业。

湿钻孔机械钻进岩石或钻进地下障碍物时，要注意机械的振动和颠覆，必要时停机查明原因方可继续施工。

拆卸导管人员必须戴好安全帽，并注意防止扳手、螺钉等往下掉落。拆卸导管时，其上空不得进行其他作业。

导管提升后继续浇注混凝土前，必须检查其是否垫稳或挂牢。

钻孔时，孔口加盖板，以防工具掉入孔内。

应用案例12-1

混凝土搅拌机料斗夹到工人头部，造成死亡事故

1. 事故概况

事故概况详见“案例引入”。

2. 事故原因分析

1) 直接原因

身为抹灰工长的文某，安全意识不强，在搅拌机操作工不在场的情况下，违章作业，

擅自开启搅拌机，且在搅拌机运行过程中将头伸进料斗内，导致料斗夹到其头部，是造成本次事故的直接原因。

2）间接原因

（1）总包单位项目部对施工现场的安全管理不严，施工过程中的安全检查督促不力。

（2）清包单位对职工的安全教育不到位，安全技术交底未落到实处，导致抹灰工擅自开启搅拌机。

（3）施工现场劳动组织不合理，大量抹灰作业仅安排三名工人和一台搅拌机进行砂浆搅拌，造成抹灰工在现场停工待料。

（4）搅拌机操作工为备料而不在搅拌机旁，给无操作证人员违章作业创造条件。

（5）施工作业人员安全意识淡薄，缺乏施工现场的安全知识和自我保护意识。

3）主要原因

抹灰工长文某，违章作业，擅自操作搅拌机，是造成本次事故的主要原因。

3. 事故处理结果

（1）本起事故的直接经济损失约为22.25万元。

（2）两家事故单位根据事故联合调查小组的调查分析，对有关责任人作以下处理。

① 清包企业领导缺乏对职工的安全上岗教育，违反五大规程“关于安全教育”的规定，对本次事故负有领导责任，法人代表刘某，作书面检查；分管安全生产的副经理金某，给予罚款的处分。

② 清包企业驻现场负责人顾某，对施工现场的安全管理不力，对本次事故负有重要责任，给予行政警告和罚款的处分。

③ 总包项目经理于某，对现场的安全检查监督不力，对本次事故负有一定的责任，给予罚款的处分。

④ 总包法人代表林某，对现场的安全管理不够，对本次事故负有领导责任，作书面检查。

⑤ 抹灰工长文某，在搅拌机操作工不在场的情况下，私自违章操作搅拌机，对本次事故负有主要责任，鉴已死亡，故免于追究。

4. 事故预防及控制措施

（1）工程施工必须建立各级安全管理责任，施工现场各级管理人员和从业人员都应按照各自职责严格执行规章制度，杜绝违章作业的情况发生。

（2）施工现场的安全教育和安全技术交底不能仅仅放在口头，而应落到实处，要让每个施工从业人员都知道施工现场的安全生产纪律和各自工种的安全操作规程。

（3）现场管理人员必须强化现场的安全检查力度，加强对施工危险源作业的监控，完善有关的安全防护设施。

（4）施工现场应合理组织劳动，根据现场实际工作量的情况配置和安排充足的人力和物力，保证施工的正常进行。

（5）施工作业人员也应进一步提高自我防范意识，明确自己的岗位和职责，不能擅自操作自己不熟悉或与自己工种无关的设备设施。

应用案例 12-2

工人爬上桩机机架后不慎身体滑落框架内档，被挤压受伤

1. 事故概况

2002年2月27日，在上海某基础公司总承包、某建设分承包公司分包的轨道交通某车站工程工地上，分承包单位进行桩基旋喷加固施工。上午5时30分左右，1号桩机(井架式旋喷桩机)机操工王某、辅助工冯某、孙某三人在C8号旋喷桩桩基施工时，辅助工孙某发现桩机框架上部6m处油管接头漏油，在未停机的情况下，由地面爬至框架上部去排除油管漏油故障(桩机框架内径为650mm×350mm)。由于下雨湿滑，孙某爬上机架后不慎身体滑落框架内档，被正在提升的内压铁挤压受伤。事故发生后，地面施工人员立即爬上桩架将孙某救下，并送往医院急救，经抢救无效孙某于当日7时死亡。

2. 事故原因分析

1) 直接原因

辅助工孙某在未停机的状态下，擅自爬上机架排除油管漏油故障，因下雨湿滑，身体滑落井架式桩机框架内档，被正在提升的动力内压铁挤压致死。孙某违章操作，是造成本次事故的直接原因。

2) 间接原因

(1) 机操工王某，作为C8号旋喷桩机的机长，未能及时发现异常情况并采取相应措施。

(2) 总承包单位对分承包单位日常安全监控不力，安全教育深度不够，并且对分承包单位施工超时作业未及时制止，对分承包队伍现场监督管理存在薄弱环节。

3) 主要原因

分承包项目部对现场安全管理落实不力，对职工安全教育不力，安全交底和安全操作规程未落实到实处；施工人员工作时间长(24小时分两班工作)造成施工人员身心疲劳、反应迟缓，是造成本次事故的主要原因。

3. 事故处理结果

(1) 本起事故的直接经济损失约为15.5万元。

(2) 事故相关单位根据事故联合调查小组的调查分析、建议，对有关责任人做以下处理。

① 分承包单位项目负责人顾某，管理不力，措施不到位，对本次事故负有管理责任，予以行政警告处分，并进行经济处罚。

② 分承包单位项目施工员宋某，作息时间安排不合理，安全管理未落到实处，对本次事故负有管理责任，予以行政记过处分，并进行经济处罚。

③ 分承包单位旋喷桩机机长王某，未能及时发现和制止违章作业，对本次事故负有不可推卸责任，予以开除公职处分，并进行经济处罚。

④ 总承包单位项目经理张某，对施工现场安全管理不力，对本次事故负有管理责任，予以行政口头警告处分，并处以罚款。

⑤ 辅助工孙某，违章作业，在未停机的状态下，擅自爬上机架排除油管漏油故障，对本次事故负有一定责任，鉴已在事故中死亡，故不予追究。

4. 事故预防及控制措施

(1) 工程施工必须建立各级安全管理责任，施工现场各级管理人员和从业人员都应按照各自职责严格执行规章制度，杜绝违章作业的情况发生。

(2) 施工现场的安全教育和安全技术交底不能仅仅放在口头，而应落到实处，要让每个施工从业人员都知道施工现场的安全生产纪律和各自工种的安全操作规程。

(3) 现场管理人员必须强化现场的安全检查力度，加强对施工危险源作业的监控，完善有关的安全防护设施。

(4) 施工现场应合理组织劳动，根据现场实际工作量的情况配置和安排充足的人力和物力，保证施工的正常进行。

(5) 施工作业人员也应进一步提高自我防范意识，明确自己的岗位和职责，不能擅自操作自己不熟悉或与自己工种无关的设备设施。

建筑工程的施工机具的安全检查，应以《建筑施工安全检查标准》(JGJ 59—2011)中“表B.19施工机具检查评分表”为依据(表12-2)。

表12-2 施工机具检查评分表

序号	检查项目	扣分标准	应得分数	扣减分数	实得分数
1	平刨	平刨安装后未履行验收程序，扣5分 未设置护手安全装置，扣5分 传动部位未设置防护罩，扣5分 未做保护接零或未设置漏电保护器，扣10分 未设置安全作业棚，扣6分 使用多功能木工机具，扣10分	10		
2	圆盘电锯	圆盘锯安装后未履行验收程序，扣5分 未设置锯盘护罩、分料器、防护挡板安全装置和传动部位未设置防护罩，每处扣3分 未做保护接零或未设置漏电保护器，扣10分 未设置安全作业棚，扣6分 使用多功能木工机具，扣10分	10		
3	手持电动工具	Ⅰ类手持电动工具未采取保护接零或未设置漏电保护器，扣8分 使用Ⅰ类手持电动工具不按规定穿戴绝缘用品，扣6分 手持电动工具随意接长电源线，扣4分	10		
4	钢筋机械	机械安装后未履行验收程序，扣5分 未做保护接零或未设置漏电保护器，扣10分 钢筋加工区未设置作业棚、钢筋对焊作业区未采取防止火花飞溅措施或冷拉作业区未设置防护栏板，每处扣5分 传动部位未设置防护罩，扣5分	10		

续表

序号	检查项目	扣分标准	应得分数	扣减分数	实得分数
5	电焊机	电焊机安装后未履行验收程序，扣5分 未做保护接零或未设置漏电保护器，扣10分 未设置二次空载降压保护器，扣10分 一次线长度超过规定或未进行穿管保护，扣3分 二次线未采用防水橡皮护套铜芯软电缆，扣10分 二次线长度超过规定或绝缘层老化，扣3分 电焊机未设置防雨罩或接线柱未设置防护罩，扣5分	10		
6	搅拌机	搅拌机安装后未履行验收程序，扣5分 未做保护接零或未设置漏电保护器，扣10分 离合器、制动器、钢丝绳达不到要求，每项扣5分 上料斗未设置安全挂钩或止挡装置，扣5分 传动部位未设置防护罩，扣4分 未设置安全作业棚，扣6分	10		
7	气瓶	气瓶未安装减压器，扣8分 乙炔瓶未安装回火防止器，扣8分 气瓶间距小于5m或与明火距离小于10m未采取隔离措施，扣8分 气瓶未设置防震圈和防护帽，扣2分 气瓶存放不符合要求，扣4分	8		
8	翻斗车	翻斗车制动、转向装置不灵敏，扣5分 驾驶员无证操作，扣8分 行车载人或违章行车，扣8分	8		
9	潜水泵	未做保护接零或未设置漏电保护器，扣6分 负荷线未使用专用防水橡皮电缆，扣6分 负荷线有接头，扣3分	6		
10	振动器	未做保护接零或未设置漏电保护器，扣8分 未使用移动式配电箱，扣4分 电缆线长度超过30m，扣4分 操作人员未穿戴绝缘防护用品，扣8分	8		
11	打桩机械	机械安装后未履行验收程序，扣10分 作业前未编制专项施工方案或未按规定进行安全技术交底，扣10分 安全装置不齐全或不灵敏，扣10分 机械作业区域地面承载力不符合规定要求或未采取有效硬化措施，扣12分 机械与输电线路安全距离不符合规定要求，扣12分	12		
检查项目合计			100		

小 结

本项目重点讲授了有关各种建筑施工机具安全使用的 11 个模块：木工机械、手持电动工具、钢筋机械、电焊机、搅拌机、气瓶、翻斗车、潜水泵、振捣器、打桩机械等安全使用保障项目，施工机具使用安全事故案例的分析处理与预防。

通过本项目的学习，学生应学会如何在施工机具使用过程中的各个环节采取安全措施，并进行检查，以确保使用过程的安全。

习 题

1. 施工机具的种类有哪些？
2. 平刨的安装验收内容有哪些？
3. 手持电动工具有哪些种类？
4. 钢筋切断机的安装验收内容有哪些？
5. 搅拌机作业前应重点检查哪些项目？
6. 气瓶的存放有哪些具体要求？
7. 翻斗车准用证有哪些具体规定？
8. 潜水泵启动前应重点检查哪些项目？
9. 静力压桩机的施工场地应符合哪些规定？

参考文献

[1] 中华人民共和国行业标准．建筑施工安全检查标准(JGJ 59—2011)[S]. 北京：中国建筑工业出版社，2011.

[2] 中华人民共和国行业标准．建筑机械使用安全技术规程(JGJ 33—2012)[S]. 北京：中国建筑工业出版社，2012.

[3] 中华人民共和国行业标准．施工现场临时用电安全技术规范(JGJ 46—2005)[S]. 北京：中国建筑工业出版社，2005.

[4] 中华人民共和国行业标准．建筑施工扣件式钢管脚手架安全技术规范(JGJ 130—2011)[S]. 北京：中国建筑工业出版社，2011.

[5] 中华人民共和国行业标准．龙门架及井架物料提升机安全技术规范(JGJ 88—2010)[S]. 北京：中国建筑工业出版社，2010.

[6] 中华人民共和国行业标准．建筑施工门式钢管脚手架安全技术规范(JGJ 128—2010)[S]. 北京：中国建筑工业出版社，2010.

[7] 中华人民共和国行业标准．建筑基坑支护技术规程(JGJ 120—2012)[S]. 北京：中国建筑工业出版社，2012.

[8] 中华人民共和国行业标准．建筑施工悬挑式钢管脚手架安全技术规程(DGJ 32/J121—2011)[S]. 南京：江苏科学技术出版社，2011.

[9] 中华人民共和国行业标准．建筑施工模板安全技术规范(JGJ 162—2008)[S]. 北京：中国建筑工业出版社，2008.

北京大学出版社高职高专土建系列教材书目

序号	书　名	书　号	编著者	定价	出版时间	配套情况
"互联网+"创新规划教材						
1	建筑工程概论	978-7-301-25934-4	申淑荣等	40.00	2015.8	PPT/二维码
2	建筑构造(第二版)	978-7-301-26480-5	肖　芳	42.00	2016.1	APP/PPT/二维码
3	建筑三维平法结构图集(第二版)	978-7-301-29049-1	傅华夏	68.00	2018.1	APP
4	建筑三维平法结构识图教程(第二版)	978-7-301-29121-4	傅华夏	69.00	2018.1	APP/PPT
5	建筑构造与识图	978-7-301-27838-3	孙　伟	40.00	2017.1	APP/二维码
6	建筑识图与构造	978-7-301-28876-4	林秋怡等	46.00	2017.11	PPT/二维码
7	建筑结构基础与识图	978-7-301-27215-2	周　晖	58.00	2016.9	APP/二维码
8	建筑工程制图与识图(第 2 版)	978-7-301-24408-1	白丽红等	34.00	2016.8	APP/二维码
9	建筑制图习题集(第二版)	978-7-301-30425-9	白丽红等	28.00	2019.5	APP/答案
10	建筑制图(第三版)	978-7-301-28411-7	高丽荣	39.00	2017.7	APP/PPT/二维码
11	建筑制图习题集(第三版)	978-7-301-27897-0	高丽荣	36.00	2017.7	APP
12	AutoCAD 建筑制图教程(第三版)	978-7-301-29036-1	郭　慧	49.00	2018.4	PPT/素材/二维码
13	建筑装饰构造(第二版)	978-7-301-26572-7	赵志文等	42.00	2016.1	PPT/二维码
14	建筑工程施工技术(第三版)	978-7-301-27675-4	钟汉华等	66.00	2016.11	APP/二维码
15	建筑施工技术(第三版)	978-7-301-28575-6	陈雄辉	54.00	2018.1	PPT/二维码
16	建筑施工技术	978-7-301-28756-9	陆艳侠	58.00	2018.1	PPT/二维码
17	建筑施工技术	978-7-301-29854-1	徐　淳	59.50	2018.9	APP/PPT/二维码
18	高层建筑施工	978-7-301-28232-8	吴俊臣	65.00	2017.4	PPT/答案
19	建筑力学(第三版)	978-7-301-28600-5	刘明晖	55.00	2017.8	PPT/二维码
20	建筑力学与结构(少学时版)(第二版)	978-7-301-29022-4	吴承霞等	46.00	2017.12	PPT/答案
21	建筑力学与结构(第三版)	978-7-301-29209-9	吴承霞等	59.50	2018.5	APP/PPT/二维码
22	工程地质与土力学（第三版）	978-7-301-30230-9	杨仲元	50.00	2019.3	PPT/二维码
23	建筑施工机械(第二版)	978-7-301-28247-2	吴志强等	35.00	2017.5	PPT/答案
24	建筑设备基础知识与识图(第二版)	978-7-301-24586-6	靳慧征等	47.00	2016.8	二维码
25	建筑供配电与照明工程	978-7-301-29227-3	羊　梅	38.00	2018.2	PPT/答案/二维码
26	建筑工程测量(第二版)	978-7-301-28296-0	石　东等	51.00	2017.5	PPT/二维码
27	建筑工程测量(第三版)	978-7-301-29113-9	张敬伟等	49.00	2018.1	PPT/答案/二维码
28	建筑工程测量实验与实训指导(第三版)	978-7-301-29112-2	张敬伟等	29.00	2018.1	答案/二维码
29	建筑工程资料管理(第二版)	978-7-301-29210-5	孙　刚等	47.00	2018.3	PPT/二维码
30	建筑工程质量与安全管理(第二版)	978-7-301-27219-0	郑　伟	55.00	2016.8	PPT/二维码
31	建筑工程质量事故分析(第三版)	978-7-301-29305-8	郑文新等	39.00	2018.8	PPT/二维码
32	建设工程监理概论（第三版）	978-7-301-28832-0	徐锡权等	45.00	2018.2	PPT/答案/二维码
33	工程建设监理案例分析教程(第二版)	978-7-301-27864-2	刘志麟等	50.00	2017.1	PPT/二维码
34	工程项目招投标与合同管理(第三版)	978-7-301-28439-1	周艳冬	44.00	2017.7	PPT/二维码
35	建设工程招投标与合同管理(第四版)	978-7-301-29827-5	宋春岩	44.00	2018.9	PPT/答案/试题/教案
36	工程项目招投标与合同管理(第三版)	978-7-301-29692-9	李洪军等	47.00	2018.8	PPT/二维码
37	建设工程项目管理（第三版）	978-7-301-30314-6	王　辉	40.00	2019.6	PPT/二维码
38	建设工程法规(第三版)	978-7-301-29221-1	皇甫婧琪	45.00	2018.4	PPT/二维码
39	建筑工程经济(第三版)	978-7-301-28723-1	张宁宁等	38.00	2017.9	PPT/答案/二维码
40	建筑施工企业会计（第三版）	978-7-301-30273-6	辛艳红	44.00	2019.3	PPT/二维码
41	建筑工程施工组织设计(第二版)	978-7-301-29103-0	鄢维峰等	37.00	2018.1	PPT/答案/二维码
42	建筑工程施工组织实训(第二版)	978-7-301-30176-0	鄢维峰等	41.00	2019.1	PPT/二维码
43	建筑施工组织设计	978-7-301-30236-1	徐运明等	43.00	2019.1	PPT/二维码
44	建筑工程计量与计价——透过案例学造价(第二版)	978-7-301-23852-3	张　强	59.00	2017.1	PPT/二维码
45	建筑工程计量与计价	978-7-301-27866-6	吴育萍等	49.00	2017.1	PPT/二维码
46	建筑工程计量与计价(第三版)	978-7-301-25344-1	肖明和等	65.00	2017.1	APP/二维码
47	安装工程计量与计价(第四版)	978-7-301-16737-3	冯　钢	59.00	2018.1	PPT/答案/二维码
48	建筑工程材料	978-7-301-28982-2	向积波等	42.00	2018.1	PPT/二维码
49	建筑材料与检测(第二版)	978-7-301-25347-2	梅　杨等	35.00	2015.2	PPT/答案/二维码
50	建筑材料与检测	978-7-301-28809-2	陈玉萍	44.00	2017.11	PPT/二维码
51	建筑材料与检测实验指导（第二版）	978-7-301-30269-9	王美芬等	24.00	2019.3	二维码
52	市政工程概论	978-7-301-28260-1	郭　福等	46.00	2017.5	PPT/二维码
53	市政工程计量与计价(第三版)	978-7-301-27983-0	郭良娟等	59.00	2017.2	PPT/二维码

序号	书　名	书　号	编著者	定价	出版时间	配套情况
54	市政管道工程施工	978-7-301-26629-8	雷彩虹	46.00	2016.5	PPT/二维码
55	市政道路工程施工	978-7-301-26632-8	张雪丽	49.00	2016.5	PPT/二维码
56	市政工程材料检测	978-7-301-29572-2	李继伟等	44.00	2018.9	PPT/二维码
57	中外建筑史(第三版)	978-7-301-28689-0	袁新华等	42.00	2017.9	PPT/二维码
58	房地产投资分析	978-7-301-27529-0	刘永胜	47.00	2016.9	PPT/二维码
59	城乡规划原理与设计(原城市规划原理与设计)	978-7-301-27771-3	谭婧婧等	43.00	2017.1	PPT/素材/二维码
60	BIM 应用：Revit 建筑案例教程	978-7-301-29693-6	林标锋等	58.00	2018.9	APP/PPT/二维码/试题/教案
61	居住区规划设计（第二版）	978-7-301-30133-3	张　燕	59.00	2019.5	PPT/二维码
62	建筑水电安装工程计量与计价(第二版)（修订版）	978-7-301-26329-7	陈连姝	62.00	2019.7	PPT/二维码
	"十二五"职业教育国家规划教材					
1	★建筑装饰施工技术(第二版)	978-7-301-24482-1	王　军	39.00	2014.7	PPT
2	★建筑工程应用文写作(第二版)	978-7-301-24480-7	赵　立等	50.00	2014.8	PPT
3	★建筑工程经济(第二版)	978-7-301-24492-0	胡六星等	41.00	2014.9	PPT/答案
4	★工程造价概论	978-7-301-24696-2	周艳冬	35.00	2015.1	PPT/答案
5	★建设工程监理(第二版)	978-7-301-24490-6	斯　庆	35.00	2015.1	PPT/答案
6	★建筑节能工程与施工	978-7-301-24274-2	吴明军等	35.00	2015.5	PPT
7	★土木工程实用力学(第二版)	978-7-301-24681-8	马景善	47.00	2015.7	PPT
8	★建筑工程计量与计价(第三版)	978-7-301-25344-1	肖明和等	65.00	2017.1	APP/二维码
9	★建筑工程计量与计价实训(第三版)	978-7-301-25345-8	肖明和等	29.00	2015.7	
	基础课程					
1	建设法规及相关知识	978-7-301-22748-0	唐茂华等	34.00	2013.9	PPT
2	建筑工程法规实务(第二版)	978-7-301-26188-0	杨陈慧等	49.50	2017.6	PPT
3	建筑法规	978-7301-19371-6	董　伟等	39.00	2011.9	PPT
4	建设工程法规	978-7-301-20912-7	王先恕	32.00	2012.7	PPT
5	AutoCAD 建筑绘图教程(第二版)	978-7-301-24540-8	唐英敏等	44.00	2014.7	PPT
6	建筑 CAD 项目教程(2010 版)	978-7-301-20979-0	郭　慧	38.00	2012.9	素材
7	建筑工程专业英语(第二版)	978-7-301-26597-0	吴承霞	24.00	2016.2	PPT
8	建筑工程专业英语	978-7-301-20003-2	韩　薇等	24.00	2012.2	PPT
9	建筑识图与构造(第二版)	978-7-301-23774-8	郑贵超	40.00	2014.2	PPT/答案
10	房屋建筑构造	978-7-301-19883-4	李少红	26.00	2012.1	PPT
11	建筑识图	978-7-301-21893-8	邓志勇等	35.00	2013.1	PPT
12	建筑识图与房屋构造	978-7-301-22860-9	贠　禄等	54.00	2013.9	PPT/答案
13	建筑构造与设计	978-7-301-23506-5	陈玉萍	38.00	2014.1	PPT/答案
14	房屋建筑构造	978-7-301-23588-1	李元玲等	45.00	2014.1	PPT
15	房屋建筑构造习题集	978-7-301-26005-0	李元玲	26.00	2015.8	PPT/答案
16	建筑构造与施工图识读	978-7-301-24470-8	南学平	52.00	2014.8	PPT
17	建筑工程识图实训教程	978-7-301-26057-9	孙　伟	32.00	2015.12	PPT
18	◎建筑工程制图(第二版)(附习题册)	978-7-301-21120-5	肖明和	48.00	2012.8	PPT
19	建筑制图与识图(第二版)	978-7-301-24386-2	曹雪梅	38.00	2015.8	PPT
20	建筑制图与识图习题册	978-7-301-18652-7	曹雪梅等	30.00	2011.4	
21	建筑制图与识图(第二版)	978-7-301-25834-7	李元玲	32.00	2016.9	PPT
22	建筑制图与识图习题集	978-7-301-20425-2	李元玲	24.00	2012.3	PPT
23	新编建筑工程制图	978-7-301-21140-3	方筱松	30.00	2012.8	PPT
24	新编建筑工程制图习题集	978-7-301-16834-9	方筱松	22.00	2012.8	
	建筑施工类					
1	建筑工程测量	978-7-301-16727-4	赵景利	30.00	2010.2	PPT/答案
2	建筑工程测量实训(第二版)	978-7-301-24833-1	杨凤华	34.00	2015.3	答案
3	建筑工程测量	978-7-301-19992-3	潘益民	38.00	2012.2	PPT
4	建筑工程测量	978-7-301-28757-6	赵　昕	50.00	2018.1	PPT/二维码
5	建筑工程测量	978-7-301-22485-4	景　铎等	34.00	2013.6	PPT
6	建筑施工技术	978-7-301-16726-7	叶　雯等	44.00	2010.8	PPT/素材
7	建筑施工技术	978-7-301-19997-8	苏小梅	38.00	2012.1	PPT
8	基础工程施工	978-7-301-20917-2	董　伟等	35.00	2012.7	PPT
9	建筑施工技术实训(第二版)	978-7-301-24368-8	周晓龙	30.00	2014.7	
10	PKPM 软件的应用(第二版)	978-7-301-22625-4	王　娜等	34.00	2013.6	
11	◎建筑结构(第二版)(上册)	978-7-301-21106-9	徐锡权	41.00	2013.4	PPT/答案

序号	书　　名	书　　号	编著者	定价	出版时间	配套情况
12	◎建筑结构(第二版)(下册)	978-7-301-22584-4	徐锡权	42.00	2013.6	PPT/答案
13	建筑结构学习指导与技能训练(上册)	978-7-301-25929-0	徐锡权	28.00	2015.8	PPT
14	建筑结构学习指导与技能训练(下册)	978-7-301-25933-7	徐锡权	28.00	2015.8	PPT
15	建筑结构(第二版)	978-7-301-25832-3	唐春平等	48.00	2018.6	PPT
16	建筑结构基础	978-7-301-21125-0	王中发	36.00	2012.8	PPT
17	建筑结构原理及应用	978-7-301-18732-6	史美东	45.00	2012.8	PPT
18	建筑结构与识图	978-7-301-26935-0	相秉志	37.00	2016.2	
19	建筑力学与结构	978-7-301-20988-2	陈水广	32.00	2012.8	PPT
20	建筑力学与结构	978-7-301-23348-1	杨丽君等	44.00	2014.1	PPT
21	建筑结构与施工图	978-7-301-22188-4	朱希文等	35.00	2013.3	PPT
22	建筑材料(第二版)	978-7-301-24633-7	林祖宏	35.00	2014.8	PPT
23	建筑材料与检测(第二版)	978-7-301-26550-5	王　辉	40.00	2016.1	PPT
24	建筑材料与检测试验指导(第二版)	978-7-301-28471-1	王　辉	23.00	2017.7	PPT
25	建筑材料选择与应用	978-7-301-21948-5	申淑荣等	39.00	2013.3	PPT
26	建筑材料检测实训	978-7-301-22317-8	申淑荣等	24.00	2013.4	
27	建筑材料	978-7-301-24208-7	任晓菲	40.00	2014.7	PPT/答案
28	建筑材料检测试验指导	978-7-301-24782-2	陈东佐等	20.00	2014.9	PPT
29	◎地基与基础(第二版)	978-7-301-23304-7	肖明和等	42.00	2013.11	PPT/答案
30	地基与基础实训	978-7-301-23174-6	肖明和等	25.00	2013.10	PPT
31	土力学与地基基础	978-7-301-23675-8	叶火炎等	35.00	2014.1	PPT
32	土力学与基础工程	978-7-301-23590-4	宁培淋等	32.00	2014.1	PPT
33	土力学与地基基础	978-7-301-25525-4	陈东佐	45.00	2015.2	PPT/答案
34	建筑施工组织与进度控制	978-7-301-21223-3	张廷瑞	36.00	2012.9	PPT
35	建筑施工组织项目式教程	978-7-301-19901-5	杨红玉	44.00	2012.1	PPT/答案
36	钢筋混凝土工程施工与组织	978-7-301-19587-1	高　雁	32.00	2012.5	PPT
37	建筑施工工艺	978-7-301-24687-0	李源清等	49.50	2015.1	PPT/答案
		工程管理类				
1	建筑工程经济	978-7-301-24346-6	刘晓丽等	38.00	2014.7	PPT/答案
2	建筑工程项目管理(第二版)	978-7-301-26944-2	范红岩等	42.00	2016. 3	PPT
3	建设工程项目管理(第二版)	978-7-301-28235-9	冯松山等	45.00	2017.6	PPT
4	建筑施工组织与管理(第二版)	978-7-301-22149-5	翟丽旻等	43.00	2013.4	PPT/答案
5	建设工程合同管理	978-7-301-22612-4	刘庭江	46.00	2013.6	PPT/答案
6	建筑工程招投标与合同管理	978-7-301-16802-8	程超胜	30.00	2012.9	PPT
7	工程招投标与合同管理实务	978-7-301-19035-7	杨甲奇等	48.00	2011.8	ppt
8	工程招投标与合同管理实务	978-7-301-19290-0	郑文新等	43.00	2011.8	ppt
9	建设工程招投标与合同管理实务	978-7-301-20404-7	杨云会等	42.00	2012.4	PPT/答案/习题
10	工程招投标与合同管理	978-7-301-17455-5	文新平	37.00	2012.9	PPT
11	建筑工程安全管理(第 2 版)	978-7-301-25480-6	宋　健等	43.00	2015.8	PPT/答案
12	施工项目质量与安全管理	978-7-301-21275-2	钟汉华	45.00	2012.10	PPT/答案
13	工程造价控制(第 2 版)	978-7-301-24594-1	斯　庆	32.00	2014.8	PPT/答案
14	工程造价管理(第二版)	978-7-301-27050-9	徐锡权等	44.00	2016.5	PPT
15	建筑工程造价管理	978-7-301-20360-6	柴　琦等	27.00	2012.3	PPT
16	工程造价管理(第 2 版)	978-7-301-28269-4	曾　浩等	38.00	2017.5	PPT/答案
17	工程造价案例分析	978-7-301-22985-9	甄　凤	30.00	2013.8	PPT
18	建设工程造价控制与管理	978-7-301-24273-5	胡芳珍等	38.00	2014.6	PPT/答案
19	◎建筑工程造价	978-7-301-21892-1	孙咏梅	40.00	2013.2	PPT
20	建筑工程计量与计价	978-7-301-26570-3	杨建林	46.00	2016.1	PPT
21	建筑工程计量与计价综合实训	978-7-301-23568-3	龚小兰	28.00	2014.1	
22	建筑工程估价	978-7-301-22802-9	张　英	43.00	2013.8	PPT
23	安装工程计量与计价综合实训	978-7-301-23294-1	成春燕	49.00	2013.10	素材
24	建筑安装工程计量与计价	978-7-301-26004-3	景巧玲等	56.00	2016.1	PPT
25	建筑安装工程计量与计价实训(第二版)	978-7-301-25683-1	景巧玲等	36.00	2015.7	
26	建筑与装饰装修工程工程量清单(第二版)	978-7-301-25753-1	翟丽旻等	36.00	2015.5	PPT
27	建筑工程清单编制	978-7-301-19387-7	叶晓容	24.00	2011.8	PPT
28	建设项目评估(第二版)	978-7-301-28708-8	高志云等	38.00	2017.9	PPT
29	钢筋工程清单编制	978-7-301-20114-5	贾莲英	36.00	2012.2	PPT
30	建筑装饰工程预算(第二版)	978-7-301-25801-9	范菊雨	44.00	2015.7	PPT
31	建筑装饰工程计量与计价	978-7-301-20055-1	李茂英	42.00	2012.2	PPT

序号	书　　名	书　　号	编著者	定价	出版时间	配套情况
32	建筑工程安全技术与管理实务	978-7-301-21187-8	沈万岳	48.00	2012.9	PPT
	建筑设计类					
1	建筑装饰 CAD 项目教程	978-7-301-20950-9	郭　慧	35.00	2013.1	PPT/素材
2	建筑设计基础	978-7-301-25961-0	周圆圆	42.00	2015.7	
3	室内设计基础	978-7-301-15613-1	李书青	32.00	2009.8	PPT
4	建筑装饰材料(第二版)	978-7-301-22356-7	焦　涛等	34.00	2013.5	PPT
5	设计构成	978-7-301-15504-2	戴碧锋	30.00	2009.8	PPT
6	设计色彩	978-7-301-21211-0	龙黎黎	46.00	2012.9	PPT
7	设计素描	978-7-301-22391-8	司马金桃	29.00	2013.4	PPT
8	建筑素描表现与创意	978-7-301-15541-7	于修国	25.00	2009.8	
9	3ds Max 效果图制作	978-7-301-22870-8	刘　晗等	45.00	2013.7	PPT
10	Photoshop 效果图后期制作	978-7-301-16073-2	脱忠伟等	52.00	2011.1	素材
11	3ds Max & V-Ray 建筑设计表现案例教程	978-7-301-25093-8	郑恩峰	40.00	2014.12	PPT
12	建筑表现技法	978-7-301-19216-0	张　峰	32.00	2011.8	PPT
13	装饰施工读图与识图	978-7-301-19991-6	杨丽君	33.00	2012.5	PPT
14	构成设计	978-7-301-24130-1	耿雪莉	49.00	2014.6	PPT
15	装饰材料与施工(第 2 版)	978-7-301-25049-5	宋志春	41.00	2015.6	PPT
	规划园林类					
1	居住区景观设计	978-7-301-20587-7	张群成	47.00	2012.5	PPT
2	园林植物识别与应用	978-7-301-17485-2	潘　利等	34.00	2012.9	PPT
3	园林工程施工组织管理	978-7-301-22364-2	潘　利等	35.00	2013.4	PPT
4	园林景观计算机辅助设计	978-7-301-24500-2	于化强等	48.00	2014.8	PPT
5	建筑・园林・装饰设计初步	978-7-301-24575-0	王金贵	38.00	2014.10	PPT
	房地产类					
1	房地产开发与经营(第 2 版)	978-7-301-23084-8	张建中等	33.00	2013.9	PPT/答案
2	房地产估价(第 2 版)	978-7-301-22945-3	张　勇等	35.00	2013.9	PPT/答案
3	房地产估价理论与实务	978-7-301-19327-3	褚菁晶	35.00	2011.8	PPT/答案
4	物业管理理论与实务	978-7-301-19354-9	裴艳慧	52.00	2011.9	PPT
5	房地产营销与策划	978-7-301-18731-9	应佐萍	42.00	2012.8	PPT
6	房地产投资分析与实务	978-7-301-24832-4	高志云	35.00	2014.9	PPT
7	物业管理实务	978-7-301-27163-6	胡大见	44.00	2016.6	
	市政与路桥					
1	市政工程施工图案例图集	978-7-301-24824-9	陈亿琳	43.00	2015.3	PDF
2	市政工程计价	978-7-301-22117-4	彭以舟等	39.00	2013.3	PPT
3	市政桥梁工程	978-7-301-16688-8	刘　江等	42.00	2010.8	PPT/素材
4	市政工程材料	978-7-301-22452-6	郑晓国	37.00	2013.5	PPT
5	路基路面工程	978-7-301-19299-3	偶昌宝等	34.00	2011.8	PPT/素材
6	道路工程技术	978-7-301-19363-1	刘　雨等	33.00	2011.12	PPT
7	城市道路设计与施工	978-7-301-21947-8	吴颖峰	39.00	2013.1	PPT
8	建筑给排水工程技术	978-7-301-25224-6	刘　芳等	46.00	2014.12	PPT
9	建筑给水排水工程	978-7-301-20047-6	叶巧云	38.00	2012.2	PPT
10	数字测图技术	978-7-301-22656-8	赵　红	36.00	2013.6	PPT
11	数字测图技术实训指导	978-7-301-22679-7	赵　红	27.00	2013.6	PPT
12	道路工程测量(含技能训练手册)	978-7-301-21967-6	田树涛等	45.00	2013.2	PPT
13	道路工程识图与 AutoCAD	978-7-301-26210-8	王容玲等	35.00	2016.1	PPT
	交通运输类					
1	桥梁施工与维护	978-7-301-23834-9	梁　斌	50.00	2014.2	PPT
2	铁路轨道施工与维护	978-7-301-23524-9	梁　斌	36.00	2014.1	PPT
3	铁路轨道构造	978-7-301-23153-1	梁　斌	32.00	2013.10	PPT
4	城市公共交通运营管理	978-7-301-24108-0	张洪满	40.00	2014.5	PPT
5	城市轨道交通车站行车工作	978-7-301-24210-0	操　杰	31.00	2014.7	PPT
6	公路运输计划与调度实训教程	978-7-301-24503-3	高福军	31.00	2014.7	PPT/答案
	建筑设备类					
1	建筑设备识图与施工工艺(第 2 版)	978-7-301-25254-3	周业梅	46.00	2015.12	PPT
2	水泵与水泵站技术	978-7-301-22510-3	刘振华	40.00	2013.5	PPT
3	智能建筑环境设备自动化	978-7-301-21090-1	余志强	40.00	2012.8	PPT
4	流体力学及泵与风机	978-7-301-25279-6	王　宁等	35.00	2015.1	PPT/答案

注：为"互联网+"创新规划教材；★为"十二五"职业教育国家规划教材；◎为国家级、省级精品课程配套教材，省重点教材。如需相关教学资源如电子课件、习题答案、样书等可联系我们获取。联系方式：010-62756290，010-62750667，pup_6@163.com，欢迎来电咨询。